Roger Erb

Elektrizität und Magnetismus. Physik für Lehramtsstudierende. Band 2

De Gruyter Studium

Weitere empfehlenswerte Titel

Mechanik. Physik für Lehramtsstudierende. Band 1
Rainer Müller, 2020
ISBN 978-3-11-048961-3, e-ISBN (PDF) 978-3-11-049581-2,
e-ISBN (EPUB) 978-3-11-049332-0

Optik. Physik für Lehramtsstudierende. Band 3
Johannes Grebe-Ellis, 2022
ISBN 978-3-11-049561-4, e-ISBN (PDF) 978-3-11-049578-2,
e-ISBN (EPUB) 978-3-11-049333-7

Wärme und Energie. Physik für Lehramtsstudierende. Band 4
Jan-Peter Meyn, 2020
ISBN 978-3-11-049560-7, e-ISBN (PDF) 978-3-11-049579-9,
e-ISBN (EPUB) 978-3-11-049334-4

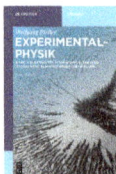

Experimentalphysik Band 3:
Elektrizität, Magnetismus, Elektromagnetische Schwingungen und
Wellen
Wolfgang Pfeiler, 2021
ISBN 978-3-11-067562-7, e-ISBN (PDF) 978-3-11-067570-2,
e-ISBN (EPUB) 978-3-11-067587-0

5G
Eine Einführung in die Mobilfunknetze der 5. Generation
Ulrich Trick, 2020
ISBN 978-3-11-069999-9, e-ISBN (PDF) 978-3-11-069998-2,
e-ISBN (EPUB) 978-3-11-070038-1

Roger Erb

Elektrizität und Magnetismus

Physik für Lehramtsstudierende. Band 2

DE GRUYTER

Autor
Prof. Dr. Roger Erb
Institut für Didaktik der Physik
Goethe-Universität Frankfurt
Max-von-Laue-Str. 1
60438 Frankfurt am Main
Deutschland
roger.erb@physik.uni-frankfurt.de

ISBN 978-3-11-049558-4
e-ISBN (PDF) 978-3-11-049576-8
e-ISBN (EPUB) 978-3-11-049337-5

Library of Congress Control Number: 2021942871

Bibliografische Information der Deutschen Nationalbibliothek
Die Deutsche Nationalbibliothek verzeichnet diese Publikation in der Deutschen
Nationalbibliografie; detaillierte bibliografische Daten sind im Internet über
http://dnb.dnb.de abrufbar.

© 2022 Walter de Gruyter GmbH, Berlin/Boston
Coverabbildung: Roger Erb
Fotograf Autorenfoto Coverrückseite: Uwe Dettmar, Goethe-Universität Frankfurt
Satz: VTeX UAB, Lithuania
Druck und Bindung: CPI books GmbH, Leck

www.degruyter.com

Liste der verwendeten Konstanten, der Größen- und Einheitensymbole

A

A Fläche

$\vec{A}$ Flächenvektor

A Ampere, Einheit der elektrischen Stromstärke I

B

$\vec{B}$ magnetisches Feld (magnetische Feldstärke oder magnetische Flussdichte)

C

C Kapazität

C Coulomb, Einheit der elektrischen Ladung Q

c_0 Lichtgeschwindigkeit im Vakuum, $c_0 = 299\,792\,458$ m/s (exakt)

D

$\vec{D}$ elektrische Flächenladungsdichte

d Durchmesser oder Abstand

E

E Energie

$\vec{E}$ elektrisches Feld (elektrische Feldstärke)

e elektrische Elementarladung, $e = 1{,}602\,176\,634 \cdot 10^{-19}$ C (exakt)

e Euler'sche Zahl, e = 2,718...

ε_0 elektrische Feldkonstante, $\varepsilon_0 = 8{,}854\,187\,821\,8(13) \cdot 10^{-12}$ A s V^{-1} m^{-1}

ε_r relative Dielektrizitätszahl, relative Permittivität

F

$\vec{F}$ Kraft

$\vec{F}_{\mathrm{L}}$ Lorentzkraft

$\vec{F}_e$ elektrostatische Kraft; im Falle zweier Punktladungen: Coloumbkraft

F Farad, Einheit der Kapazität C

G

g Ortsfaktor, $g \approx 9{,}81$ N/kg

H

$\vec{H}$ magnetische Erregung (magnetische Feldstärke)

H Henry, Einheit der Induktivität L

I

I elektrische Stromstärke

i imaginäre Einheit, $i^2 = -1$

J

J Joule, Einheit der Energie

$\vec{j}$ Stromdichte

L

L Induktivität

l Länge

M

m Masse

m Meter, Einheit der Länge

m_e Masse des Elektrons, $m_e = 9{,}109\,383\,56\,(11) \cdot 10^{-31}$ kg

μ_0 magnetische Feldkonstante, $\mu_0 = 1{,}256\,637\,062\,12\,(19) \cdot 10^{-6}$ N A^{-2} $\approx 4\pi \cdot 10^{-7}$ N A^{-2}

https://doi.org/10.1515/9783110495768-201

N

N   Newton, Einheit der Kraft $\vec{F}$

n Windungszahl (einer Spule)

O

Ω Ohm, Einheit des elektrischen Widerstandes R

P

P Leistung

$\Delta\varphi$ Phasenwinkel bzw. Phasenunterschied

ϕ elektrisches Potential

Φ_e elektrischer Fluss

Φ_m magnetischer Fluss

Q

Q elektrische Ladung

q elektrische Ladung

R

R Radius

R elektrischer Widerstand

$\vec{r}$ Ortsvektor

ρ spezifischer elektrischer Widerstand

ρ_q Ladungsdichte

S

s Weglänge

s   Sekunde, Einheit der Zeit t

σ elektrische Leitfähigkeit oder Flächenladungsdichte

T

T Temperatur

T   Tesla, Einheit des magnetischen Feldes $\vec{B}$

t Zeit

U

U elektrische Spannung

V

V   Volt, Einheit der Spannung U

W

W Arbeit

W   Watt, Einheit der Leistung P

X

χ magnetische Suszeptibilität

Inhalt

Vorwort

Auch, wenn vielleicht nicht unmittelbar klar ist, was genau mit *Blitzspannung* gemeint sein könnte, so erkennt man doch, dass hier vor einer Gefahr gewarnt wird, die etwas mit Elektrizität zu tun hat.

ACHTUNG Blitzspannung
Bei Gewitter nicht betreten
DANGER of lightning – Do not enter during a storm

Dieses Buch ist ein Teil einer Lehrbuchreihe, die sich besonders an Studierende für das Lehramt an Haupt-, Real- und Gesamtschulen richtet. Die Inhalte der Elektrizitätslehre werden auf einem Niveau dargestellt, das etwa auf dem der gymnasialen Oberstufe liegt, um künftigen Physiklehrkräften das nötige Hintergrundwissen zu vermitteln. Zugleich werden aber auch die Sachverhalte, die unmittelbar Unterrichtsgegenstand sein können, direkt angesprochen und Experimente, die im Physikunterricht durchgeführt werden können, beschrieben. Außerdem werden fachdidaktische Anmerkungen gemacht, wo immer sich das anbietet. An manchen Stellen geht der Text über die genannten Anforderungen hinaus, damit ist er zumindest in Teilen auch als Vorbereitung für den Unterricht in der Sekundarstufe II geeignet. In den Fällen, wo es sich dabei um längere Textabschnitte handelt, sind diese als *Ergänzung* ausgewiesen.

Vielleicht deutlicher als in anderen physikalischen Themengebieten gibt es in der Elektrizitätslehre keine fest etablierte Reihenfolge der einzelnen Inhalte. Zwar ist es auch in diesem Buch so, dass die anspruchsvolleren Inhalte wie die Wechselstromlehre und die daraus folgenden Kapitel zum Schwingkreis und zu den elektromagnetischen Wellen an das Ende gestellt sind, aber ob man den Zugang über den einfachen elektrischen Stromkreis wählt oder mit elektrostatischen Phänomenen beginnt, ist eine Entscheidung, die man als Autor oder auch als Lehrkraft abwägen muss. In Kapitel 1 wird der Weg, den dieses Buch nimmt, erläutert und begründet, bevor Ladungen und Stromkreise behandelt werden. Das Feldkonzept spielt bei der Beschreibung, wie elektrische Ladungen Kräfte aufeinander ausüben, eine besondere Rolle, daher wird diesem Thema ab Kapitel 5 einiger Raum gegeben. Ab Kapitel 8 wird der Magnetismus einbezogen, mit dem auch die Wirkung bewegter elektrischer Ladungen aufeinander beschrieben wird. Dieser Teil führt bis zur Behandlung der elektromagnetischen Wellen in Kapitel 11. Zum Schluss wird sehr kurz in die Halbleiterelektronik eingeführt (Kapitel 12).

Vermutlich nutzen Sie dieses Buch, um sich auf eine Prüfung oder den eigenen Unterricht vorzubereiten. Wenn Sie aber darüber hinaus den einen oder anderen beschriebenen Sachverhalt spannend finden oder einfach am Lesen über Elektrizität und Magnetismus Spaß finden, so ist das in jeden Fall hilfreich auf dem Weg vom *Phänomen zum Begriff.*

Dank gebührt den Autoren der anderen Bände dieser Reihe für Rat in vielen Fragen, *Christoph Kalden* für Unterstützung beim Experimentieren und *Henrik Erb, Jelka Weber* und *Frederike Erb* für das Aufspüren vieler Schwächen im Textentwurf. Die verbliebenen Fehler sind in jedem Fall mir zuzurechnen – falls Sie einen solchen finden, bin ich für eine Email an *roger.erb@physik.uni-frankfurt.de* dankbar.

Roger Erb, im Frühjahr 2021.

https://doi.org/10.1515/9783110495768-202

Legende

Die Bücher der Reihe *Physik für Lehramtsstudierende – vom Phänomen zum Begriff*
streben eine Darstellung der Physik aus physikdidaktischer Perspektive an. Sie ent-
halten zur besseren Lesbarkeit und Übersicht folgende Strukturelemente.

> Physikalische Gesetze, Regeln, grundlegende Erfahrungen und bedeutende Aussagen in kompak-
> ter Form sind blau unterlegt.

Sie bieten eine Orientierung bei der Prüfungsvorbereitung.

Didaktische Kommentare werden mit einem Pfeilsymbol gekennzeichnet. Dazu zählen u. a. Schülervorstellungen und Lernschwierigkeiten zum Thema, Unterschiede in Alltags- und Fachsprache, Anmerkungen zur Begriffsbildung und Fragen, mit denen man im Unterricht rechnen kann.

Der Text gibt einen Lösungsvorschlag zu dem jeweils aufgeworfenen Problem. Viele
Lernschwierigkeiten lassen sich leichter bewältigen, wenn man sie kennt und auf ihr
Auftreten im Unterricht vorbereitet ist.

Zusätzliche Informationen und **Kommentare** allgemeiner Art, die zur näheren Erläuterung des Themas
dienen, werden mit einem I-Symbol gekennzeichnet.

Experimente werden im laufenden Text beschrieben oder separat mit dem Symbol Lupe bezeichnet.

Alle Experimente können mit Schulmitteln gezeigt werden.

Exemplarische Rechnungen sind mit dem Stiftsymbol gekennzeichnet. Die skizzenhafte Vorlage soll
eine Kontrolle für die eigene Rechnung sein.

Für mathematische Grundlagen wird auch auf den ersten Band der Lehrbuchreihe ver-
weisen.

https://doi.org/10.1515/9783110495768-203

1 Ladung und elektrischer Strom

Der einfachste elektrische Stromkreis besteht aus einer Batterie und einer Glühlampe.

1.1 Phänomene

Kann man sich eine Welt ohne Elektrizität vorstellen? Sicherlich nicht. Kaum ein technisches Gerät kommt ohne elektrischen Strom aus, ganz gleich, ob es sich dabei um den Einsatz im Haushalt, bei der Kommunikation, im Transport oder um eine andere Anwendung handelt. In der natürlichen Umwelt zeigt sich im Gewitter eindrucksvoll eine Auswirkung elektrischer Ladung.

Schon in der Antike wurden auch vergleichsweise unscheinbare Auswirkungen der *Elektrizität* bemerkt: Bernstein (griechisch *elektron*) nämlich übt, wenn man ihn reibt, eine Kraft auf andere Körper aus. Heute können wir dasselbe im Alltag bei Verwendung von Gegenständen aus Kunststoff erleben – genau dies begegnet uns in Experiment 1.1.

Aber auch durch *Magnetismus* ziehen sich Körper an oder stoßen sich ab – sogar besonders eindrucksvoll, da seine Wirkung bei Alltagsphänomenen stärker ist und länger anhält. Für den Magnetismus fand sich daher auch früh eine Anwendung: Im 12. Jahrhundert breitete sich der Gebrauch des magnetischen Kompasses von China bis nach Europa aus.

Experiment 1.1: Ein Luftballon, den man an einem Wollpullover reibt, ist mit diesem „elektrisch verbunden". Die beiden Körper ziehen sich an (Abb. 1.1).

Abb. 1.1: Kraft zwischen geladenen Körpern: Ein Luftballon, der mit einem Wolltuch gerieben wurde und das Wolltuch ziehen sich an.

In der Erforschung der Wirkung von Bernstein und Magneteisenstein wurde jedoch über lange Zeit kaum ein Fortschritt erzielt. Stattdessen wurde der Magnetismus mit einer ganzen Reihe anderer Sachverhalte in Verbindung gebracht: So diente er *Johannes Kepler* (1571–1630) als Ursache für die anziehende Kraft, die die Planeten auf ihrer Bahn um die Sonne hält. Magneteisenstein war für medizinische Anwendungen beliebt, sowohl durch Einnehmen als auch durch Auflegen versprach man sich Linderung verschiedenster Krankheiten und Gebrechen.

https://doi.org/10.1515/9783110495768-001

Im 17. Jahrhundert dann gelang es, genauer zwischen elektrischen und magnetischen Kräften zu unterscheiden und schließlich auch zwischen den Trägern zweier unterschiedlicher Arten von Elektrizität, nämlich *Glaselektrizität* und *Harzelektrizität*. Diese beiden Arten wurden dann später von *Georg Christoph Lichtenberg* (1742–1799) als *Pluselektrizität* und *Minuselektrizität* bezeichnet und mit zwei Sorten eines *Fluidums* in Verbindung gebracht. Heute werden die Experimente mit dem Vorhandensein *elektrischer Ladung* erklärt und der *Elektrostatik* zugerechnet, weil Bewegung von Ladung hierbei keine Rolle spielt [18].

Luigi Aloisio Galvani (1737–1798) beobachtete 1780 beim Sezieren eines Froschschenkels, dass dieser beim Berühren mit Metall zuckt. *Alessandro Volta* (1745–1827) erkannte später, dass die gleichzeitige Berührung mit unterschiedlichen Metallen diese Muskelkontraktion hervorruft. Davon ausgehend baute *Volta* mit Paaren von Metallplatten *galvanische Elemente*, wovon mehrere gemeinsam eine *Batterie* darstellen (umgangssprachlich wird auch bereits ein einzelnes Element als Batterie bezeichnet). Mit dieser Batterie war man in der Lage, nicht nur Kräfte zwischen geladenen Körpern und die Ereignisse bei den recht kurzzeitigen Entladungen zu untersuchen, sondern man hatte mit ihr auch *elektrischen Strom* über einen längeren Zeitraum zur Verfügung. Tatsächlich stellt der Froschschenkel eine empfindliche Anzeigemöglichkeit für die in diesem Experiment fließende *Ladung* – den elektrischen Strom – dar.

Mit den Wirkungen der bewegten elektrischen Ladung im Allgemeinen und mit zeitlich veränderlichen elektrischen und magnetischen Feldern befasst sich die *Elektrodynamik*; im weiteren Sinne enthält sie auch die Elektrostatik als Sonderfall. Elektrische und magnetische Kräfte sind nicht dasselbe, aber es besteht ein Zusammenhang zwischen ihnen. Daher spricht man auch von der *elektromagnetischen Wechselwirkung*, die eine der vier fundamentalen Wechselwirkungen ist.

Elektrizität und Magnetismus. Kinder sind mit dem Phänomen des Magnetismus vertraut, kennen die anziehende und abstoßende Wirkung und neigen dazu, Magnetismus auch für andere Arten von Anziehungskräften, etwa die elektrische, verantwortlich zu machen. Hieraus resultiert oft eine fehlende Differenzierung zwischen elektrischen und magnetischen Phänomenen [14].

1.2 Didaktische Strukturierung: Elektrizität und Magnetismus

Für manche Themen in der Physik gibt es eine relativ klare Reihenfolge von einfachen zu schwierigen Sachverhalten. Dies liegt dann meist daran, dass schon aus dem Alltag bekannte Phänomene existieren, die sich auf relativ einfachem Niveau ansprechen und dann vertiefen lassen. In der Elektrizitätslehre ist dies nicht so. Zum einen sind die grundlegenden Phänomene nicht sehr offensichtlich, und die ersten auffälligen Erfahrungen macht man daher eher im Bereich technischer Anwendungen. Zum anderen gibt es keine Hierarchie vom Einfachen zum Schwierigen, die ohne eine Reihe von Nebenannahmen auskommt. Für den Physikunterricht muss man sich daher für einen von mehreren möglichen Wegen entscheiden, die jeweils ihre eigenen Vor- und Nachteile besitzen. Vier solcher Wege sind:

- Der fachlich stringente Weg beginnt mit der Elektrostatik und dabei mit der Einführung der elektrischen Ladung, des elektrischen Felds und der Spannung.
- Schneller zu den im Alltag relevanten Beispielen kommt man dagegen mit der Diskussion der Wirkungen des elektrischen Stroms. Mit ihrer Kenntnis kann die Messung der elektrischen Stromstärke behandelt und von dort zur weiteren qualitativen und quantitativen Beschreibung fortgeschritten werden.
- Ein Einstieg, der länger auf vergleichsweise niedrigem Niveau bleibt, beruht auf der Diskussion einfacher und verzweigter Stromkreise mit einigen, wenigen Bauteilen.
- Schließlich können der Zusammenhang zwischen elektrischer Ladung, Stromstärke und Spannung einerseits und die Wirkungen des elektrischen Stroms bei der Einführung einfacher Stromkreise andererseits zunächst nur vorläufig behandelt und später dann vertieft werden.

Während man im Physikunterricht schwierigere Sachverhalte auf einem dieser Wege ausblenden kann, weil sie im Rahmen des notwendig zu Erlernenden keine Rolle spielen, kommt dies für ein Lehrbuch nicht in Frage. Zugleich verbietet sich hier aber auch der Weg anderer typischer Hochschullehrbücher, denn es soll zusätzlich zur fachlichen Darstellung eine didaktische Kommentierung erfolgen. Und diese kann nur stattfinden, wenn die dazugehörende Elementarisierung ebenfalls dargestellt wird.

Daher folgt das Buch dem letzten der oben skizzierten Wege. Der Aufbau ist folglich nicht linear, sondern verläuft eher in Form eines *Spiralcurriculums*, wobei verschiedene Sachverhalte auf unterschiedliche Niveau immer wieder thematisiert werden (Abb. 1.2). Dementsprechend erfolgt zunächst in diesem Kapitel eine kurze Einführung in beide Phänomenbereiche, die Elektrostatik und den elektrischen Strom, denn die Entwicklung des Verständnisses ist einfacher, wenn man die Handhabung einiger Sachverhalte und Größen bereits *überblicken* kann, auch wenn man sie damit noch nicht *versteht*.

Auch mit dem Magnetismus hätten wir übrigens beginnen können, denn dieser ist Kindern und Jugendlichen bereits vor ihrem Physikunterricht vertraut. Im Vergleich zu den beiden anderen Bereichen ist er aus fachlicher Sicht aber weniger grundsätzlich und damit auch weniger anschlussfähig für die weiteren Themen. Er wird daher in diesem Buch an späterer Stelle, in Kapitel 7, behandelt. Wir werden in Kapitel 8 schließlich sehen, dass Elektrizität und Magnetismus verwandt sind.

1.3 Elektrizität durch Reibung

Trägt man mehrere Kleidungsstücke aus unterschiedlichem Material (z. B. Schurwolle und Kunstfaser) übereinander und zieht das obere aus, so üben beide genau die

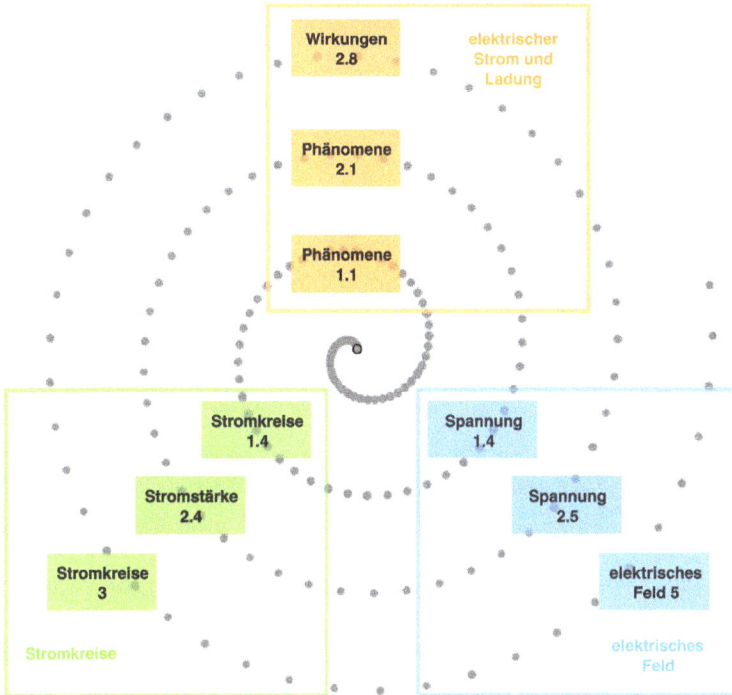

Abb. 1.2: Landkarte durch die Anfänge der Elektrizitätslehre mit den Nummern der entsprechenden Abschnitte im Buch.

Kraft aufeinander aus, die wir schon in Experiment 1.1 kennengelernt haben. Im Dunkeln sind oft beim Über-den-Kopf-Ziehen elektrische Entladungen zu hören und kleine Blitze zu sehen. Das Kleidungsstück in der Hand zieht außerdem Haare, Papierschnipsel und ähnliches an. Dasselbe lässt sich unter etwas besser kontrollierbaren Bedingungen mit einem Kunststoff- oder Glasstab zeigen, den man mit Wolle reibt (Experiment 1.2).

Experiment 1.2: Wird ein Kunststoffstab oder ein Glasstab mit einem Wolltuch gerieben, so werden Papierschnipsel oder kleine Wattestückchen angezogen. Geeignet sind z. B. Salatlöffel aus Hartplastik (Abb. 1.3).

Der Grund für dieses Verhalten ist durchaus nicht leicht zu erkennen, und er wird uns daher noch mehrfach beschäftigen. Zunächst wird ohne weitergehendes Hinterfragen eine Eigenschaft der Körper (oder genauer: der Materie) eingeführt, die *elektrische Ladung*.

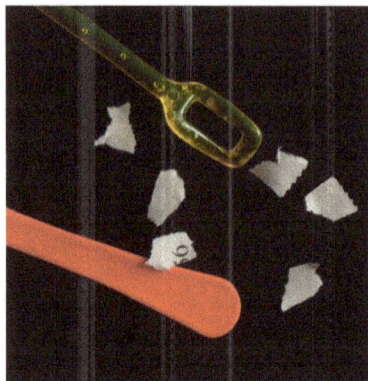

Abb. 1.3: Kunststoffgegenstände lassen sich durch Reiben mit einem Wolltuch elektrisch aufladen.

Elektrische Ladung: Ladung ist eine fundamentale Eigenschaft der Materie. Durch sie werden elektrische Phänomene hervorgerufen, wie eine anziehende oder abstoßende Kraft zwischen *geladenen* Körpern.

Diese Ladung war schon vorher in den Körpern vorhanden, wird aber durch den engen Kontakt zwischen den beiden Körpern umverteilt. Der Teil der Elektrizitätslehre, der diese und ähnliche Phänomene beschreibt, wird – wie bereits oben erwähnt – *Elektrostatik* genannt, weil die Bewegung der Ladung keine Rolle spielt.

ℹ **Ladung.** Der Begriff der *Ladung* wird in der Physik nicht nur im Zusammenhang mit Elektrizität verwendet. Auch für die Beschreibung der *schwachen und der starken Wechselwirkung* führt man nach dem Vorbild der elektrischen bzw. elektromagnetischen Wechselwirkung einen Ladungstyp ein.

Ausgangspunkt ist also das Trennen zweier Körper aus unterschiedlichem Material, die zuvor engen Kontakt hatten. Besonders gut gelingt dies, wenn man durch Reiben den Kontakt und das Trennen wiederholt. Daher heißt das Phänomen *Reibungselektrizität* oder besser *Kontaktelektrizität*. Dieser Vorgang wird in Abschnitt 4.5 noch genauer erklärt.

1.4 Bewegte Ladung

Auch das Leuchten einer Glühlampe hat mit der elektrischen Ladung zu tun. Man muss hierfür die beiden Kontakte einer Batterie, die *Batteriepole*, mit den Anschlüssen der Lampe so in Verbindung bringen, dass ein geschlossener Kreis, ein *Stromkreis*, entsteht (Experiment 1.3). Die Glühlampe ist damit ein – zunächst hier noch nicht hinterfragter, aber aus dem Alltag bekannter – Indikator für den elektrischen Strom.

Experiment 1.3: Die einfachste Möglichkeit, einen Stromkreis zu bauen, ist, die beiden Laschen einer Flachbatterie direkt mit den beiden Anschlüssen einer Glühlampe zu verbinden (Abbildung zu Beginn des Kapitels).

Die Glühlampe zeigt durch ihr Leuchten den *elektrischen Strom* an. Dieser elektrische Strom ist der Transport bzw. das *Fließen* der Ladung:

Elektrische Ladung und elektrischer Strom (1): Elektrischer Strom ist bewegte Ladung.

Hierdurch werden nun die beiden Teilaspekte, die zunächst wegen der wirkenden Kräfte eingeführten Ladungen einerseits und der elektrische Strom andererseits, in die richtige Verbindung miteinander gebracht. Die Batterie verfügt über eine Eigenschaft, die diesen Strom verursacht, eine Art von *Antrieb*. Die Stärke dieses Antriebs wird durch eine physikalische Größe erfasst, nämlich die elektrische *Spannung*. Sie ist die „Stärke" der Batterie, denn sie treibt die Ladung durch das Kabel und die Glühlampe. Diesen so nur vorläufig beschriebenen Sachverhalt greifen wir später noch mehrfach auf.

Elektrische Spannung (1): Spannung ist die Fähigkeit einer Batterie, elektrischen Strom zu bewirken.

1.5 Aufgaben

1. Wie werden die Begriffe Spannung, Strom und Ladung im Alltag verwendet? – Mit *Spannung* erwartet man den Eintritt eines bestimmten Ereignisses, *spannungsgeladen* kann eine Situation sein; in beiden Fällen wird eine Erwartung auf Veränderung beschrieben. Ein *Strom* ist ein wasserreicher Fluss, aber auch andere kontinuierliche Materie, wie Luft, oder diskrete Objekte wie Menschen *strömen*. *Ladung* ist oft eine Menge von Materie oder von Körpern, die für den Transport vorgesehen wird (*Schiffsladung*).
2. Recherchieren Sie über die Positionen *Galvanis* und *Voltas* zum Galvanismus! – Die von *Galvani* entdeckten Muskelkontraktionen wurden von ihm auf eine besondere Tierelektrizität zurückgeführt, die durch die Berührung mit Metall freigesetzt würde. *Volta* vertrat dagegen bereits die heute gültige Sicht, nach welcher der Muskel lediglich das Anzeigeinstrument für den durch die Berührung mit zwei unterschiedlichen Metallen verursachten Strom ist.

2 Der einfache elektrische Stromkreis

Für jede Beleuchtungseinrichtung ist ein eigener Stromkreis erforderlich.

2.1 Phänomene

Ein elektrischer Stromkreis ist kein Naturphänomen – aber wir begegnen in unserer technisierten Umwelt unzähligen Stromkreisen. So sind beispielsweise für die Beleuchtung eines Gebäudes eine Vielzahl eigener (Teil-) Stromkreise nötig (Abbildung zu Beginn dieses Kapitels).

2.2 Überblick: Spannung und Stromstärke

Ein gebräuchlicher elektrischer Stromkreis besteht aus einer Elektrizitätsquelle, einem elektrischen Gerät und zwei Kabeln, die diese zu einem Stromkreis verbinden. Dadurch beginnt elektrische Ladung zu fließen, und dies ist elektrischer Strom (Abb. 2.1). Als einfachstes Gerät, um diesen Strom zu erkennen, bietet sich eine Glühlampe an, die, wenn sie passend gewählt wird, diesen durch ihr Leuchten direkt anzeigt.

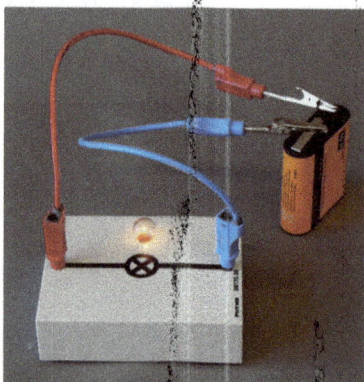

Abb. 2.1: Ein gebräuchlicher elektrischer Stromkreis besteht aus einer Elektrizitätsquelle, einem elektrischen Gerät und zwei Kabeln (vgl. Experiment 1.3).

In der Umgangssprache hat sich für Geräte wie Lampen oder Motoren der Begriff *Verbraucher* etabliert. Tatsächlich wird in einer Lampe oder einem Elektromotor jedoch keine Ladung verbraucht (und auch kein Strom, wie im Alltag gerne formuliert wird). Dies wird in Abschnitt 3.2 noch näher betrachtet. Auch *Energie* wird in einem solchen Gerät nicht verbraucht, sie wird aber *umgewandelt*. In der Glühlampe zum Beispiel entsteht aus der elektrischen Energie Wärme und etwas Licht. Die Geräte in einem elektrischen Stromkreis sind also *Energiewandler*.

Zur zeichnerischen Darstellung eines Stromkreises werden *Schaltzeichen* verwendet, die die Lesbarkeit vereinfachen (Abb. 2.2). Zwischen den Symbolen werden waagerecht oder senkrecht Kabelverbindungen gezeichnet (Abb. 2.3).

Um die Vorgänge im elektrischen Stromkreis zu beschreiben, sind *zwei* Größen erforderlich, die elektrische Spannung U und die elektrische Stromstärke I. Die Span-

https://doi.org/10.1515/9783110495768-002

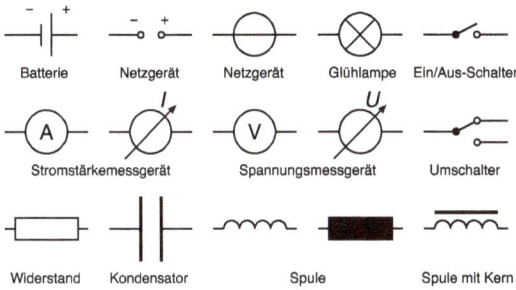

Batterie **Netzgerät** **Netzgerät** **Glühlampe** **Ein/Aus-Schalter**

Stromstärkemessgerät **Spannungsmessgerät** **Umschalter**

Widerstand **Kondensator** **Spule** **Spule mit Kern**

Abb. 2.2: Elektrische Schaltzeichen; für manche Bauteile gibt es mehrere Darstellungsformen.

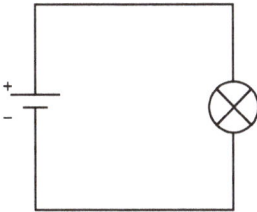

Abb. 2.3: Schaltbild eines einfachen elektrischen Stromkreises.

nung ist für das Entstehen des elektrischen Stroms verantwortlich. Sie ist die Ursache für das Fließen der elektrischen Ladung und wird von der Elektrizitätsquelle bereitgestellt (vgl. Abschnitt 1.4).

Dagegen gibt die Stromstärke die Menge an Ladung an, die pro Zeit durch ein Kabel fließt. In einem einfachen elektrischen Stromkreis hängen die beiden Größen Spannung und Stromstärke zusammen und beschreiben diesen vollständig.

Einfacher elektrischer Stromkreis: Ein einfacher elektrischer Stromkreis ist durch die angelegte Spannung U und die Stromstärke I gekennzeichnet.

In einem elektrischen Stromkreis sind diese beiden Größen nicht unabhängig voneinander: Bei einer gegebenen Spannung wird die Stromstärke durch den *elektrischen Widerstand* im Stromkreis bestimmt. Dieser elektrische Widerstand kann durch ein Gerät, wie beispielsweise eine Glühlampe hervorgerufen werden (Abb. 2.5). Wird der Stromkreis ohne einen solchen Widerstand geschlossen, so kommt es zu einem *Kurzschluss*, bei dem ein möglicherweise sehr starker Strom fließt. Dieser Zusammenhang wird im Abschnitt 2.7 weiter erklärt.

Schmelzsicherung. Um einen Kurzschluss zu unterbinden, kann eine Schmelzsicherung in einen Stromkreis eingebaut werden (Abb. 2.4, siehe auch Abschnitt 2.8). Diese besteht aus einem dünnen Draht, der sich bei großer Stromstärke so stark erhitzt, dass er schmilzt (vgl. Experiment 2.8). Dadurch wird der Stromkreis unterbrochen. Solche Schmelzsicherungen werden in elektrischen Geräten, in Kraftfahrzeugen und wurden früher auch im Haushalt verwendet.

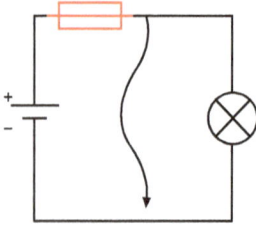

Abb. 2.4: Wird ein Kurzschluss verursacht (hier mit dem als beweglich angedeuteten Kabel), so unterbricht eine Schmelzsicherung
(rot) den Stromkreis.

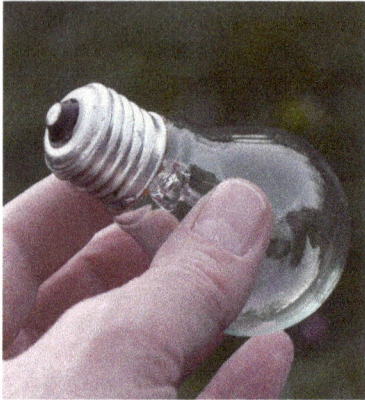

Abb. 2.5: Eine Glühlampe besitzt zwei Kontaktstellen.
Die eine ist die Schraubfassung, die andere ist ein
kleiner Metallsockel am unteren Ende des schwarzen
Isolationsstückes. Mit den beiden Kontaktstellen
verbunden sind zwei dickere Drähte, die schließlich
durch den dünnen Glühdraht verbunden sind.

2.3 Vorstellungen zu elektrischen Größen

Elektrische Ladung

Vorstellungen von Schülerinnen und Schülern und auch von Erwachsenen zu bestimmten Sachverhalten stimmen nicht immer mit der physikalischen Sichtweise
überein. So wird gerne angenommen, dass der elektrische Strom in einer Glühlampe oder in einem anderen Gerät verbraucht wird – was jedoch nicht der Fall ist. Im
Folgenden werden typische Schülervorstellungen näher betrachtet. Einen ausführli-
cheren Überblick gibt die Fachliteratur, etwa [30].

Schon für ein Verstehen der grundlegenden elektrischen Vorgänge ist eine Unterscheidung der beiden Größen Spannung und Stromstärke erforderlich. Im Alltag
wird diese Unterscheidung allerdings oft nicht vorgenommen, so wird z. B. von der
„Stromspannung" gesprochen [30]. Es ist daher eine wichtige Aufgabe für den Physikunterricht, zunächst die Notwendigkeit beider Größen aufzuzeigen.

Für die Behandlung im Physikunterricht muss außerdem auch über die Einführung der richtigen Modellvorstellung für die elektrische Ladung, die ja selbst nicht
sichtbar ist, entschieden werden. Im Alltag ist die Vorstellung verbreitet, dass die
elektrische Ladung *portioniert* ist – eine bestimmte Ladungsmenge also mehr einem
Schotterhügel als einer mit Wasser gefüllten Wanne ähnelt.

Das dabei entwickelte Ladungsmodell beinhaltet außerdem, dass die elektrische
Ladung immer als Vielfaches *derselben* Portion, nämlich in ganzzahligen Vielfachen

einer *Elementarladung* auftritt. Es wird sich in Kapitel 4 zeigen, dass diese Vorstellung durchaus richtig ist; sie ist aber zur Erklärung vieler Sachverhalte der Elektrizitätslehre auch nicht notwendig. Wie bereits oben festgestellt, ist elektrischer Strom bewegte Ladung, und diese Ladung könnte sowohl in einem Kontinuum vorliegen, als auch in Portionen.

Streng genommen *fließt* nicht der elektrische Strom, sondern die fließenden Ladungen *sind* der elektrische Strom. Von dieser eigentlich physikalisch richtigen Sprechweise wird aber oft abgewichen – so wie man auch sagt, dass der Main durch Frankfurt fließt, obwohl genau genommen das Wasser fließt und nicht der Fluss.

Geschlossener Stromkreis

Dass ein Stromkreis geschlossen sein muss, um die Glühlampe zum Leuchten zu bringen, ist nicht immer im Alltagswissen verankert (Abb. 2.6). Für diesen geschlossenen Stromkreis mit Elektrizitätsquelle und Lampe werden zwei Verbindungskabel benötigt (wenn man nicht die Kontakte der Batterie selbst als Kabel verwendet, Abbildung zu Beginn von Kapitel 1), während beim Betrieb vieler elektrischer Geräte, wie einer Stehlampe oder einem Staubsauger, doch nur ein Anschlusskabel zu erkennen ist. Und auch das Rücklicht ist bei vielen Fahrrädern durch nur *ein* Kabel mit der Elektrizitätsquelle, dem *Dynamo*, verbunden. Tatsächlich sind aber in der Zuleitung zur Stehlampe mehrere Kabel vorhanden, und beim Fahrrad übernimmt der metallische Rahmen die Funktion des zweiten Kabels.

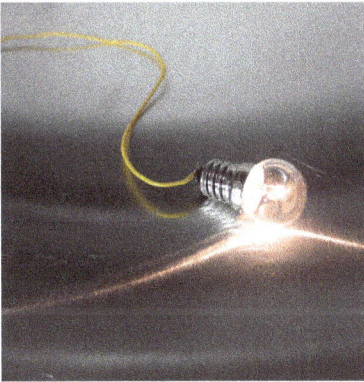

Abb. 2.6: Auch wenn dies nicht immer einfach zu erkennen ist: Zum Betrieb eines elektrischen Gerätes ist ein geschlossener elektrischer Stromkreis erforderlich. Erklärende Abbildungen sollten dies deutlich herausstellen. (Anders als in dieser Abbildung oder etwa in [19].)

Unzutreffende Vorstellungen über den Stromkreis hängen auch damit zusammen, dass im Alltag mit *Strom* weniger ein Fluss elektrischer Ladung verbunden wird, sondern der Transport von Energie, und nach dieser Vorstellung ist ein geschlossener Kreis – wie bereits erläutert – nicht erforderlich.

Damit verbunden ist die *Stromverbrauchsvorstellung*. Strom ist hiernach in der Batterie gespeichert, fließt zur Glühlampe und wird dort verbraucht. Strom ist wie

Energie eine Art Stoff, der benutzt wird und dabei verschwindet. Und auch wenn Schülerinnen und Schüler akzeptiert haben, dass ein Stromkreis durch zwei Zuleitungen geschlossen werden muss, haben sie dadurch noch nicht zwingend das Konzept akzeptiert, dass Ladung aus einem Anschluss der Elektrizitätsquelle durch die Glühlampe zum anderen Anschluss fließt, ohne verbraucht zu werden. Weitere bekannte Schülervorstellungen sind:

- Strom fließt im geschlossenen Stromkreis durch beide Leitungen hin zur Lampe.
- Eine Batterie oder auch eine andere Elektrizitätsquelle ist vorrangig eine Stromquelle, d. h., sie liefert Strom. Ihre Eigenschaften reichen aus, um zu beschreiben, was im Stromkreis geschieht. Die Eigenschaften weiterer Elemente des Stromkreises sind irrelevant.
- Um die Vorgänge in einem Stromkreis zu analysieren, werden alle Verzweigungsstellen und angeschlossenen Elemente nacheinander und jeweils für sich betrachtet (lokales und sequenzielles Verständnis, Abb. 2.7).
- Die gegenseitige Vernichtung der positiven Ladung und der negativen Ladung im Verbraucher liefert die Energie für seinen Betrieb.

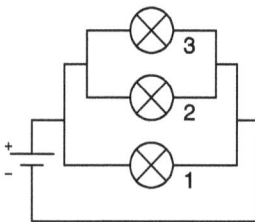

Abb. 2.7: Lokales Verständnis: Bei dieser Testaufgabe ist zu überlegen, welche Stromstärke sich in jeder der drei gleichen Glühlampen einstellt. Die Mehrheit der Schülerinnen und Schüler argumentiert hier lokal, wonach die Stromstärke in Lampe 2 und 3 gleich groß, in Lampe 1 dagegen doppelt so hoch ist. Demnach „weiß" der Strom nicht, was hinter dem ersten Verzweigungspunkt geschieht und teilt sich dort in zwei gleiche Teile auf (nach [28]). Tatsächlich aber ist die Stromstärke in allen drei Lampen gleich.

Eine Schwierigkeit für Lehrkräfte im Physikunterricht besteht darin, auf der Ebene der Vorstellungen der Schülerinnen und Schüler argumentieren zu müssen, zugleich aber aus physikalischer Sicht möglichst richtig zu formulieren. Um diese Balance zu erreichen, ist ein umfangreiches Hintergrundwissen nötig.

Stromstärke

In einem einfachen Modell entspricht die elektrische Stromstärke der Menge von Wasser in einem Fluss, die pro Zeit unter einer Brücke hindurchfließt. Hierbei wird aber nicht deutlich, dass ein funktionsfähiger elektrischer Stromkreis *geschlossen* sein muss.

Für eine anschauliche Vorstellung des elektrischen Stroms wird daher häufig die Analogie zu einem geschlossenen Wasserstromkreis benutzt. Die Wassermenge entspricht dabei der elektrischen Ladung. Das Wasser wird im Wasserstromkreis durch den Druckunterschied in Bewegung gesetzt, der durch die Wasserpumpe oder den Höhenunterschied zweier Gefäße gewährleistet wird. Im elektrischen Stromkreis wird diese Ursache als elektrische Spannung bezeichnet, und der elektrischen Stromstärke entspricht die Stromstärke des Wassers im Rohrsystem. Allerdings ist bekannt, dass bei intensiver Verwendung dieser Analogie Schülerinnen und Schüler viel Zeit darauf verwenden müssen, die Sachverhalte im Wasserstromkreis zu verstehen, um sie danach auf den elektrischen Stromkreis zu übertragen [31].

Spannung

Im *Elektronengasmodell* wird dagegen die Analogie mit den Eigenschaften von Gasen genutzt (vgl. Abschnitt 2.7). Hierbei lässt sich die Spannung über die potentielle Energie an einer bestimmten Stelle im elektrischen Feld verstehen (vgl. [4, 5, 23]). Auch in diesem Buch wird letztlich die Spannung auf diese Weise definiert (Abschnitt 5.6). Vorläufig wird die Spannung jedoch als die Fähigkeit angesehen, mit der eine Elektrizitätsquelle einen Strom in einem Stromkreis bewirken kann (vgl. Abschnitt 1.4).

Ihre Größe gibt an, wie stark die elektrischen Ladungen durch den Leiter „gedrückt" werden – eine mechanische Analogie, die nicht unproblematisch ist, aber doch eine zumindest teilweise richtige Vorstellung beschreibt. Ein Teil der Schwierigkeit beim Umgang mit der elektrischen Spannung resultiert daraus, dass sie an unterschiedlichen Stellen im Stromkreis betrachtet wird. Die *Quellenspannung* ist die Spannung, die die Elektrizitätsquelle zur Verfügung stellt. Schwieriger zu verstehen ist es, dass an einer Glühlampe – vereinfacht betrachtet – das Gegenteil eintritt: An ihr *fällt eine Spannung ab*. Bei nur einer Glühlampe im Stromkreis ist diese Spannung gleich groß wie die Quellenspannung. Bei mehreren in Reihe geschalteten Glühlampen fällt jedoch an jeder eine Teilspannung ab. Zu Berechnung der Spannungsabfälle muss daher jeweils der gesamte Stromkreis in den Blick genommen werden (siehe Abschnitt 3.3).

Begriff der Spannung. Weil die Größe Spannung schwieriger zu verstehen ist als die Stromstärke, wird sie in diesem Buch mehrfach und auf jeweils unterschiedlichem fachlichem Niveau vorgestellt. Die aus fachlicher Sicht besseren Zusammenhänge werden in Abschnitt 4.8 und dann in Abschnitt 5.6 vorgestellt. Sie sind aber weniger anschaulich, als der hier diskutierte.

Energie

In einem elektrischen Stromkreis strömt Ladung – aber auch Energie, denn die Energie ist in der Batterie gespeichert und wird dann in der Glühlampe umgewandelt. Die beiden Flüsse sind jedoch fundamental unterschiedlich: Der Ladungsfluss ist geschlossen, denn die Ladung fließt zur Elektrizitätsquelle zurück. Der Energiefluss ist dagegen offen, denn die Energie fließt nur hin zum elektrischen Gerät. Da beide Bewegungen nicht direkt wahrgenommen werden können, ist es für Schülerinnen und Schüler schwierig, die Prozesse zu trennen.

Darüber hinaus ist es auch aus fachlicher Sicht schwierig, den Energiefluss zu lokalisieren. So wie eine Masse, die die Gewichtskraft der Erde erfährt, nicht selbst

Träger der potentiellen Energie ist, sondern das zugehörige Feld, so steckt die elektrische Energie nicht allein in der transportierten Ladung. Einfache Modelle, bei denen die Ladung die Energie durch die Zuleitung transportiert und dann im elektrischen Widerstand abgibt (vgl. Kapitel 3), führen daher zu falschen Vorstellungen [2].

Daher wird empfohlen, den Energietransport im Zusammenhang mit dem elektrischen Strom zu thematisieren, auf die Unterschiede hinzuweisen (geschlossener versus offener Kreislauf), jedoch keine konkrete Vorstellung über den Mechanismus anzubieten.

Einführung eines Messgerätes

Um in einem Stromkreis die beiden Größen Spannung und elektrische Stromstärke zu messen, gibt es jeweils eigene Messgeräte. Meist jedoch kommt ein Vielfachmessinstrument zum Einsatz, dass je nach Einstellung zur Messung einer der beiden Größen verwendet werden kann (Experiment 2.1). Dies ist aus didaktischer Sicht kein Vorteil, da es die sorgsame Differenzierung der beiden Größen Spannung und Stromstärke nicht fördert.

Aus didaktischer Sicht kann man es auch als problematisch ansehen, ein Messgerät bereits einzuführen, bevor dessen Wirkungsweise behandelt worden ist. Als eine Alternative bietet es sich an, ohne die quantitative Betrachtung der Größen Stromstärke und Spannung zunächst die Wirkungen des elektrischen Strom einzuführen. Hieraus kann dann die Wirkungsweise eines Messgeräts für die Stromstärke abgeleitet werden.

Eine weitere Alternative ist es, ein Stromstärkemessgerät zumindest als plausibel erscheinen zu lassen, indem sein Verhalten mit dem Leuchten einer Glühlampe verglichen wird. Die Glühlampe wird dabei als einfacher Indikator für den elektrischen Strom angesehen (siehe Abschnitt 2.4).

2.4 Die elektrische Stromstärke

In einem elektrischen Stromkreis werden die elektrische Spannung und die elektrische Stromstärke gemessen (Experiment 2.1).

Experiment 2.1: In einem einfachen elektrischen Stromkreis wird die Spannung mit einem *Voltmeter* und die elektrische Stromstärke mit einem *Amperemeter* gemessen. Voltmeter werden parallel zur Elektrizitätsquelle oder einem Gerät angeschlossen, Amperemeter in Reihe (Abb. 2.8).

Beide Größen, Spannung und elektrische Stromstärke, haben aufgrund ihrer Bedeutung eine Einheit mit einem eigenen Namen.

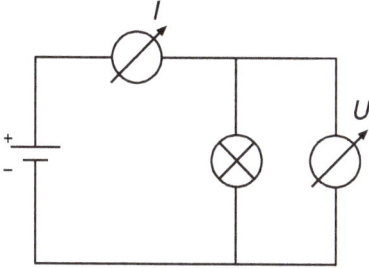

Abb. 2.8: Elektrischer Stromkreis mit Stromstärke- und Spannungsmessung.

Elektrische Einheiten: Die Einheit der elektrischen Spannung U ist 1 Volt (1 V). Die elektrische Stromstärke I wird in Ampere gemessen (1 A).

Zur Bestimmung der elektrischen Stromstärke ist entscheidend, dass man an einer Stelle im Stromkreis die gesamte Ladung registriert, die pro Zeit vorbei fließt.

Elektrische Ladung und elektrischer Strom (2): Ein konstanter elektrischer Strom der Stärke I transportiert in der Zeit Δt die Ladung ΔQ durch den Leiterquerschnitt:

$$I = \frac{\Delta Q}{\Delta t}. \tag{2.1}$$

Die Einheit der elektrischen Ladung ist 1 Coulomb (1 C, nach *Charles Augustin de Coulomb*, 1736–1806). Wie üblich ist hier die Differenz zweier Messwerte von Q zu zwei Zeitpunkten gemeint:

$$I = \frac{\Delta Q}{\Delta t} = \frac{Q_2 - Q_1}{t_2 - t_1}. \tag{2.2}$$

Für eine gegebene Stromstärke I ist damit die transportierte Ladung gleich der Fläche des durch I und Δt aufgespannten Rechtecks (Abb. 2.9). Beginnt der Ladungstransport zum Zeitpunkt $t_1 = 0$, so vereinfacht sich dieser graphische Zusammenhang zu

$$Q = It. \tag{2.3}$$

Bei zeitlich nicht konstanter Stromstärke (Abb. 2.10) ist die Berechnung schwieriger: Zwar ist die transportierte Ladung auch in diesem Fall gleich der Fläche unter dem

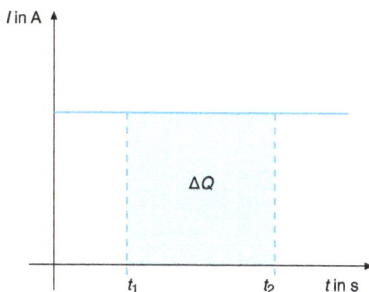

Abb. 2.9: Die mit einem elektrischen Strom transportierte Ladung ist die Fläche unter dem Graphen im Stromstärke-Zeit-Diagramm.

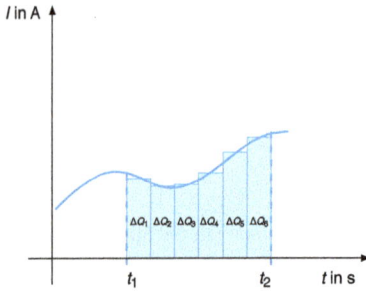

Abb. 2.10: Auch bei zeitlich nicht konstanter Stromstärke ergibt die Berechnung der Fläche die transportierte Ladung.

Funktionsgraphen, diese ist aber nicht mehr einfach das Produkt der beiden Größen I und t. Stattdessen muss die Ladung, also die Fläche unter der Stromkurve, mit Hilfe der Integralrechnung bestimmt werden. Hierfür stellt man sich die Fläche gefüllt durch n Rechtecke vor, die alle dieselbe möglichst kleine Seitenlänge Δt besitzen. Für die transportierte Ladung gilt dann

$$\Delta Q = I_1 \Delta t + I_2 \Delta t + \cdots + I_n \Delta t \tag{2.4}$$

$$= \sum_{z=1}^{n} I_z \Delta t. \tag{2.5}$$

Im kontinuierlichen Grenzfall wird daraus

$$\Delta Q = \int_{t_1}^{t_2} I(t)\,dt. \tag{2.6}$$

Gleichung (2.1) schreibt man dann

$$I(t) = \frac{dQ}{dt}. \tag{2.7}$$

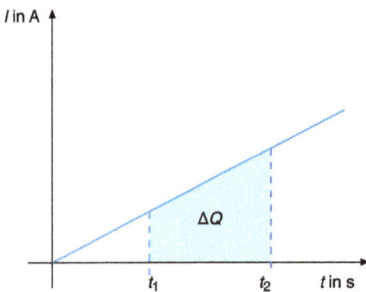

Abb. 2.11: Im Fall einer konstant ansteigenden Stromstärke ist die transportierte Ladung leicht zu berechnen.

Berechnung der transportierten Ladung. Für einen Strom mit zeitlich konstant ansteigender Stärke (Steigung a, der Wert spielt in diesem Beispiel keine Rolle; Abb. 2.11)

$$I(t) = at \tag{2.8}$$

ergibt sich so

$$\Delta Q = \int_{t_1}^{t_2} at\,dt. \tag{2.9}$$

Die gesuchte Stammfunktion ist $\frac{1}{2}at^2$, und für die Ladung ergibt sich damit

$$\Delta Q = \frac{1}{2}at_2^2 - \frac{1}{2}at_1^2 = \frac{1}{2}It_2 - \frac{1}{2}It_1. \tag{2.10}$$

Dasselbe Ergebnis lässt sich auch graphisch als Differenz der beiden vom Funktionsgraphen aufgespannten Dreiecke ermitteln.

Sicherheit im Unterricht. Bei allen Experimenten mit Elektrizität ist Vorsicht geboten! Für diese Experimente müssen alle Geräte und Versorgungseinrichtungen Bedingungen erfüllen, die in der „Richtlinie zur Sicherheit im Unterricht" aufgeführt sind [17]. Schülerinnen und Schüler dürfen nur dann mit elektrischen Aufbauten experimentieren, wenn die Nennspannung bei Wechselspannung 25 V (Effektivwert) und bei Gleichspannung 60 V nicht überschreitet (vereinfacht).

Definition der Einheit der elektrischen Stromstärke

Die elektrische Stromstärke ist neben Länge, Masse, Zeit, Temperatur, Lichtstärke und Stoffmenge eine der Basisgrößen im internationalen Größensystem, die Einheit 1 Ampere (nach *André-Marie Ampère*, 1775–1836) damit eine wichtige Einheit (früher: Basiseinheit) im Internationalen Einheitensystem (SI). Lange Zeit war sie durch eine Messvorschrift über die Lorentzkraft (Abschnitt 7.7) definiert. Seit 2019 ist sie durch die Elementarladung e (Abschnitt 4.3) festgelegt. Dies ist die Ladung eines Protons und auch eines Elektrons (mit negativem Vorzeichen); ihr Wert ist $e = 1{,}602\,176\,634 \cdot 10^{-19}$ C.

Einheit der elektrischen Stromstärke: 1 Ampere ist die Stärke des elektrischen Stroms, bei dem in 1 Sekunde die Ladung 1 C durch den Leiterquerschnitt fließt.

Mit dieser Definition wird die Einheit der Stromstärke auf eine Naturkonstante zurückgeführt und verlangt genau genommen das Zählen der Ladungen, die durch einen Leiter fließen. Dieses Zählen wird ermöglicht durch Messinstrumente, die den Einzel-Elektronen-Transport verfolgen. Weitere Hinweise gibt die Physikalisch-Technische Bundesanstalt [25].

2.5 Batterie und elektrische Spannung

Eine Batterie ist, wie schon in Abschnitt 1.1 erläutert, genau genommen die Reihenschaltung mehrerer galvanischer Elemente. Heute aber ist die Bezeichnung auch für nur *ein* solches Element gebräuchlich.

Ein galvanisches Element ist eine Kombination zweier unterschiedlicher Metalle in einer elektrolytischen Lösung, z. B. Zink und Kupfer in verdünnter Schwefelsäure (H_2SO_4). An beiden Elektroden gehen (positive) Metallionen in Lösung. Dadurch entsteht eine negative Raumladung in der Elektrode selbst und eine positive Raumladung in der Elektrolytflüssigkeit in der Nähe der Elektroden. Unedle Metalle gehen dabei stärker in Lösung als edlere, so dass die negative Ladung in den Elektroden unterschiedlich groß ist und so zwischen den beiden Elektroden eine elektrische Spannung entsteht. Diese beträgt z. B. für das hier beschriebene Element 1,1 V, wobei die Zinkelektrode den negativen Pol darstellt (Experiment 2.2).

Die Zinkionen wandern in der Elektrolytflüssigkeit zur Kupferelektrode und scheiden sich an dieser ab. Wenn die Kupferelektrode vollständig mit Zink überzogen ist, sinkt die Spannung auf 0 V. Dem kann man begegnen, wenn eine Kupfersulfatlösung ($CuSO_4$) als Elektrolyt verwendet wird, da dann zwar weiterhin Zinkionen in Lösung gehen, nun aber Kupferionen sich abscheiden (Abb. 2.12). Dennoch wird auch dann die Zinkelektrode immer dünner, und die Zahl der Kupferionen im Elektrolyten sinkt – das galvanische Element wird „verbraucht".

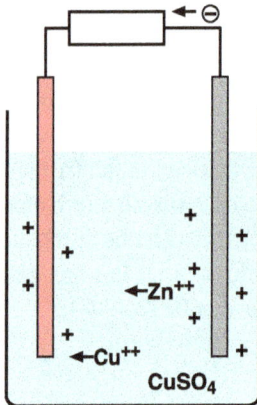

Abb. 2.12: Galvanisches Element.

Wenn ein Strom fließt, so macht sich der *Innenwiderstand* des Elements bemerkbar (vgl. Abschnitt 3.3), der von Bauart der Elektroden abhängt und von der Beweglichkeit und der Konzentration der Ionen in der Elektrolytflüssigkeit. Für ein Experiment kann man als Elektrolyten auch eine saure Frucht, z. B. eine Zitrone, verwenden (Experiment 2.3). Bei Batterien für den alltäglichen Gebrauch ist der Elektrolyt nicht mehr als Flüssigkeit vorhanden, sondern in einem Füllstoff gebunden. Bei einem Akkumulator (*Akku*) ist der chemische Prozess umkehrbar, wenn man an die Pole von außen eine ausreichend hohe Spannung anlegt.

Ein galvanisches Element stellt die elektrische Spannung U bereit, mit dem ein elektrischer Stromkreis betrieben werden kann. Tatsächlich wurde früher ein bestimmtes galvanisches Element, das *Weston-Normalelement*, verwendet, um eine genau definierte Spannung bereitstellen zu können.

Experiment 2.2: In einen Elektrolyten aus Kupfersulfat und etwas verdünnter Schwefelsäure wird ein Stück Kupferblech und ein Stück Zinkblech gehängt (jeweils mindestens mit einer Fläche 50 cm²). Eine angeschlossene Glühlampe (1,5 V; 0,15 A) leuchtet schwach auf.

Experiment 2.3: Zwei Zitronen werden halbiert, und in jede Hälfte wird ein Stück Kupfer- und ein Stück verzinktes Blech aus dem Baumarkt gesteckt. Von jeweils zwei Hälften wird dann das Kupferblech der ersten Hälfte mit dem Zinkblech der zweiten durch ein Kabel verbunden. An die Enden der Anordnung wird eine Leuchtdiode angeschlossen. Bei richtiger Polung beginnt diese schwach zu leuchten (Abb. 2.13). Meist ist dabei der Innenwiderstand recht hoch, so dass man nur einen Strom mit geringer Stärke entnehmen kann. Auch die verfügbare Spannung ist gering, da ein Teil der (Quellen-) Spannung am Innenwiderstand abfällt.

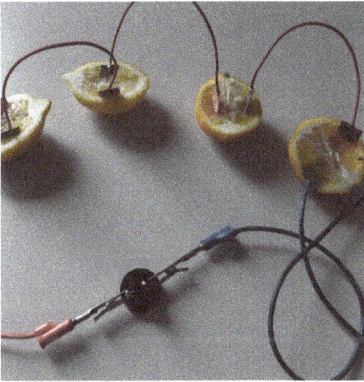

Abb. 2.13: Zitronenbatterie, gebildet aus zwei halbierten Zitronen.

2.6 Weitere Elektrizitätsquellen

Um in verschiedenen Situationen Elektrizität zur Verfügung zu stellen, werden neben Batterien auch andere Elektrizitätsquellen verwendet. Besonders bedeutsam für den Alltag ist die Versorgung durch die Energieunternehmen. In einem *Kraftwerk* wird Bewegungsenergie mit Hilfe eines Generators, dessen Funktionsweise in Abschnitt 8.8 erläutert wird, in elektrische Energie umgewandelt. Das Versorgungsnetz stellt dann die elektrische Spannung für jeden Haushalt zur Verfügung.

Diese sehr stark vereinfachte Sicht berücksichtigt nicht, dass die elektrische Spannung für den Transport zunächst vergrößert und dann zur Anwendung wieder verkleinert wird. Auch handelt es sich hierbei nicht um Gleichspannung, wie sie die Batterie bereitstellt, sondern um (Mehrphasen-) Wechselspannung, die ihre Polarität mehrfach pro Sekunde ändert (vgl. Kapitel 9). Um die Elektrizitätsversorgung sicherzustellen, sind die Kraftwerke außerdem über große Regionen hinweg zusammengeschaltet. Dies gelingt aber nur, wenn alle einen gemeinsamen „Pol" haben. Dies wird dadurch realisiert, dass (vereinfacht) eine der beiden Leitungen mit dem Erdboden verbunden wird, sie liegt auf *Erdpotential* (vgl. Abschnitt 3.3 und 5.6). Diese Leitung wird *Neutralleiter* genannt. Der zweite Leiter ist der *Außenleiter*. Im Haushalt sind diese beiden Leiter die vertieft angeordneten Kontakte einer Steckdose. Mit einem passenden Stecker wird der Stromkreis durch ein elektrisches Gerät geschlossen.

Da der Neutralleiter mit der Erde verbunden ist, entsteht aber eine Gefahr. Sollte nämlich in einem Gerät, z. B. einem Toaster mit Metallgehäuse, das Kabel für den Außenleiter defekt sein und das Gehäuse berühren, so würde, wenn ein Benutzer das Gehäuse anfasst, ein elektrischer Stromkreis durch ihn zur Erde geschlossen. Um diese gefährliche Situation zu verhindern, wird in den Haushaltsanschlüssen ein drittes Kabel, der *Schutzleiter* geführt (Abb. 2.14, Abb. 2.15). In der Steckdose liegen dessen Kontakte offen. Er ist mit dem Neutralleiter verbunden und besitzt damit Erdpotential.

Die im Haushalt verlegten Kabel lassen sich an der Farbe ihrer isolierenden Ummantelung unterscheiden. Für den Außenleiter wird (meist) brauner oder schwarzer Kunststoff verwendet, der Neutralleiter ist blau und der Schultzleiter gelb und grün gestreift. Bei einem Defekt des Außenleiters und Kontakt mit dem Gehäuse wird bei vorhandenem Schutzleiter ein elektrischer Stromkreis über diesen geschlossen. Durch den dann starken elektrischen Strom wird eine Sicherung im Haushalt ausgelöst und das Gerät dadurch von der Elektrizitätsversorgung getrennt (vgl. Abb. 2.4).

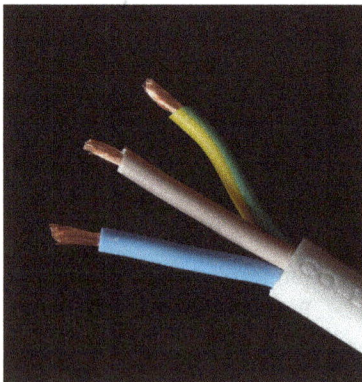

Abb. 2.14: Dreiadriges Anschlusskabel eines Haushaltsgerätes (braun: Außenleiter, blau: Neutralleiter, gelb/grün: Schutzleiter).

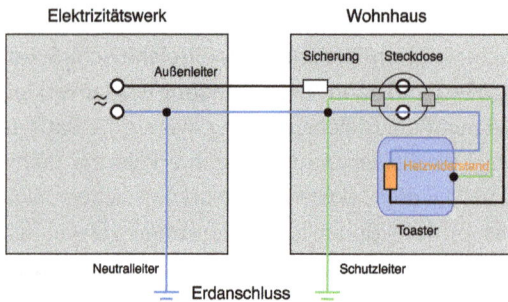

Abb. 2.15: Elektrizitätsversorgung in einem Haushalt (vereinfacht).

Wegen der Erdung des Neutralleiters ist die Gesundheitsgefahr auch beim Arbeiten an der Elektrizitätsversorgung groß, da beim versehentlichen Berühren des Außenleiters ein Strom durch den Körper fließen würde. Besonders gefährlich ist dies, wenn der Kontakt des Körpers zum Erdpotential gut ist, etwa dann, wenn man zugleich einen mit der Erde elektrisch verbundenen Leiter, wie eine Wasserleitung anfasst. (Arbeiten an Anlagen, die unter Spannung stehen, dürfen nur unter besonderen Sicherheitsvorkehrungen von geschultem Personal durchgeführt werden.) Zur Verbesserung der Sicherheit wird in jüngerer Zeit eine zusätzliche, schnell und empfindlich arbeitende Sicherung, der *Fehlerstrom-Schutzschalter* verwendet.

Haushaltsgeräte sind häufig über ein Netzgerät angeschlossen. Dieses dient dazu, die Spannung zu verringern. Es handelt sich dabei um Transformatoren (Abschnitt 8.7), die manchmal auch so ausgeführt sind, dass die Spannung in einem gewissen Bereich verändert werden kann. Solche Geräte finden häufig im Physikunterricht Anwendung.

In einigen Fällen wird die notwendige Elektrizität unmittelbar für die Anwendung erzeugt. Verbreitet sind *Generatoren* in Form eines *Dynamos* an Fahrrädern oder als *Lichtmaschine* im Kraftfahrzeug (vgl. Abschnitt 8.8).

2.7 Ohm'sches Gesetz und elektrischer Widerstand

Elektrischer Strom im Leiter

Die Ladungsträger (siehe Abschnitt 4.3) in Metallen sind die *Leitungselektronen* der Metallatome (vgl. 12.3). Diese gehören allerdings im Festkörper nicht mehr zu einem bestimmten Atom, sondern können sich frei bewegen. Alle Ladungsträger gemeinsam werden als *Elektronengas* bezeichnet; dabei wird (wie beim Modell des *idealen Gases*) angenommen, dass die Elektronen selbst kein Volumen haben.

Alle Elektronen haben aufgrund ihrer thermischen Bewegung bereits eine Geschwindigkeit, mit der sie sich im Leiter bewegen. Diese Bewegung ist aber ungeordnet. Wird dann eine elektrische Spannung angelegt, so erhalten die Ladungen eine Vorzugsrichtung, was den elektrischen Strom darstellt (vgl. Gl. (2.1)).

Allerdings stoßen Elektronen mit den Atomrümpfen des Leiters und verlieren dabei ihre Vorzugsrichtung. Man kann sich dies als eine Art „Reibung" im Leiter vorstellen, die dafür verantwortlich ist, dass die Geschwindigkeit der Elektronen und damit die Stromstärke bei einer gegebenen Spannung nicht immer weiter anwächst. Jeder Leiter besitzt daher einen *elektrischen Widerstand*. Diese Bezeichnung und der Begriff *technischer Widerstand* werden auch für elektrische Bauelemente verwendet, die gezielt die Stromstärke bei einer bestimmten Spannung begrenzen.

Elektrischer Widerstand (1): Jeder Leiter besitzt einen elektrischen Widerstand R. Dieser bestimmt die Stromstärke in einem elektrischen Stromkreis.

Abb. 2.16: Von leitfähigen Gegenständen in der Nähe stromführender Leitungen geht eine Gefahr aus (Plakat der DB).

Damit die Ladung im Leiter fließt, ist es also notwendig, dass fortwährend eine Kraft auf sie ausgeübt wird. Wie in Kapitel 5 noch gezeigt werden wird, beschreibt man dies am besten durch das *elektrische Feld*. Dessen Ursache ist nicht ein Ladungsungleichgewicht im Innern des Leiters, denn dieses bleibt elektrisch neutral, wenn die Ladung fließt. Auch ein Ladungsungleichgewicht an den Enden des Leiters kann nicht die Ursache sein, denn das elektrische Feld hat immer die Richtung längs der Ausdehnung des Leiters, auch wenn dieser gekrümmt wird. Stattdessen ist eine Ladungsverteilung an der Oberfläche des Leiters für das elektrische Feld verantwortlich.

Elektrizitätsquelle. Die Ursache für das Fließen der Ladung in einem elektrischen Leiter allein in einem Ladungsüberschuss bzw. -mangel in der Elektrizitätsquelle zu suchen, ist nicht vollständig. Sie führt allerdings auch nicht in eine falsche Richtung, so dass sie meist als brauchbare Elementarisierung angesehen wird.

Ohm'sches Gesetz

Der Zusammenhang zwischen der an einem Widerstand angelegten Spannung und der Stärke des Stroms kann mit Experiment 2.4 untersucht werden.

Experiment 2.4: Nacheinander wird an eine Glühlampe (6 V, 3 W) und an einen technischen Widerstand (10 Ω) eine veränderliche Spannung angelegt und die Stromstärke gemessen. Die Bedeutung der bei der Glühlampe und mit dem technischen Widerstand angegebenen Größen wird im Folgenden und in Abschnitt 2.9 erläutert. Das Schaltbild gibt Abb. 2.8 wieder; für den zweiten Teil des Experiments wird die Glühlampe durch den technischen Widerstand ausgetauscht. Es ergeben sich etwa die in Tab. 2.1 aufgetragenen Werte.

Tab. 2.1: Spannung und Stromstärke an Widerstand und Glühlampe.

		0	0,5	1,0	1,5	2,0	3,0	4,0	5,0	6,0
	U in V									
Glühlampe	I in A	0	0,15	0,20	0,25	0,26	0,35	0,40	0,43	0,47
technischer Widerstand	I in A	0	0,05	0,11	0,15	0,20	0,29	0,40	0,50	0,60

Für den technischen Widerstand zeigt sich eine einfache Beziehung: Die Stromstärke ist *proportional* zur angelegten Spannung (Abb. 2.17). Bei der Glühlampe ist dies nicht der Fall. Die Ursache hierfür ist, dass sich der dünne Glühdraht während des Experiments mit steigender Stromstärke stark erwärmt. Bei höherer Temperatur ist aufgrund der Bewegung der Leiteratome der elektrische Widerstand durch die steigende Wirksamkeit der Stöße zwischen Elektronen und Atomgitter größer, weshalb die Stromstärke mit zunehmender Spannung dann weniger stark wächst. Der zunächst steile Anstieg wird daher zunehmend flacher.

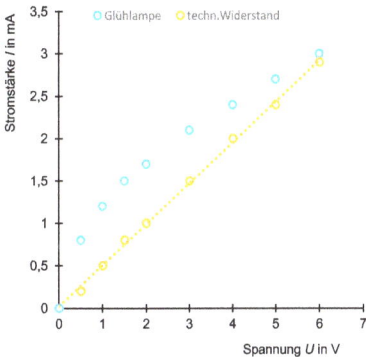

Abb. 2.17: Stromstärke aufgetragen gegen die angelegte Spannung bei einer Glühlampe (blau) und bei einem technischen Widerstand (orange).

Dieser Zusammenhang besteht für nahezu alle Metalle; er spielt aber nur dann eine spürbare Rolle, wenn die Temperaturänderung stark ist. In einem technischen Widerstand wird ein vergleichsweise dicker Leiterdraht verwendet, daher ist die Erwärmung nur gering. In diesem Fall wächst die Stromstärke proportional mit der angelegten Spannung. Dieser Zusammenhang wird als *Ohm'sches Gesetz* bezeichnet (nach *Georg Simon Ohm*, 1789–1854).

> **Ohm'sches Gesetz:** Die Stromstärke in einem Leiter ist proportional zur angelegten Spannung (bei konstanter Temperatur):
>
> $$I \sim U. \tag{2.11}$$

Elektrischer Widerstand

Die Proportionalität in Gl. (2.11) lässt sich mit Hilfe eines Proportionalitätsfaktors R beschreiben: R ist der elektrische Widerstand (engl.: *resistance*), der die „Reibung" im Leiter erfasst (Abb. 2.19). Auch in den Fällen, in denen das Ohm'sche Gesetz nicht

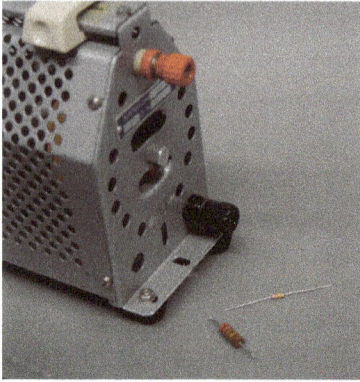

Abb. 2.18: Widerstände für elektrische Geräte (unten) und Schiebewiderstand für Experimente (oben).

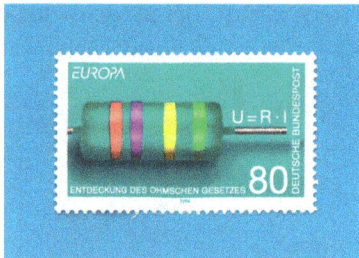

Abb. 2.19: Briefmarke, die – nicht ganz vorbildlich – den Zusammenhang $U = RI$ als Ohm'sches Gesetz bezeichnet (vgl. Gl. 2.11). Erkennbar ist außerdem beispielhaft die Kodierung eines Widerstandes mit farbigen Ringen (540 MΩ mit einer Toleranz von ±2%).

gilt, weil z. B. die Temperatur im Leiter nicht konstant bleibt, wird so der Widerstand bestimmt.

Elektrischer Widerstand (2): Der elektrische Widerstand R eines Leiters, in dem bei der angelegten Spannung U ein Strom der Stärke I fließt, ist

$$R = \frac{U}{I}.$$ (2.12)

Die Einheit des elektrischen Widerstandes ist $[R] = 1$ Ohm $(1\,\Omega)$.

Technische Widerstände werden oft mit einem Farbcode aus vier Ringen gekennzeichnet (Abb. 2.18). Dabei geben die ersten beiden Ringe die Zehner- bzw. Einerstelle des Wertes an und der dritte Ring den Multiplikator. Der vierte Ring ist oft abgesetzt und gibt die Toleranz bei der Fertigung an (Tab. 2.2). So zeigt beispielsweise der Farbcode *rot–rot–orange–silber* einen Widerstand von 22 kΩ an, mit einer Toleranz von ±10 %. Die Leserichtung beginnt bei dem Ring, der näher an einem Ende aufgedruckt ist und nicht allein steht; der erste Ring kann nicht silber, gold oder schwarz sein. Fehlt der vierte Ring, ist die Toleranz ±20 %. Bei Widerständen mit fünf Ringen kommt eine Hunderterstelle hinzu: *Hunderter–Zehner–Einer–Multiplikator–Toleranz*. Eine sechste Stelle gibt ggf. die Temperaturabhängigkeit an.

Tab. 2.2: Kennzeichnung technischer Widerstände mit vier Farbringen.

Farbe	Ring 1 (Zehner)	Ring 2 (Einer)	Ring 3 (Faktor)	Ring 4 (Toleranz)
–				±20 %
silber	–	–	0,01	±10 %
gold	–	–	0,1	±5 %
schwarz	–	0	$10^0 = 1$	–
braun	1	1	$10^1 = 10$	±1 %
rot	2	2	$10^2 = 100$	±2 %
orange	3	3	10^3	–
gelb	4	4	10^4	–
grün	5	5	10^5	±0,50 %
blau	6	6	10^6	±0,25 %
violett	7	7	10^7	±0,1 %
grau	8	8	10^8	±0,05 %
weiß	9	9	10^9	–

Tab. 2.3: Spezifischer Widerstand einiger Materialien bei 20 °C.

Material	Silber	Kupfer	Aluminium	Eisen/Stahl	Graphit	Leitungswasser	dest. Wasser	Glas
ρ in $10^{-6}\,\Omega\,m$	0,016	0,017	0,027	0,1	10	10^7	10^{12}	10^{20}

Der elektrische Widerstand hängt von Bauart und Material des Leiters ab. So ist beispielsweise ein einfacher Draht geometrisch gesehen ein dünner Zylinder. Sein Widerstand wächst mit zunehmender Länge l und sinkt mit zunehmender Querschnittsfläche A, da dann mehr Ladungsträger an jeder Stelle zur Verfügung stehen. Schließlich spielt der *spezifische Widerstand* ρ des Materials eine Rolle, so dass sich für den Draht ein Widerstand

$$R = \frac{\rho l}{A} \tag{2.13}$$

ergibt. Die Einheit des spezifischen Widerstands ρ ist demnach $[\rho] = 1\,\Omega\,m^2/m = 1\,\Omega\,m$. Da der Durchmesser von elektrischen Leitungen meist im Bereich einiger Millimeter liegt, wird als Einheit oft auch $1\,\Omega\,mm^2/m$ verwendet. Den spezifischen Widerstand einiger Materialien gibt Tab. 2.3 wieder. Der spezifische elektrische Widerstand von Metallen nimmt mit der Temperatur etwa linear zu:

$$\rho_\vartheta = \rho_{20}(1 + \alpha(\vartheta - \vartheta_0)), \tag{2.14}$$

wobei ρ_{20} der spezifische elektrische Widerstand bei einer Temperatur von $\vartheta_0 = 20°C$ ist und α der Temperaturkoeffizient. Dieser hat für viele Metalle ungefähr den Wert $0{,}005(°C)^{-1}$. Bei einer Erhöhung um $\Delta\vartheta = 20°C$ wächst der elektrische Widerstand folglich um etwa 1%. Ein besonderes Material ist die Kupfer-Nickel-Legierung *Kon-*

stantan: Der elektrische Widerstand eines Konstantandrahtes ist nahezu unabhängig von der Temperatur und beträgt $0{,}5 \cdot 10^{-6}\,\Omega\,m$.

_i_ Haushaltsleitung. Für elektrische Leitungen im Haushalt wird Kupfer verwendet. Bei Überlandleitungen dagegen kommen Aluminium und Stahl gemeinsam zum Einsatz, da wegen der niedrigeren Dichte die Leitungen dann einen größeren Querschnitt haben können, ohne zu reißen. Außerdem ist Kupfer teurer.

Bei Anschlusskabel für Haushaltsgeräte wird in der Regel die Querschnittsfläche der einzelnen Adern angegeben. Beträgt diese z. B. $A = 1{,}5\,\text{mm}^2 = 1{,}5 \cdot 10^{-6}\,\text{m}^2$, so ist der Radius

$$r = \sqrt{\frac{A}{\pi}} \approx 0{,}7\,\text{mm}. \tag{2.15}$$

Der Widerstand für ein Kabel mit der Länge 1,5 m und damit der Leiterlänge l = 3 m ist dann

$$R = \rho l / A = 0{,}017 \cdot 10^{-6}\,\Omega\text{m} \cdot 3{,}0\,\text{m} / (1{,}5 \cdot 10^{-6}\,\text{m}^2) \approx 0{,}034\,\Omega. \tag{2.16}$$

Heizdraht im Toaster. In einem Toaster besteht der Heizdraht aus Stahl. Stahl hat den spezifischen elektrischen Widerstand $\rho = 0{,}1\,\Omega\text{m}$. Der Draht wird bis zur Rotglut erhitzt, d. h. bis zu einer Temperatur von etwa $\vartheta = 800°C$. Dann beträgt der spezifische Widerstand

$$\rho_{\vartheta} = \rho_{20}(1 + \alpha(\vartheta - \vartheta_0)) = 0{,}1\,\Omega\text{m}(1 + 0{,}005°C^{-1}(800°C - 20°C)) \approx 0{,}13\,\Omega\text{m}. \tag{2.17}$$

_i_ Stromdichte. Die elektrische Stromstärke ist eine skalare Größe, obwohl die Bewegung der Ladungsträger bei anliegender Spannung eine bestimmte Richtung hat. Die vektorielle Größe, die dies berücksichtigt, ist die *Stromdichte* $\vec{\jmath}$. Die Stromdichte erfasst die Richtung des Stroms, der durch eine Fläche fließt. Umgekehrt gilt

$$I = \vec{\jmath} \cdot \vec{A}. \tag{2.18}$$

Diese vereinfachte Beschreibung ist nur richtig, wenn sich die Stromdichte längs der Fläche nicht ändert. Die Fläche mit dem Betrag A wird hierbei durch ihren Flächenvektor $\vec{A}$ beschrieben, der senkrecht auf der Fläche steht (Abb. 2.20). Mit den beiden Größen wird das Skalarprodukt gebildet (vgl. Abschnitt 5.13). Dies bedeutet, dass die Stromstärke maximal ist, wenn die Stromdichte parallel zum Flächenvektor ist, d. h. senkrecht auf der Fläche steht. Sie ist null, wenn die Stromdichte parallel zur Fläche steht. Die Richtung ist dabei die Flussrichtung positiver Ladungen.

Die Stromdichte wird in praktischen Fällen kaum verwendet. Sie hat aber Bedeutung, wenn es um die richtige Darstellung der Bezüge verschiedener Größen zueinander geht. So sind die in Abschnitt 11.3 vereinfacht behandelten Maxwell'schen Gleichungen eigentlich Vektorgleichungen und verwenden die Stromdichte.

Statt des elektrischen Widerstandes wird in solchen Zusammenhängen die *elektrische Leitfähigkeit* σ verwendet. Sie ist der Kehrwert des spezifischen Widerstandes: $\sigma = 1/\rho$. Mit ihr und der elektrischen Feldstärke $\vec{E}$ (vgl. Abschnitt 5.4) schreibt man das Ohm'sche Gesetz als

$$\vec{\jmath} = \sigma\vec{E}. \tag{2.19}$$

Dagegen ist der *Leitwert* der Kehrwert des Widerstandes R.

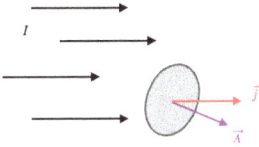

Abb. 2.20: Die Stromstärke I kann aus der Stromdichte $\vec{j}$ und der durchströmten Fläche $\vec{A}$ berechnet werden.

Glühlampe und Halbleiter

Glühlampen werden heute immer seltener verwendet, da sie einen schlechten Wirkungsgrad besitzen. Von der eingesetzten Energie wird nur ein kleiner Teil von 2 bis 3 % in die gewünschte Form, nämlich sichtbares Licht umgewandelt. In einer Glühlampe wird ein Faden aus einem Material mit einem möglichst hohen Schmelzpunkt erhitzt. Dies findet in einem Glaskolben statt, der entweder evakuiert ist (selten) oder mit Schutzgas (z. B. Stickstoff) gefüllt, damit der Faden nicht mit dem Luftsauerstoff reagiert. Der Faden wird zu einer *Glühwendel* ausgeformt, um eine längeres Leiterstück zum Leuchten zu bringen (Abb. 2.21). Die Lichtausbeute steigt mit der Temperatur des Glühfadens, deshalb wird Material mit einem möglichst hohen Schmelz- bzw. Sublimationspunkt benötigt.

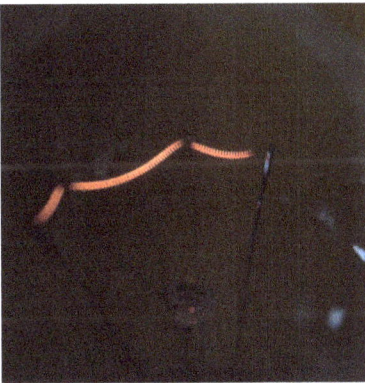

Abb. 2.21: Glühwendel in einer Glühlampe bei geringer Spannung.

Bevor diese feinen Drähte zuverlässig in Serie aus Wolfram hergestellt werden konnten (Schmelzpunkt 3 700 K), wurde ein Kohlefaden benutzt. Schaltet man eine Metallfadenglühlampe und eine solche mit Kohlefaden gleichzeitig ein, so leuchtet erstere sofort auf, wahrend der Kohlefaden verzögert zu glühen beginnt (Experiment 2.5).

Der elektrische Widerstand des Wolframdrahtes steigt nach dem Einschalten bis zum Erreichen der Betriebstemperatur an (Experiment 2.4). Zu Beginn ist er daher gering, und die Lampe leuchtet sofort mit großer Helligkeit auf. Tatsächlich ist der Widerstand zu Beginn sogar *zu* gering – kurzzeitig fließt ein Strom mit viel größerer Stärke als im Dauerbetrieb. Dies ist der Grund dafür, dass Glühlampen oft beim Einschalten „durchbrennen". Dass die Kohlefadenlampe verzögert aufleuchtet, liegt dagegen daran, dass ihr Widerstand zu Beginn, bei niedriger Temperatur, größer ist als bei höherer Temperatur. Kohle ist ein *Halbleiter*, dessen spezifischer Widerstand zwischen dem von Leitern und dem von Nichtleitern liegt (Abschnitt 12.4). Bei Temperaturerhöhung steigt die Zahl der Leitungselektronen, wodurch der elektrische Widerstand sinkt.

Experiment 2.5: Eine Metallfadenglühlampe (links) und eine Kohlefadenlampe (rechts) werden parallel geschaltet und gleichzeitig eingeschaltet (Abb. 2.22).

Abb. 2.22: Eine Glühlampe mit Metallfaden (jeweils links) und eine mit Kohlefaden (jeweils rechts) werden gleichzeitig eingeschaltet. Das rechte Foto ist wenige Sekundenbruchteile nach dem linken gemacht worden.

Supraleitung

Mit sinkender Temperatur sinkt der elektrische Widerstand eines Metalls. Allerdings haben die meisten Metalle auch bei sehr tiefen Temperaturen noch einen Restwiderstand. In der Nähe des absoluten Temperaturnullpunkts ($T = 0\,\text{K} \approx \vartheta = -273\,°\text{C}$) wird der elektrische Widerstand mancher Materialien allerdings plötzlich exakt null. Dieses Phänomen wurde im Jahr 1911 an Quecksilber bei einer Temperatur von etwa $4\,\text{K}$, der *Sprungtemperatur*, entdeckt und wird *Supraleitung* genannt.

In diesem Fall fließt ein einmal in Gang gebrachter elektrischer Strom ohne Widerstand immer weiter. Weil die Sprungtemperatur der Materialien typischerweise unterhalb von $T = 30\,\text{K}$ und selbst für einige speziell gefertigte keramische Materialien immer noch unter $120\,\text{K}$ liegt, spielt die Supraleitung im Alltag keine Rolle. Sie findet aber Anwendung in starken Elektromagneten (vgl. Kapitel 7). Supraleitung ist mit der oben diskutierten Vorstellung einer Art von Reibung im Material und überhaupt mit der klassischen Physik nicht in Einklang zu bringen, sondern erfordert eine Erklärung mit Hilfe der Quantenphysik.

2.8 Wirkungen des elektrischen Stroms

Wärmewirkung

Elektrischer Strom lässt sich nicht unmittelbar mit den Sinnen erkennen (jedenfalls nicht ohne Gefahr), sondern lediglich an seinen *Wirkungen*, wie z. B. am Leuchten einer Glühlampe. Das Leuchten ist eine Folge der sehr starken Erwärmung des Glühfadens. Die hauptsächlichsten Wirkungen des elektrischen Stroms werden im Folgenden in drei Punkten zusammengestellt.

Die *Wärmewirkung* kommt in einer Vielzahl von Haushaltsgeräten, wie etwa in einem Toaster oder einer Waschmaschine zur Anwendung. Sie kann näher untersucht werden, indem man die Erwärmung einer Flüssigkeit durch einen Tauchsieder oder in einem elektrischen Wasserkocher mit einem Thermometer misst (Experiment 2.6). Zusätzlich kann auch die temperaturabhängige Ausdehnung eines stromdurchflossenen Leiters untersucht werden (Experiment 2.7).

Experiment 2.6: Mit einem Tauchsieder oder einem Wasserkocher wird Wasser erhitzt. Wenn zugleich die Stromstärke und die Temperatur gemessen werden, kann das *elektrische Wärmeäquivalent* bestimmt werden (Abschnitt 2.9).

Experiment 2.7: Ein Draht wird zwischen zwei Isolierständern aufgespannt. Wenn ein Strom durch den Leiter fließt, erwärmt sich dieser und dehnt sich aus. Das Maß der Ausdehnung wird durch das Absinken des Massenstücks angezeigt. Ein Vergleich mit dem Stromstärkemessgerät zeigt, dass aus der Ausdehnung auf die Stromstärke zurückgeschlossen werden kann. Auf dieser Wirkungsweise beruhen Hitzdrahtamperemeter (Abb. 2.23).

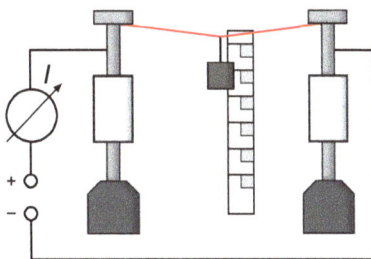

Abb. 2.23: Einfaches Hitzdrahtamperemeter: Die Temperatur des gespannten Draht (rot) steigt mit der Stromstärke. Die daraus folgende Ausdehnung wird mit dem Absinken des Massestückes beobachtet.

Auf der Erwärmung eines stromdurchflossenen Drahtes beruht auch die Funktion einer *Schmelzsicherung* (Abb. 2.4). Schmelzsicherungen wurden früher im Haushalt verwendet, heute sind sie noch in elektrischen Geräten und in Kraftfahrzeugen gebräuchlich. Sie bestehen aus einem kurzen, dünnen Drahtstück in einer Fassung. Der Draht ist so dimensioniert, dass er bei der verwendeten Spannung beim Überschreiten einer bestimmten Stromstärke sich so stark erwärmt, dass er schmilzt. Hierdurch wird der Stromkreis bei Überlastung unterbrochen (Experiment 2.8).

🔍 **Experiment 2.8:** Zwei Glühlampen (6 V, 5 A) werden jeweils mit einem Schalter in Reihe und dann zueinander parallel geschaltet. In den gesamten Stromkreis wird ein dünner Draht, der zwischen zwei Isolierständern gespannt ist, geschaltet. Für die Stromversorgung wird ein Netzgerät verwendet, das eine Stromstärke von mindestens 10 A bereitstellt. Der Draht erwärmt sich bei richtiger Dimensionierung, wenn eine Lampe eingeschaltet wird, und schmilzt beim Einschalten der zweiten Lampe durch. Die Tischfläche muss vor dem Herunterfallen glühender Drahtstücke geschützt werden.

Magnetische Wirkung

Ein elektrischer Strom ist immer von einem *Magnetfeld* umgeben, was in Kapitel 7 noch ausführlich untersucht wird. Die eindrücklichste Anwendung dieses Phänomens ist der *Elektromagnet*, ein Magnet, der mit dem elektrischen Strom an- und wieder abgeschaltet wird. Einen vorläufigen Eindruck gewinnt man mit Experiment 2.9, bei dem die Auslenkung einer Magnetnadel untersucht wird oder mit Experiment 2.10, einem selbstgebauten Elektromagneten.

Experiment 2.9: In einem Stromkreis wird an beliebiger Stelle unter ein Kabel ein Kompass gestellt. Dessen Nadel stellt sich quer zum Kabel, wenn ein ausreichend starker Strom fließt.

Experiment 2.10: Ein Eisennagel wird mit einem isolierten Draht umwickelt. Wird der Draht vom Strom durchflossen, so wird aus dem Eisennagel ein Elektromagnet, der in der Lage ist, einige Büroklammern anzuheben (Abb. 2.24).

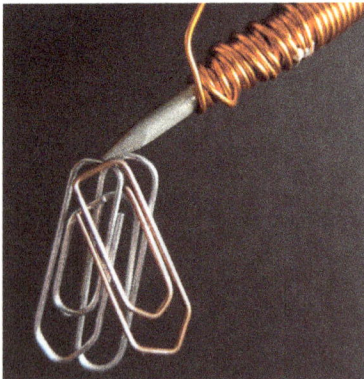

Abb. 2.24: Magnetische Wirkung des elektrischen Stroms: Elektromagnet. Der hier verwendete Draht ist mit einem Lack isoliert.

Chemische Wirkung

Elektrischer Strom vermag Wasser, dessen Leitfähigkeit durch Zugabe von (beispielsweise) Schwefelsäure erhöht wurde, in seine Bestandteile Wasserstoff und Sauerstoff zu trennen. Diese und ähnliche Prozesse wie das *Galvanisieren* (Experiment 2.11) veranschaulichen die *chemische Wirkung* des elektrischen Stroms.

Experiment 2.11: In ein Becherglas wird eine Kupfersulfatlösung gegeben. Als Elektroden werden ein 🔍
Stück eines Kupferdrahtes und eine Münze verwendet, die zuvor entfettet wurde. Der Kupferdraht wird
an den Pluspol des Netzgerätes angeschlossen und eine Münze an den Minuspol. Die Spannung wird
so eingestellt, dass ein Strom von etwa 20 mA fließt. Nach kurzer Zeit scheidet sich sichtbar Kupfer an
der Münze ab (Abb. 2.25).

Abb. 2.25: Die chemische Wirkung des elektrischen
Stroms zeigt sich beim Verkupfern eines Geldstücks.

Mit dem *Hofmann'schen Wasserzersetzungsapparat* kann die Elektrolyse von Wasser
auch quantitativ untersucht werden.

Atomhypothese. Was ist die erstaunlichste Erkenntnis der Physik? Der Nobelpreisträger *Richard P.* ℹ️
Feynman (1918–1988) hat diese Frage für sich eindeutig beantwortet: Alle Materie ist atomar aufgebaut.

Doch diese Behauptung, die heute zum festen Wissensbestand schon von Jugendlichen gehört,
ist nicht einfach auf *ein* Phänomen oder *einen* experimentellen Befund zurückzuführen. Eine Hinfüh-
rung bietet *Daltons Gesetz der konstanten und multiplen Proportionen*, nach dem sich Elemente che-
misch stets so verbinden, dass ihre Massenanteile in einem ganzzahligen Verhältnis stehen. Mit dem
Hofmann'schen Wasserzersetzungsapparat zeigt sich, dass Wasserstoff und Sauerstoff immer in einem Volumenverhältnis von 2 zu 1 entstehen. Entsprechend stehen auch die Massenanteile in einem
festen Verhältnis. Da dies auch für andere Verbindungen aus Wasserstoff und Sauerstoff, wie Wasser-
stoffperoxid (H_2O_2) gilt, kann man folgern, dass sich jeweils diskrete Bestandteile, die Atome, miteinander verbinden. Bei einem Aufbau der Elemente als Kontinuum sollten dagegen auch beliebige
Verhältnisse bei chemischen Verbindungen möglich sein.

Messgeräte für Spannung und Stromstärke

Um festzustellen, ob ein Stromkreis geschlossen ist, kann man eine Glühlampe ein-
bauen, die ausreichend empfindlich ist. In diesem Fall beobachtet man die Wärmewirkung des elektrischen Stroms. Grundsätzlich kann jede Wirkung des elektrischen
Stroms verwendet werden, um die Stromstärke zu messen oder zumindest einen
Stromfluss zu detektieren.

Ein gespannter dünner Draht dehnt sich mit zunehmender Temperatur infolge eines größeren elektrischen Stroms auch stärker aus. Diese Ausdehnung wird zur Messung der elektrischen Stromstärke in einem *Hitzdrahtamperemeter* verwendet, bei dem der Draht mit einem Zeiger verbunden ist (Abb. 2.23).

Weitaus verbreiteter sind *Drehspulmessinstrumente*, in denen die magnetische Wirkung des elektrischen Stroms zur Anwendung kommt. Ein kleiner, drehbar gelagerter Elektromagnet, die Drehspule, bewegt sich hierbei im Feld eines Permanentmagneten; die zur Messung notwendige rücktreibende Kraft wird von einer Spiralfeder ausgeübt (Abb. 2.26). Da der zu messende Strom durch das Amperemeter fließen muss, ist es erforderlich, dass dieses selbst einen möglichst kleinen Widerstand besitzt. In der Praxis erreicht man dies dadurch, dass ein zusätzlicher, kleiner Widerstand zum Messwerk, der Drehspule, parallel geschaltet wird und so nur ein Teil des Stroms durch dieses fließt.

Abb. 2.26: Die Spule eines Drehspulamperemeters ist um einen zylindrischen Kern gelegt, der sich im Feld eines Permanentmagneten bewegt. Bei der Auslenkung erfährt die Spule eine Rückstellkraft durch eine Spiralfeder.

Ein Amperemeter kann auch als Voltmeter verwendet werden. Hierfür wird ein großer Widerstand in Reihe zum Messwerk geschaltet, so dass bei der maximal zu messenden Spannung gerade ein Strom der Stärke fließt, der das Messwerk zum Vollausschlag bringt.

Durch das Zuschalten entsprechender Widerstände kann also ein Messwerk sowohl für Spannungs- als auch für Stromstärkemessung in mehreren Messbereichen verwendet werden (*Vielfachmessgerät*, *Multimeter*). Wie dies genau geschieht, wird in einer Aufgabe am Ende von Kapitel 3 berechnet.

Viele moderne Messgeräte nutzen allerdings eine elektronische Messmethode, mit der dann kein Zeigerausschlag bewirkt wird. Stattdessen wird der Messwert mit einer Digitalanzeige dargestellt.

2.9 Leistung des elektrischen Stroms

Quantitative Betrachtung der Wirkung des elektrischen Stroms

In einer Glühlampe wird elektrische Energie in thermische Energie umgewandelt und dann als Wärme und Licht abgegeben. Diese Energie kommt aus der Elektrizitätsquelle. Sie liegt beispielsweise in einer Batterie als chemische Energie vor und wird durch eine Redoxreaktion frei. Dabei entsteht eine elektrische Spannung, die in einem geschlossenen Stromkreis zum Ladungstransport führt. Zugleich *mit* der Ladung – aber nicht *durch* sie – wird elektrische Energie transportiert.

Die im elektrischen Gerät umgesetzte elektrische Energie E_{el} wird dabei wie folgt berechnet:

Umwandlung der elektrischen Energie: In einem elektrischen Gerät wird bei der Spannung U während der Zeit t, in der ein Strom mit der konstanten Stärke I fließt, die Energie E_{el} umgewandelt:

$$E_{el} = UIt, \tag{2.20}$$

Damit ist die Leistung

$$P = \frac{E_{el}}{t} \tag{2.21}$$

$$= UI. \tag{2.22}$$

Die Einheit der Leistung ist $1\,VA = 1\,W$ (Watt). Die Einheit der Energie ist $1\,VAs = 1\,Ws = 1\,J$ (1 Joule). Hiermit können elektrische und mechanische Größen ineinander umgerechnet werden.

Energietransport. Energie wird im Stromkreis nicht *durch* die Ladung transportiert, sondern durch das elektrische und magnetische Feld *mit* ihr. Da im Physikunterricht sich die Frage des Energietransports meist vor der Einführung des elektrischen Feldes stellt, bleibt als Ausweichmöglichkeit die Formulierung, dass die Spannung der Elektrizitätsquelle, die in jedem Widerstand zu „spüren" ist, die Energieumwandlung vor Ort bewirkt.

Dagegen ist die Verwendung eines Modells, bei dem die Ladung die Energie transportiert („Rucksackmodell") eher ungünstig, da hierbei ein lokales Denken unterstützt wird (vgl. Abschnitt 2.3). Woher wissen die Ladungen, an welcher Stelle bei mehreren in Reihe geschalteten Widerständen sie ihre Energie abgeben sollen?

Widerstand einer Glühlampe. Auf einer Glühlampe finden sich die Angaben 6 V und 30 W. Mit welcher Stromstärke I wird die Lampe betrieben, und welchen elektrischen Widerstand R besitzt sie im Betrieb? – Lösung:

$$P = UI \Rightarrow I = P/U = 30\,W/6\,V = 5\,A. \tag{2.23}$$

$$U = RI \Rightarrow R = \frac{U}{I} = \frac{U^2}{P} = \frac{36\,V^2}{30\,W} = 1{,}2\,\Omega. \tag{2.24}$$

Elektrische Einheiten und Kalorik

Wird mit einem Wasserkocher Wasser erwärmt, lassen sich die zugeführte elektrische Energie E_{el} und die Erwärmung vergleichen. Hierfür wird entweder die Angabe über die Leistung des Wasserkochers herangezogen oder die Stromstärke bei Betrieb gemessen und dann mit der Spannung die im Gerät umgesetzte Leistung und Energie berechnet. Es gibt darüber hinaus auch Geräte, die diese Größen direkt messen.

Die Erhöhung der thermischen Energie ΔE_{therm} des Wassers äußert sich in einer Temperaturerhöhung ΔT:

$$\Delta E_{therm} = cm\Delta T, \tag{2.25}$$

wobei m die Masse des erwärmten Wassers und $c = 4{,}18\,\text{kJ}\,\text{kg}^{-1}\,\text{K}^{-1}$ die spezifische Wärmekapazität von Wasser ist.

Ein Experiment zeigt, dass die beiden Energiebeträge ungefähr gleich sind. Dies ist Ausdruck davon, dass die beteiligten Einheiten entsprechend definiert worden sind. Allerdings ist bei anderen Energieumwandlungen der Betrag der erwünschten Energie geringer, als der der eingesetzten Energie, der *Wirkungsgrad* ist kleiner als 1. In diesen Fällen hat meist mit der restlichen Energie eine hierbei eigentlich unerwünschte Erwärmung stattgefunden, während in dem hier diskutierten Beispiel gerade die thermische Energie das erwünschte Resultat ist.

Durch überlegten Einsatz von Elektrogeräten lässt sich Energie sparen – allerdings nicht in jedem Umfang. Apparate, die damit beworben werden, dass sich mit ihnen beim Betrieb eines elektrischen Wasserkochers oder eines Bügeleisens ein Drittel der elektrischen Energie einsparen lässt, sind eine Täuschung. Der Wirkungsgrad beim Umwandeln elektrischer Energie in thermische Energie ist praktisch 100 %, so dass bei Verringerung der eingesetzten elektrischen Energie auch die Erwärmung zwangsläufig geringer ist.

Wasserkocher. Ein elektrischer Wasserkocher besitzt die Leistung von $P = 1000\,\text{W}$. In welcher Zeit lassen sich mit ihm 0,5 kg ($\hat{=}0{,}5\,\text{l}$) Wasser von Zimmertemperatur ($\vartheta = 20\,°\text{C}$) auf Siedetemperatur erhitzen?

Lösung:

$$P = \frac{\Delta E_{therm}}{\Delta t}$$
$$\Rightarrow \Delta t = \frac{\Delta E_{therm}}{P}$$
$$= \frac{cm\,\Delta\vartheta}{P}$$
$$= \frac{4{,}18\,\text{kJ}(\text{kg K})^{-1} \cdot 0{,}5\,\text{kg} \cdot 80\,°\text{C}}{1000\,\text{W}}$$
$$\approx 170\,\text{s} \approx 3\,\text{Minuten}.$$

2.10 Ergänzung: Angabe von Messungenauigkeit

Der Wert einer zu messenden Größe schwankt zwischen mehreren Messungen um den *wahren* Wert (solange kein systematischer Fehler vorliegt). Dies muss bei der Angabe des Messwerts berücksichtigt werden. So erhält man beispielsweise durch die (mehrmalige) Messung einer Stromstärke als Mittelwert $I = 0{,}113\,1$ A. Eine Abschätzung ergibt, dass das verwendete Messgerät eine Messung mit einer Abweichung von 0,3 mA erlaubt; die wirkliche Stromstärke liegt also zwischen 0,112 8 A und 0,113 4 A. Die Angabe erfolgt dann in Form $I = (0{,}113\,1 \pm 0{,}000\,3)$ A.

Das Messergebnis wird mit den Stellen angegeben, an denen auch der Fehler Stellen besitzt. Ohne Angabe des Fehlers werden nur die sicheren Stellen angegeben, hier also $I \approx 0{,}11$ A oder bei Rundung des Fehlerintervalls $I \approx 0{,}113$ A. Häufig wird auch das verkürzte oder gerundete Ergebnis mit einem Gleichheitszeichen statt mit „$\approx$" angegeben. Dieses (gerundete) Ergebnis hat drei signifikante oder gültige Stellen. Die Zahl der signifikanten Stellen ändert sich nicht bei veränderter Art der Angabe: $0{,}113$ A $= 0{,}000\,113$ kA $= 1{,}13 \cdot 10^2$ mA. Eine gute Zusammenfassung bietet [34].

Nun soll mit der Spannung $U = 2{,}5$ V die Leistung $P = UI$ berechnet werden. Dabei gilt, dass die Zahl der signifikanten Stellen beim Ergebnis einer Multiplikation oder Division gleich der kleinsten Zahl gültiger Stellen aller Faktoren ist. Im Beispiel erhält man mit der gröberen Angabe der Spannung (zwei signifikante Stellen):

$$A = 2{,}5\,\text{V} \cdot 0{,}113\,\text{A} = 0{,}28(25)\,\text{W} \approx 0{,}28\,\text{W}.$$

Bei der Addition oder Subtraktion besitzt das Ergebnis keine signifikanten Stellen genauer als die letzte Dezimalstelle, die bei beiden Summanden signifikant war. Folgende Zahlenwerte sollen den Unterschied verdeutlichen:

$$2{,}501\,2\,\text{V} \cdot 0{,}013\,\text{A} = 0{,}032(515\,6)\,\text{W} \approx 0{,}033\,\text{W}$$

(Die Zahl der Stellen ist relevant, zwei Stellen sind signifikant.)

$$2{,}501\,2\,\text{A} + 0{,}013\,\text{A} = 2{,}514(2)\,\text{A} \approx 2{,}514\,\text{A}$$

(Der Ort der Stelle ist relevant, die dritte Nachkommastelle ist signifikant.)

2.11 Aufgaben

1. Vergleichen Sie die elektrischen Größen beim Betrieb einer Haushaltsglühlampe mit denen beim Betrieb einer Glühlampe in einem Kraftfahrzeug. – Auch wenn Glühlampen zunehmend durch energiesparende Leuchtmittel abgelöst werden, so lassen sich noch welche finden, an denen die benötigten Daten abgelesen werden können. Typisch ist zum Beispiel eine Glühlampe mit einer Leistung von $P = 40$ W. Die Stromstärke wird wie folgt berechnet:

$$P = UI \Rightarrow I = P/U = 40\,\text{W}/230\,\text{V} \approx 0{,}17\,\text{A}. \tag{2.26}$$

$$U = RI \Rightarrow R = U/I = U^2/P = 52\,900\,\text{V}^2/40\,\text{W} \approx 1{,}3\,\text{k}\Omega. \tag{2.27}$$

Die Betriebsspannung in einem Kraftfahrzeug beträgt dagegen $U = 12\,\text{V}$. Für eine Glühlampe mit derselben Leistung ergibt sich

$$P = UI \Rightarrow I = P/U = 40\,\text{W}/12\,\text{V} \approx 3{,}3\,\text{A}. \tag{2.28}$$

$$U = RI \Rightarrow R = U/I = U^2/P = 144\,\text{V}^2/40\,\text{W} = 3{,}6\,\Omega. \tag{2.29}$$

2. Ein typischer ICE der Deutschen Bahn wird mit einer Spannung von $U = 15\,\text{kV}$ betrieben und hat eine Leistung $P = 8\,000\,\text{kW}$. Reicht zum Betrieb des Zugs die Energie des Rheinfalls bei Schaffhausen aus, wenn das gesamte Wasser hierfür genutzt würde? Die Volumenstromstärke ist im Mittel $I_{\text{Vol}} = 350\,\text{m}^3\text{s}^{-1}$. Die Fallhöhe ist $h = 23\,\text{m}$. – Mit den angegebenen Werten und der Dichte von Wasser $\rho_{\text{Wasser}} = 1\,000\,\text{kg m}^{-3}$ kann die mechanische Leistung des Wasserfalls berechnet werden.

$$P = \frac{W_{\text{pot}}}{t} = \frac{mgh}{t} = \frac{\rho_{\text{Wasser}}Vgh}{t} = \rho_{\text{Wasser}}I_{\text{Vol}}\,gh \tag{2.30}$$

$$= 1\,000\,\text{kg m}^{-3} \cdot 350\,\text{m}^3\,\text{s}^{-1} \cdot 9{,}8\,\text{N kg}^{-1} \cdot 23\,\text{m} \approx 79\,\text{MW}. \tag{2.31}$$

Der Rheinfall verfügt damit um eine zehnfach höhere Leistung, als für den Betrieb des ICE erforderlich ist. Tatsächlich ist am Rheinfall ein Kraftwerk in Betrieb, das nur einen Teil des Wassers nutzt. Dieses Kraftwerk besitzt eine Leistung von $4\,400\,\text{kW}$.

3 Verzweigte Stromkreise

Die Arbeit mit elektrischen Schaltungen ist fester Bestandteil unserer technisierten Welt.

3.1 Phänomene

In einem Toaster und bei einer elektrischen Kochplatte wird elektrischer Strom genutzt, um hohe Temperaturen zu erzeugen. Dies kann man auch sehen: Der Heizdraht beginnt nach dem Einschalten zu glühen. Ein solcher Heizdraht ist ein elektrischer Widerstand (Abb. 3.1).

Um mehrere Heizplatten getrennt voneinander betreiben zu können, bekommt jede einen eigenen Schalter. Die einzelnen Platten werden *parallel* zueinander geschaltet.

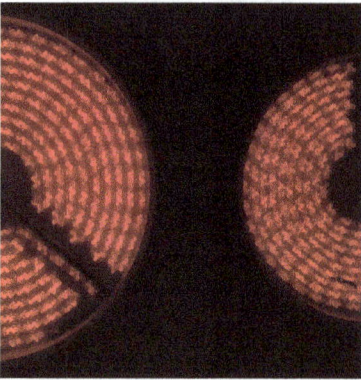

Abb. 3.1: Zwei elektrische Kochplatten im Betrieb.

3.2 Schaltungen mit Widerständen

Parallelschaltung von Widerständen

An eine Elektrizitätsquelle können mehrere elektrische Geräte oder Widerstände parallel angeschlossen werden. Handelt es sich dabei beispielsweise um gleiche Glühlampen, so leuchtet jede gleich stark, und auch das Hinzuschalten einer weiteren ändert nichts am Leuchten der bereits vorhandenen, so lange die Elektrizitätsquelle nicht zu stark belastet wird.

Der Grund hierfür ist, dass bei einer Parallelschaltung an jedem Widerstand dieselbe Spannung anliegt. Sind die Widerstände gleich groß, so fließt gemäß Gl. (2.12) $U = RI$ in jedem ein Strom derselben Stärke. Dies kann in einem einfachen Experiment überprüft werden (Experiment 3.1).

Experiment 3.1: An ein Netzgerät werden mehrere gleiche Glühlampen L_1, L_2 und L_3 parallel zueinander angeschlossen (Abb. 3.2). In jedem Teilstromkreis wird die Teilstromstärke gemessen. Man stellt fest, dass diese (annähernd) gleich sind. Außerdem addieren sich die Teilstromstärken zur Gesamtstromstärke.

---

https://doi.org/10.1515/9783110495768-003

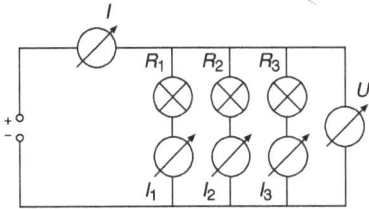

Abb. 3.2: Parallelschaltung von Glühlampen.

Verwendet man anstelle der Glühlampen technische Widerstände mit unterschiedlichem Betrag, so ist die Stromstärke in den Teilstromkreise unterschiedlich. Man kann nach Gl. (2.12) erwarten, dass die Stromstärken sich umgekehrt verhalten wie die Widerstände; Experiment 3.2 bestätigt dies. Da im Stromkreis keine Ladung verloren geht, ist die Gesamtstromstärke erneut gleich der Summe der Teilstromstärken.

Beim Hinzufügen eines weiteren Bauteils in einer Parallelschaltung ändert sich die Spannung nicht. Zumindest nicht, wenn die Elektrizitätsquelle ausreichend leistungsfähig ist, denn die Stromstärke nimmt zu, so dass in gleichem Maß auch die Leistung steigt, die insgesamt in der Schaltung umgesetzt wird (vgl. Gl. (2.22)).

Experiment 3.2: In einem Aufbau ähnlich zu Experiment 3.1 werden unterschiedliche große technische Widerstände anstelle der Glühlampen verwendet. Man stellt fest, dass sich die Teilstromstärken zur Gesamtstromstärke addieren. Außerdem verhalten sich die Teilstromstärken zueinander umgekehrt wie die Widerstände.

Parallelschaltung von Widerständen (1): Bei einer Parallelschaltung liegt an allen Widerständen die gleiche Spannung an. Der Strom teilt sich an den Verzweigungspunkten auf. Die Teilstromstärken verhalten sich dabei umgekehrt wie die Widerstände in den Teilstromkreisen.

Für zwei Widerstände bedeutet dies

$$\frac{I_1}{I_2} = \frac{R_2}{R_1}. \tag{3.1}$$

Für die Verhältnisse der Stromstärken bei der Verwendung mehrerer Widerstände bietet sich die Berechnung mit Hilfe der angelegten Spannung U an. Dies zeigt das folgende Beispiel.

Parallelschaltung von drei Widerständen. Drei Widerstände $R_1 = 20\,\Omega$, $R_2 = 50\,\Omega$ und $R_3 = 100\,\Omega$ werden parallel geschaltet und mit einer Spannung von $U = 6\,V$ betrieben. Als Teilstromstärken ergibt sich für die einzelnen Widerstände aus $U = RI$

$$I_1 = \frac{U}{R_1} = \frac{6\,V}{20\,\Omega} = 0,3\,A \tag{3.2}$$

$$I_2 = \frac{U}{R_2} = \frac{6\,V}{50\,\Omega} = 0,12\,A \tag{3.3}$$

$$I_3 = \frac{U}{R_3} = \frac{6\,\text{V}}{100\,\Omega} = 0,06\,\text{A} \tag{3.4}$$

und als Gesamtstromstärke damit

$$I = I_1 + I_2 + I_3 = 0,48\,\text{A}. \tag{3.5}$$

Glühlampen. Glühlampen sind dimmbar, d. h., sie können auch mit einer Spannung betrieben werden, die kleiner ist als ihre Nennspannung. Sie können daher in Experimenten zur Anzeige des elektrischen Stroms dienen. Allerdings ist aus der Helligkeit nur sehr grob auf die Stärke des Stroms zu schließen. Ihr Widerstand ist im Betrieb unter Nennspannung höher als im kalten Zustand. Eine Ausnahme bildet die Kohlefadenlampe (vgl. Experiment 2.5).

Moderne LED-Lampen oder Leuchtstofflampen sind dagegen für derartige Experimente nicht geeignet, da sie oft nur mit der jeweils angegebenen Nennspannung arbeiten.

Reihenschaltung von Widerständen

Zwei Glühlampen oder zwei technische Widerstände können auch *in Reihe* geschaltet werden. Die elektrische Ladung fließt dann nacheinander durch die beiden Bauteile; die Stromstärke ist an jeder Stelle gleich groß (Experiment 3.3).

Experiment 3.3: Zwei Glühlampen werden in Reihe geschaltet und an ein Netzgerät angeschlossen. Vor, hinter und zwischen den Glühlampen wird die Stromstärke gemessen. Sie ist an allen Stellen gleich groß.

Die insgesamt anliegende Spannung teilt sich in einer Reihenschaltung auf beide Widerstände auf. Welche Spannung an welcher Glühlampe, bzw. an einem von mehreren technischen Widerständen abfällt, kann mit einer Schaltung wie in Experiment 3.4 untersucht werden.

Experiment 3.4: Mehrere technische Widerstände werden in Reihe geschaltet und an ein Netzgerät angeschlossen (Abb. 3.3). Die einzelnen Teilspannungen und die Stromstärke werden gemessen.

Die Teilspannungen, die an den Widerständen abfallen, addieren sich zur Gesamtspannung. Diese Teilspannungen verhalten sich zueinander wie die Widerstände.

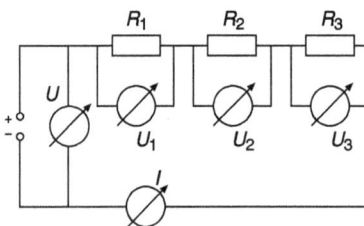

Abb. 3.3: Reihenschaltung von Widerständen.

Reihenschaltung von Widerständen (1): In einer Reihenschaltung ist die Stromstärke an jeder Stelle gleich groß. Die Summe der an den einzelnen Widerständen abfallenden Spannungen ist gleich der Gesamtspannung. Die Spannungsabfälle verhalten sich wie die Widerstände.

Für zwei Widerstände bedeutet dies

$$\frac{U_1}{U_2} = \frac{R_1}{R_2}. \tag{3.6}$$

Ältere Weihnachtslichterketten verwenden die Aufteilung der Spannung bei der Reihenschaltung. Sie bestehen z. B. aus zehn in Reihe geschalteten Glühlampen, die jeweils mit einer Spannung von 23 V betrieben werden.

Reihenschaltung von drei Widerständen. Drei Widerstände $R_1 = 20\,\Omega$, $R_2 = 50\,\Omega$ und $R_3 = 100\,\Omega$ werden in Reihe geschaltet und mit einer Spannung von $U = 6{,}0$ V betrieben. Der Gesamtwiderstand ist

$$R = R_1 + R_2 + R_3 = 170\,\Omega. \tag{3.7}$$

Daher fließt ein Strom der Stärke

$$I = \frac{U}{R} = \frac{6\,\text{V}}{170\,\Omega} \approx 0{,}035\,\text{A}. \tag{3.8}$$

Für die an den Widerständen abfallenden Spannungen ergibt sich:

$$U_1 = 20\,\Omega \cdot 0{,}035\,\text{A} = 0{,}7\,\text{V} \tag{3.9}$$
$$U_2 = 50\,\Omega \cdot 0{,}035\,\text{A} \approx 1{,}8\,\text{V} \tag{3.10}$$
$$U_3 = 100\,\Omega \cdot 0{,}035\,\text{A} = 3{,}5\,\text{V}. \tag{3.11}$$

Stromverbrauch. Das Ergebnis aus Experiment 3.3 ist nicht im Einklang mit der Alltagsvorstellung, nach der in der Glühlampe Strom *verbraucht* wird, und daher geeignet, diese Vorstellung in Frage zu stellen.

Zwei gleiche Glühlampen leuchten in einer Reihenschaltung gleich hell, was auch ohne Stromstärkemessung bereits ein Indiz dafür ist, dass nicht eine der Glühlampen einen Teil des Stroms verbraucht, der dann der zweiten fehlt. Es ist allerdings zu beachten, dass Glühlampen auch bei gleichen Angaben oft nicht exakt gleich sind. In diesem Fall kann eine Lampe tatsächlich schwächer leuchten als die andere.

3.3 Kirchhoff'sche Regeln

Die in den letzten beiden Abschnitten dokumentierten Sachverhalte werden in verallgemeinerter Form als *Kirchoff'sche Regeln* bezeichnet (nach *Gustav Robert Kirchhoff*, 1824–1887):

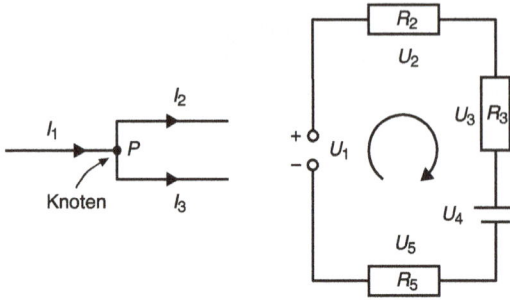

Abb. 3.4: Knotenregel (links) und Maschenregel (rechts).

> **Knotenregel:** Die Summe der zu einem Verzweigungspunkt (*Knoten*) hinein fließenden Ströme ist gleich der Summe der abfließenden Ströme (Abb. 3.4, links). Dabei wird festgelegt, dass alle Ströme die in einen Knoten hinein fließen, positiv gezählt werden, und alle, die hinaus fließen, negativ (oder umgekehrt).
> Für n Ströme gilt
>
> $$\sum_{k=1}^{n} I_k = 0. \tag{3.12}$$

Im Beispiel in Abb. 3.4 (links) fließt I_1 in den Knoten hinein und wird daher positiv gezählt, I_2 und I_3 fließen aus dem Knoten hinaus und werden negativ gezählt.

$$I_1 + (-I_2) + (-I_3) = 0 \Rightarrow I_1 = I_2 + I_3. \tag{3.13}$$

> **Maschenregel:** In einem geschlossenen (Teil-)Stromkreis (*Masche*) ist die Summe aller Teilspannungen 0 (Abb. 3.4). Hierbei werden bei einem festgelegten Umlaufsinn Quellenspannungen positiv und abfallende Spannungen negativ gezählt (oder umgekehrt).
> Für n Teilspannungen gilt
>
> $$\sum_{k=1}^{n} U_k = 0. \tag{3.14}$$

Im Beispiel in Abb. 3.4 (rechts) ist ein Umlaufsinn eingezeichnet, der zugleich die Stromrichtung ist, falls $U_1 > U_4$. Alle abfallenden Spannungen zählen dann negativ, die zweite Quellenspannung ebenfalls negativ, da sie die umgekehrte Polung aufweist wie die erste.

$$U_1 + (-U_2) + (-U_3) + (-U_4) + (-U_5) = 0 \tag{3.15}$$

$$\Rightarrow U_1 = U_2 + U_3 + U_4 + U_5. \tag{3.16}$$

Die einzelnen abfallenden Spannungen berechnen sich jeweils nach Gl. (2.12), also z. B. $U_2 = R_2 I$. Die Spannung der Elektrizitätsquellen muss explizit angegeben werden; ebenso kann deren *Innenwiderstand* berücksichtigt werden (siehe Kasten), wenn die Stromstärke genau berechnet werden soll. Gibt es mehrere Elektrizitätsquellen in einer Masche, so arbeiten diese in einer Reihenschaltung. Die Spannungen der in derselben Richtung gepolten Elektrizitätsquellen addieren sich. Ist eine Elektrizitätsquelle eine aufladbare Batterie (Akkumulator, Akku), deren Spannung geringer und entgegengerichtet der Spannung ist, die durch den Stromkreis an ihr anliegt, so wird sie aufgeladen (vgl. Abschnitt 3.4).

Ein größeres Schaltbild kann aus mehreren Maschen mit jeweils mehreren Bauteilen bestehen. Auch in diesem Fall wird die Berechnung mit den beiden Kirchhoff'schen Regeln durchgeführt; sie wird dabei aber ggf. recht aufwändig.

Bei umfangreicheren Schaltbildern ist oft die Angabe einer weiteren Größe nützlich. Dies ist das elektrostatische *Potential* ϕ, das mit der Spannung verwandt ist und in Kapitel 5 eingeführt wird (vgl. Gl. (5.27)). Im Schaltkreis ist die Potentialdifferenz zwischen zwei Punkten die Spannung. Üblicherweise setzt man für einen Punkt im Schaltkreis das Potential auf 0; dieser Punkt ist in Abb. 3.5 (links) mit A bezeichnet und ist gekennzeichnet durch ein *Massesymbol* ($\perp$). Ist der Punkt mit dem Erdpotential verbunden, wie es z. B. bei einem elektrischen Hausanschluss der Falle ist, wird stattdessen das Symbol für „Erde" verwendet (vgl. Abb. 2.14). Punkt B besitzt ein Potential, das den Betrag der Spannung U_1 hat. Das Potential von Punkt C dagegen ist dasselbe Potential verringert um die Spannung U_2, die am Widerstand R_2 abfällt usw.

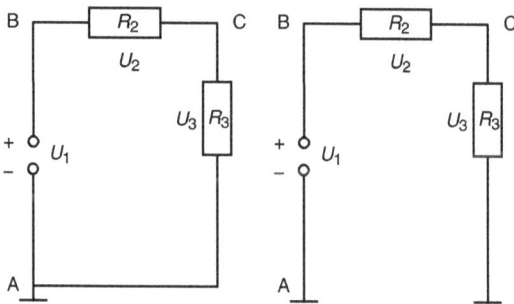

Abb. 3.5: Bestimmung des Potentials in einer Schaltung.

Elektrische Verbindungen von einem Punkt zu dem Punkt mit dem Potential 0 werden oft nicht eingezeichnet. Stattdessen werden solche Punkte ebenfalls mit einem Massesymbol gekennzeichnet (Abb. 3.5, rechts).

Innenwiderstand einer Elektrizitätsquelle. Jede Elektrizitätsquelle hat einen Innenwiderstand, der dadurch zustande kommt, dass die Ladung auch *in* ihr fließt. Dieser Widerstand führt dazu, dass ihre Spannung U sinkt, wenn an der Elektrizitätsquelle Strom entnommen wird. Die Quellenspannung U_0 verursacht den Strom durch den äußeren Widerstand R_a und den Innenwiderstand R_i, die in Reihe geschaltet sind (Abb. 3.6):

$$U_0 = (R_i + R_a)I \tag{3.17}$$

$$\Rightarrow I = \frac{U_0}{R_i + R_a}. \tag{3.18}$$

Durch die am Innenwiderstand R_i abfallende Spannung U_i liefert die Elektrizitätsquelle nur noch die Spannung U, für die gilt

$$U = U_0 - U_i = U_0 - IR_i \tag{3.19}$$

$$= U_0 - R_i \frac{U_0}{R_i + R_a} = \frac{U_0(R_i + R_a) - R_iU_0}{R_i + R_a} \tag{3.20}$$

$$= U_0 \frac{R_a}{R_i + R_a}. \tag{3.21}$$

Dies führt dazu, dass die Spannung U, die von der Elektrizitätsquelle bereitgestellt wird, von der Stärke des entnommenen Stroms und damit vom angeschlossenen Widerstand bzw. dem angeschlossenen Gerät abhängt.

Dieser Innenwiderstand ist für große Netzgeräte und Batterien fast null, bei kleinen Batterien ist er dagegen merklich im Bereich von einigen Ohm. Bei Kurzschluss wird die Stromstärke allein durch den Innenwiderstand begrenzt.

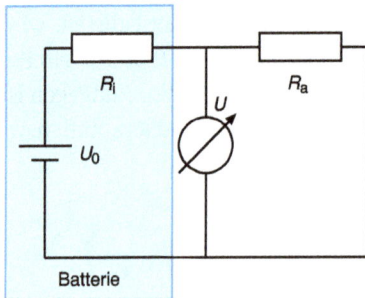

Abb. 3.6: Einfluss des Innenwiderstands R_i und des äußeren Widerstandes R_a auf die Spannung einer Batterie.

Addition von Widerständen: Parallelschaltung

Zwei Widerstände können parallel oder in Reihe geschaltet werden, wie wir bereits eben bei den Überlegungen zu Knoten und Maschen gesehen haben. Hierfür können einfache Regeln abgeleitet werden.

Bei einer Parallelschaltung liegt an jedem Widerstand dieselbe Spannung an:

$$U = U_1 = U_2. \tag{3.22}$$

Da $U_1 = R_1I_1$ und $U_2 = R_2I_2$ (Gl. (2.12)) gilt

$$R_1I_1 = R_2I_2$$
$$\Rightarrow \frac{I_1}{I_2} = \frac{R_2}{R_1},$$

die Stromstärken verhalten sich umgekehrt wie die Widerstände. Damit ist das bereits experimentell gefundene Ergebnis bestätigt (Gl. (3.1)). Mit der Knotenregel (Gl. (3.12))

$$I_{gesamt} = I_1 + I_2$$
$$\Rightarrow \frac{I_{gesamt}}{U} = \frac{I_1 + I_2}{U}$$

wird mit Gl. (3.22) hieraus

$$\Rightarrow \frac{1}{R_{\text{gesamt}}} = \frac{I_1}{U_1} + \frac{I_2}{U_2}$$

$$\Rightarrow \frac{1}{R_{\text{gesamt}}} = \frac{1}{R_1} + \frac{1}{R_2}.$$

Parallelschaltung von Widerständen (2): Werden n Widerstände parallel geschaltet, so gilt für den Gesamtwiderstand

$$\frac{1}{R_{\text{gesamt}}} = \frac{1}{R_1} + \frac{1}{R_2} + \cdots + \frac{1}{R_n}. \tag{3.23}$$

Addition von Widerständen: Reihenschaltung

Bei einer Reihenschaltung fließt dagegen durch jeden Widerstand derselbe Strom:

$$I = I_1 = I_2. \tag{3.24}$$

Mit $U = RI$ wird daraus

$$\frac{U_1}{R_1} = \frac{U_2}{R_2}$$

$$\Rightarrow \frac{U_1}{U_2} = \frac{R_1}{R_2},$$

die Teilspannungen verhalten sich wie die Teilwiderstände. Dieses Ergebnis haben wir zuvor bereits experimentell gefunden (Gl. (3.6)). Aus der Maschenregel (3.14) $U = U_1 + U_2$ folgt mit Gl. (3.24):

$$\frac{U}{I} = \frac{U_1 + U_2}{I}$$

$$\Rightarrow \frac{U}{I} = \frac{U_1}{I} + \frac{U_2}{I}$$

$$\Rightarrow R = R_1 + R_2.$$

Reihenschaltung von Widerständen (2): Werden n Widerstände in Reihe geschaltet, so gilt für den Gesamtwiderstand

$$R_{\text{gesamt}} = R_1 + R_2 + \cdots + R_n. \tag{3.25}$$

Reihenschaltung zweier unterschiedlicher Glühlampen. In Reihe geschaltet werden zwei Glühlampen R_1 und R_2 (vgl. Experiment 3.4). Es wird Netzspannung von 230 V angelegt. R_1 ist eine Haushaltsglühlampe, die bei einer Nennspannung von $U_1 = 230$ V eine Leistung von $P_1 = 40$ W besitzt. Aus Gl. (2.12)

$$U_1 = R_1 I_1$$

$$\Rightarrow R_1 = \frac{U_1}{I_1}$$

wird durch Einsetzen von Gl. (2.22)

$$P_1 = U_1 I_1$$

$$\Rightarrow I_1 = \frac{P_1}{U_1}$$

schließlich

$$R_1 = \frac{U_1^2}{P_1} = \frac{230^2\,\mathrm{V}^2}{40\,\mathrm{W}} \approx 1\,320\,\Omega.$$

R_2 ist dagegen eine Glühlampe für eine Kleinspannung von 6 V, wobei dann ein Strom der Stärke 0,3 A fließt. Damit ist

$$R_2 = \frac{U_2}{I_2} = \frac{6\,\mathrm{V}}{0,3\,\mathrm{A}} = 20\,\Omega.$$

Der Gesamtwiderstand ist

$$R = R_1 + R_2 = 1\,320\,\Omega + 20\,\Omega = 1\,340\,\Omega.$$

Für die Stromstärke ergibt sich

$$I = \frac{U}{R} = \frac{230\,\mathrm{V}}{1\,340\,\Omega} = 0,17\,\mathrm{A}.$$

Für die tatsächlich an den beiden Glühlampen abfallenden Teilspannungen U_{T1} und U_{T2}

$$U_{T1} = R_1 I = 228\,\mathrm{V}$$

$$U_{T2} = R_2 I = 3\,\mathrm{V}.$$

(Das ungenaue Ergebnis ergibt sich durch die schrittweise Berechnung.)

An R_2 fällt damit eine Spannung ab, die zu gering ist, um die Lampe zum Leuchten zu bringen. Tatsächlich ist R_2 geringer als oben berechnet, da die Glühlampe nicht ihre Betriebstemperatur erreicht; daher ist auch U_{T2} noch geringer. An R_1 fällt dagegen eine Spannung ab, die nur geringfügig geringer ist, als die Nennspannung der Glühlampe.

Man kann das Ergebnis auch im Experiment zeigen, allerdings muss dabei besonders vorsichtig umgegangen werden: Kabel mit geschützten Kontakten und Trenntransformator verwenden!

3.4 Elektrizitätsquellen

Auch Elektrizitätsquellen wie Batterien und Netzgeräte können sowohl parallel als auch in Reihe geschaltet werden. Bei der polrichtigen Parallelschaltung von zwei gleichen Batterien ist die Gesamtspannung gleich der Spannung einer einzelnen Batterie (Abb. 3.7). Jede Batterie liefert aber nur noch den halben Strom und entlädt sich entsprechend langsamer.

Ist eine der beiden Batterien aufladbar, also ein Akkumulator (Akku), so stellt sich die Situation in dieser Masche (blaue Masche in Abb. 3.7 (links); vgl. Abschnitt 3.3) wie

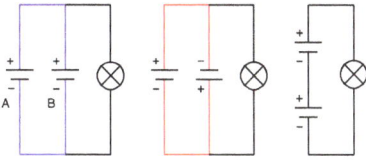

Abb. 3.7: Schaltungen zweier Batterien. (Vorsicht: In der mittleren Schaltung entsteht ein Kurzschluss!)

folgt dar: Die aufladbare Batterie B hat zu Beginn eine niedrigere Spannung als Batterie A. Während des Ladevorgangs steigt die Spannung von Batterie B. Der Ladevorgang endet, wenn die Spannung der aufladbaren Batterie auf denselben Wert angestiegen ist, wie die Spannung von Batterie A. Im Alltag wird für das Laden von Batterie B statt Batterie A ein Netzgerät als Elektrizitätsquelle verwendet (vereinfacht).

Bei umgekehrter Polung entsteht dagegen eine Masche, bei der mit der Spannung beider Batterien ein Strom in Gang gesetzt wird, der nur durch den Innenwiderstand der Batterien begrenzt wird (rote Masche in Abb. 3.7 (Mitte); vgl. Abschnitt 3.3). Hierbei handelt es sich um einen *Kurzschluss*, bei dem die Batterien Schaden nehmen können oder die Zuleitungen sich unzulässig stark erwärmen können.

Werden zwei Batterien in Reihe geschaltet, addieren sich die Teilspannungen (Abb. 3.7 rechts). Dies wird beispielsweise in Taschenlampen genutzt, wenn eine Spannung von mehr als 1,5 V, der Spannung einer typischen Batterie, benötigt wird. Auch die Spannung in Höhe von 4,5 V an den Laschen einer Flachbatterie kommt so zustande: Diese enthält drei in Reihe geschaltete Batterien in einer gemeinsamen Hülle.

3.5 Schaltungen mit Schaltern

Mit einem einfachen Ein-/Aus-Schalter kann eine Glühlampe oder ein anderes Gerät bedient werden. Für bestimmte Schaltzwecke werden jedoch auch mehrere Schalter eingesetzt (Experiment 3.5).

Experiment 3.5: Es werden eine UND-, eine ODER- und eine Wechselschaltung untersucht. Die Schaltbilder für diese drei Schaltungen sind in Abb. 3.8 angegeben.

Bei einer Reihenschaltung von zwei Schaltern ist es notwendig, dass beide Schalter geschlossen sind, damit die angeschlossene Lampe leuchtet (UND-Schaltung, Abb. 3.8,

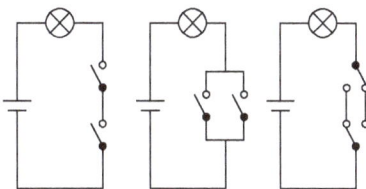

Abb. 3.8: UND-Schaltung (links), ODER-Schaltung (Mitte) und Wechselschaltung (rechts).

links). Ein *Taster* kehrt im Gegensatz zu einem Schalter nach dem Loslassen in den Ausgangszustand zurück. Solche Taster werden beispielsweise bei Türklingeln oder auch zu Sicherheitszwecken eingesetzt. Werden zwei Taster in einer UND-Schaltung kombiniert, wird so z. B. eine Maschine nur dann eingeschaltet, wenn eine Person mit beiden Händen beide Taster zugleich bedient.

Eine Lampe, die in Reihe mit einer Parallelschaltung von zwei Schaltern geschaltet ist, leuchtet, wenn bereits nur ein Schalter geschlossen ist (ODER-Schaltung, Abb. 3.8, Mitte).

Ein *Wechselschalter* erlaubt es, zwischen zwei Teilstromkreisen zu schalten, um z. B. entweder Lampe 1 oder Lampe 2 zum Leuchten zu bringen. Bei geeigneter Beschaltung kann jedoch auch eine Lampe von zwei Schaltstellen aus unabhängig voneinander geschaltet werden (Wechselschaltung, Abb. 3.8, rechts). Bei jedem Bedienen eines der beiden Schalter wechselt der Schaltzustand der angeschlossenen Lampe; diese Schaltung wird im Haushalt benötigt, um eine Lampe mit zwei Schaltern zu bedienen. Für drei Schaltstellen, die unabhängig voneinander schalten können sollen, benötigt man einen anderen Schaltertyp, den *Kreuzschalter*. Ist eine noch größere Zahl von Schaltstellen gewünscht, so wird meist mit Tastern ein elektromechanischer (Relais) oder elektronischer Schalter bedient.

3.6 Experimentieren im Physikunterricht

Experimente und Experimentiermaterial

Viele wichtige Inhalte werden im Physikunterricht mit Hilfe von Experimenten erarbeitet. Dies geschieht nicht nur, damit sich die Schülerinnen und Schüler das Fachwissen erarbeiten, sondern auch, um sie mit typischen Methoden und Arbeitsweisen vertraut zu machen. Experimente können als Demonstrationsexperimente oder als Schülerexperimente durchgeführt werden, wobei sich einige typische Vor- und Nachteile ergeben. Einen Überblick gibt [36].

Das Durchführen von Schülerexperimenten ist gerade in der Elektrizitätslehre – speziell zum Thema elektrische Stromkreise – verbreitet, da die hierfür benötigten Materialien wenig kostspielig und vergleichsweise einfach zu handhaben sind. Teilweise kann auch Alltagsmaterial zur Anwendung kommen. In allen Fällen sind die notwendigen Sicherheitsvorkehrungen zu berücksichtigen [17].

Besonders Schaltungen mit Glühlampen und Schaltern sind gut als einfache Experimente für Schülerinnen und Schüler geeignet. Vor dem Experimentieren mit realen Geräten kann die Schaltung in einer virtuellen Darstellung erprobt werden. Hierfür benötigt man spezielle Software, aber auch webbasiert können Schaltungen getestet werden (etwa unter [6]).

Lehrmittelfirmen bieten für Demonstrationsexperimente verschiedenen Systeme an, die sich unter anderem in ihrem Abstraktionsgrad unterscheiden. Einige Systeme verwenden Bauteile, die auf einem Tisch mit herkömmlichen Kabeln benutzt werden.

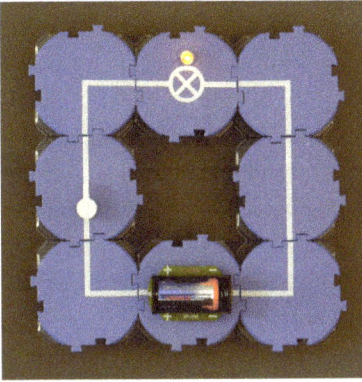

Abb. 3.9: Einfacher Stromkreis mit Schalter (links, Mitte) aus magnetischen Bauelementen an einer Schultafel.

Bei anderen Systemen kommen Bauteile zum Einsatz, die magnetisch an einer Wandtafel befestigt werden können. Hierbei werden zum Teil die Kabelverbindungen durch Kontakte an den Bauteilen selbst ersetzt. Folgerichtig sind auf ihnen direkt die Schaltsymbole und die elektrischen Verbindungen aufgedruckt (Abb. 3.9).

Kompetenzbereich Erkenntnisgewinnung

Länderübergreifend beschreiben die „Bildungsstandards im Fach Physik für den Mittleren Schulabschluss" [16], was Schülerinnen und Schüler im Verlaufe ihres Physikunterrichts erreichen sollen. Die Ziele des Physikunterrichts werden in Kompetenzen formuliert, die vier *Kompetenzbereichen* zugeordnet werden können:

1. Fachwissen: Physikalische Phänomene, Begriffe, Prinzipien, Fakten, Gesetzmäßigkeiten kennen und Leitideen zuordnen.
2. Erkenntnisgewinnung: Experimentelle und andere Untersuchungsmethoden sowie Modelle nutzen.
3. Kommunikation: Informationen sach- und fachbezogen erschließen und austauschen.
4. Bewertung: Physikalische Sachverhalte in verschiedenen Kontexten erkennen und bewerten. [16]

Grundsätzlich kann das Experimentieren im Physikunterricht alle Kompetenzbereiche betreffen. Besonders aber wird der Kompetenzbereich *Erkenntnisgewinnung* angesprochen; hier geht es ganz wesentlich um die typischen Methoden in der Physik. Dazu gehört neben dem Experimentieren auch das Bilden von Modellen und etwa das quantitative Analysieren von Zusammenhängen. Die detaillierte Formulierung benennt die zu erwerbenden Fertigkeiten und Fähigkeiten, wie z. B.:

Die Schülerinnen und Schüler (...)
E3 – verwenden Analogien und Modellvorstellungen zur Wissensgenerierung, (...)
E7 – führen einfache Experimente nach Anleitung durch und werten sie aus, (...). [16]

Der Vorgang des Experimentierens wird typischerweise in die drei Phasen *Planung*, *Durchführung* und *Auswertung* unterteilt. Die Planung beinhaltet dabei auch das Aufstellen von Hypothesen (eine genauere Analyse gibt [15]). Allerdings wird der Begriff des Experimentierens im Unterricht weiter gefasst als in der Wissenschaft. Experimente werden nicht nur zur Hypothesenprüfung eingesetzt, sondern generell als der Vorgang angesehen, ein bestimmtes Phänomen planmäßig hervorzurufen [22]. Lehrkräfte setzen Experimente aus unterschiedlichen Gründen im Unterricht ein. Neben dem Ansprechen fachlicher Ziele spielt dabei z. B. die Motivation der Schülerinnen und Schüler oder auch die Strukturierung des Unterrichts eine Rolle [13].

Für jeden Kompetenzbereich formulieren die Bildungsstandards außerdem auch *Anforderungsbereiche*. Für den Kompetenzbereich Erkenntnisgewinnung sind die Anforderungsbereiche in Tab. 3.1 ausgeführt.

Tab. 3.1: Kompetenzbereiche und Anforderungsbereiche aus [16]. Für den Kompetenzbereich *Erkenntnisgewinnung* ist die fachspezifische Beschreibung in der Tabelle ausgeführt.

Kompetenzbereich	Anforderungsbereich		
	I	II	III
Fachwissen	*Wissen anwenden*	*Wissen wiedergeben*	*Wissen transferieren und verknüpfen*
	(...)	(...)	(...)
Erkenntnisgewinnung	*Fachmethoden beschreiben*	*Fachmethoden nutzen*	*Fachmethoden problembezogen auswählen und anwenden*
	– Physikalische Arbeitsweisen, insb. experimentelle, nachvollziehen bzw. beschreiben.	– Strategien zur Lösung von Aufgaben nutzen, – einfache Experimente planen und durchführen, – Wissen nach Anleitung erschließen.	– Unterschiedliche Fachmethoden – auch einfaches Experimentieren und Mathematisieren – kombiniert und zielgerichtet auswählen und einsetzen, – Wissen selbstständig erwerben und dokumentieren.
Kommunikation	*Mit vorgegebenen Darstellungsformen arbeiten*	*Geeignete Darstellungsformen nutzen*	*Darstellungsformen selbständig auswählen und nutzen*
	(...)	(...)	(...)
Bewertung	*Vorgegebene Bewertungen nachvollziehen*	*Vorgegebene Bewertungen beurteilen und kommentieren*	*Eigene Bewertungen vornehmen*
	(...)	(...)	(...)

3.7 Aufgaben

1. In der Schaltung nach Abb. 3.10 sind zwei Batterien eingebaut mit den Quellspan-
    nungen $U_1 = 12\,V$ und $U_5 = 4\,V$. R_2 und R_4 sind die Innenwiderstände der Bat-
    terien mit jeweils $1\,\Omega$. Die weiteren Widerstände sind $R_3 = 4\,\Omega$ und $R_6 = 4\,\Omega$.
    Berechnen Sie das Potential an den Stellen A–F. – Der Gesamtwiderstand der
    Reihenschaltung ist $R = R_2 + R_3 + R_4 + R_6 = 10\,\Omega$. Damit ist die Stromstärke
    $I = (12\,V-4\,V)/10\,\Omega = 0,8\,A$. Der Spannungsabfall an jedem Widerstand kann jetzt
    berechnet werden. So fällt am Innenwiderstand der ersten Batterie die Spannung
    $U_2 = IR_2 = 0,8\,A \cdot 1\,\Omega = 0,8\,V$ ab. Es ergibt sich weiter $U_3 = IR_3 = 0,8\,A \cdot 4\,\Omega = 3,2\,V$,
    $U_4 = U_2$ und $U_6 = U_3$. Mit dem beliebig vorgegebenen Umlaufsinn wird das
    Vorzeichen der ersten Spannungsquelle festgelegt. Weitere gleichsinnig gepolte
    Spannungsquellen gehen mit demselben Vorzeichen ein, umgekehrt gepolte und
    Widerstände mit dem umgekehrten Vorzeichen. Damit ergibt sich für das Poten-
    tial ϕ von Punkt A $\phi_A = 12\,V$ und für B $\phi_B = (12\,V) – (0,8\,V) = 11,2\,V$. Führt man
    diese Berechnung im Uhrzeigersinn weiter, so erhält man $\phi_C = 8\,V$, $\phi_D = 7,2\,V$,
    $\phi_E = 3,2\,V$ und schließlich $\phi_F = 0\,V$.

2. Der menschliche Körper besteht zu einem großen Teil aus Wasser, in dem Stoffe
    gelöst sind, so dass Ionen vorliegen. Daher ist der Körper ein elektrischer Leiter –
    allerdings kein besonders guter, was vor allem daran liegt, dass die Haut an der
    Oberfläche relativ trocken und daher schlecht leitfähig ist (Übergangswiderstand
    $R \approx 1\,M\Omega$). Bei feuchter Oberfläche ist dieser Widerstand jedoch sehr viel gerin-
    ger. Der Körperwiderstand für den Weg des Stromes von einer Hand zu einem Fuß
    wird mit etwa $1\,k\Omega$ angegeben, auf Arm und Bein entfallen dabei jeweils ca. $500\,\Omega$,
    wobei diese Werte stark variieren können. Wegen dieser Leitfähigkeit stellt der
    elektrische Strom für den menschlichen Körper eine Gefahr dar. Bei sehr hohen
    Stromstärken kommt es durch die Wärmewirkung zu Verbrennungen. Schon bei
    geringeren Stromstärke kommt es zu Muskelverkrampfungen und bei Wechsel-
    strom zu einer Störung des Herzrhythmus, die tödlich sein kann. Im Allgemeinen
    wird bereits eine Stromstärke von 20 mA bis 30 mA als gefährlich angesehen.
    Welche Stromstärke würde über einen Menschen zur Erde fließen, wenn in einem
    Stromkreis im Haushalt kein Schutzleiter vorhanden ist und der Mensch bei einem
    Defekt das metallische Gehäuse eines Wasserkochers mit einer Hand berührt?

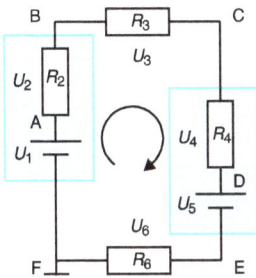

Abb. 3.10: Teilspannungen in einer Masche.

Wie verändert sich die Situation, wenn der Mensch den Strom führenden Leiter mit beiden Händen berührt und der Strom unter Umständen auch über beide Beine abfließt? Gehen Sie in allen Fällen von einer ungünstigen Situation mit einem Übergangswiderstand von $0\,\Omega$ aus. – Bei einer Spannung von $U = 230\,\text{V}$ fließt durch den Widerstand von $R = 1\,000\,\Omega$ ein Strom der Stärke $I = U/R = 230\,\text{mA}$. Bei Berührung mit beiden Händen und Füßen liegt eine Parallelschaltung vor; der Körperwiderstand ist dann mit $1/R = 1/R_1 + 1/R_2$ nur noch halb so groß, die Stromstärke damit doppelt so groß.

3. Drei gleiche Glühlampen mit einem Widerstand von je $6\,\Omega$ können auf vier unterschiedliche Arten an eine Batterie mit einer Spannung von $3\,\text{V}$ angeschlossen werden. Berechnen Sie für alle Schaltungen die Gesamtleistung. – Für eine einzelne Glühlampe gilt: $I = U/R = 3\,\text{V} = 0,5\,\text{A}$; $P = UI = 3\,\text{V} \cdot 0,5\,\text{A} = 3/2\,\text{W}$
   (a) drei Lampen in Reihe: $R_{\text{ges}} = 3R = 18\,\Omega$; $I = U/R = 3\,\text{V}/18\,\Omega = 1/6\,\text{A}$; $P = UI = 1/2\,\text{W}$
   (b) drei Lampen parallel: $P_{\text{ges}} = 3P = 9/2\,\text{W}$
   (c) zwei Glühlampen in Reihe, dazu eine parallel: $1/R_{\text{ges}} = 1/12\,\Omega + 1/6\,\Omega \Rightarrow R_{\text{ges}} = 4\,\Omega$; $I = U/R = 3\,\text{V}/4\,\Omega = 3/4\,\text{A}$; $P = UI = 9/4\,\text{W}$
   (d) zwei Glühlampen parallel, dazu eine in Reihe: $R_{\text{ges}} = 6/2\,\Omega + 6\,\Omega = 9\,\Omega$; $I = U/R = 3\,\text{V}/9\,\Omega = 1/3\,\text{A}$; $P = UI = 1\,\text{W}$.

4. Ein für den Einbau in einem Vielfachmessinstrument vorgesehenes Drehspulmesswerk erreicht seinen Maximalausschlag bei $I_M = 1\,\text{mA}$. Es besitzt einen Innenwiderstand von $R_M = 1,5\,\text{k}\Omega$. Mit welchen Widerständen R muss es verschaltet werden, so dass a) ein Strom mit maximal der Stärke $I = 0,1\,\text{A}$ und b) eine Spannung von maximal $U = 10\,\text{V}$ gemessen werden kann?
   (a) Zu dem Messwerk wird der Widerstand R_1 parallel geschaltet, so dass bei einer Gesamtstromstärke I durch R_M nur der maximal erlaubte Strom I_M fließt. Mit der Regel für die Parallelschaltung (3.1) von Widerständen ergibt sich $\frac{I-I_M}{I_M} = \frac{R_M}{R_1} \Rightarrow R_1 = \frac{R_M I_M}{I-I_M} = \frac{1,5\,\text{k}\Omega \cdot 0,001\,\text{A}}{(0,1-0,001)\,\text{A}} = 15,\overline{15}\,\Omega$.
   (b) Mit dem Messwerk wird der Widerstand R_2 in Reihe geschaltet, so dass bei einer angelegten Spannung U durch R_M nur der maximal erlaubte Strom I_M fließt: $U = (R_2 + R_M)I_M \Rightarrow R_2 = \frac{U}{I_M} - R_M = \frac{10\,\text{V}}{1\,\text{mA}} - 1,5\,\text{k}\Omega = 8,5\,\text{k}\Omega$.

4 Ladung und Ladungsträger

Gleichnamig geladene Körper stoßen sich ab.

4.1 Phänomene

Reibt man einen Luftballon mit einem Wolltuch, so ziehen sich die beiden Gegenstände anschließend an. Zwei gleichartig behandelte Gegenstände, wie etwa zwei Luftballons, die mit einem Tuch gerieben wurden, stoßen dagegen einander ab.

Aus diesem Verhalten kann man auf die Existenz von zwei Arten von Ladung schließen: Gleichartig behandelte Gegenstände besitzen *dieselbe* Art von Ladung und stoßen sich ab. Die beiden Kontaktpartner, also etwa ein Luftballon und das Wolltuch, besitzen dagegen nach dem Trennen *unterschiedliche* Ladungen und ziehen einander an. Etwas detaillierter zeigt dies Experiment 4.1.

Experiment 4.1: Benötigt werden zwei Glasstäbe und zwei Kunststoffstäbe, wovon jeweils einer auf einer Nadelspitze drehbar gelagert werden können muss. Mit einem Wolltuch werden jeweils Paare von Stäben gerieben, davon einer anschließend auf der Spitze gelagert und dann die Kraftwirkung beim Annähern des anderen Stabes überprüft.

Stäbe aus unterschiedlichem Material ziehen sich an, solche aus gleichem Material stoßen sich ab, und zwar jeweils über die ganze Länge der Stäbe hinweg, wenn sie zuvor überall Kontakt mit dem Wolltuch hatten. Auch zwei Luftballons stoßen sich ab, wenn sie mit denselben Tuch gerieben worden sind (Abbildung zu Beginn des Kapitels).

Ein Stab bildet also nicht zwei Pole aus, wie es beim Magnetismus der Fall ist, sondern übt auf der gesamten Länge die anziehende oder abstoßende Kraft aus.

4.2 Kräfte zwischen geladenen Körpern

Aus den einfachen Experimenten lässt sich ein weit reichender Schluss ziehen: Da es zwei Arten von Kräften gibt, anziehende und abstoßende, muss es zwei Arten von Elektrizität geben. Richtig einordnen lässt sich dies erst, wenn man Vergleiche zieht. So ziehen sich alle Massen gegenseitig an, es gibt keine abstoßende Gravitationskraft. Da dies für alle Massen gilt, verlangt die Gravitationskraft offenbar kein Unterscheidungsmerkmal, es gibt nur *eine* „Art" von Masse. Umgekehrt muss es, wenn es wie bei der Elektrizität zwei Arten von Kräften gibt, auch ein Unterscheidungsmerkmal zwischen den behandelten Körpern geben: Manche werden angezogen und andere abgestoßen. Nicht behandelte Körper erfahren keine Kraft (abgesehen von der *Influenz*, siehe Abschnitt 4.7).

Kräfte zwischen geladenen Körpern: Gleichnamig geladene Körper stoßen sich gegenseitig ab, ungleichnamig geladene ziehen einander an.

Folglich muss es *drei* Arten von elektrisch beeinflussten Körpern geben. Die Art von Körpern, die keine Kraft erfährt, heißt *ungeladen*. *Positiv* geladen heißt die eine Art von Körpern, die eine Kraft erfahren, und *negativ* geladen die andere. Die Bezeichnungen positiv und negativ, bzw. *Pluselektrizität* und *Minuselektrizität* gehen auf *Georg Christoph Lichtenberg* zurück. Sie lösten die Begriffe ab, mit denen man ursprünglich die

https://doi.org/10.1515/9783110495768-004

Elektrizitätsarten nach den Materialien, mit denen sie auftraten, benannte (*Glaselektrizität* und *Harzelektrizität*, vgl. Abschnitt 1.1).

In Verbindung mit den heutigen Vorstellungen vom Aufbau der Materie sieht man als Träger der negativen Ladung ein Elementarteilchen an, nämlich das *Elektron*, das in Festkörpern mehr oder weniger gut beweglich ist. Der Träger der positiven Elektrizität ist dagegen in der Regel das *Proton*, ein Bestandteil des Atomkerns und damit vergleichsweise unbeweglich.

Zu dieser Vorstellung gehört, dass die elektrische Ladung *quantisiert* ist, d. h. nur in ganzzahligen Vielfachen einer kleinsten Portion vorkommt. Diese Idee wird durch das Experiment von *Robert Andrews Millikan* (1868–1953) bestätigt. Hierbei wird eine geringe Menge Öl zerstäubt und in das Innere eines Kondensators mit horizontal ausgerichteten Platten gebracht (Abb. 4.1, vgl. Abschnitt 4.8). Beim Zerstäuben laden sich die Öltröpfchen elektrisch auf. Im nicht geladenen Kondensator sinken die Teilchen mit einer konstanten Geschwindigkeit nach unten, da (nach einer kurzen Beschleunigungsphase) die Gewichtskraft gleich der Summe aus Reibungskraft und Auftrieb in der Luft ist. Es wird eine Spannung an die beiden Kondensatorplatten angelegt, die so gepolt und gerade so groß ist, dass ein geladenes Tröpfchen schwebt, d. h. die elektrische Kraft gerade so groß wie die Gewichtskraft (reduziert um den Auftrieb) ist. Anschließend lässt sich ohne Spannung aus der Messung der Sinkgeschwindigkeit die Größe des Tröpfchens und mit der Dichte des Öls auch dessen Masse ermitteln. Hieraus lässt sich die Größe der Ladung auf einem Tröpfchen berechnen. Man findet, dass diese Ladung immer ein (niedriges) ganzzahliges Vielfaches einer minimalen Ladung, der *Elementarladung*, beträgt. Diese Ladungsquantelung (Quantisierung) kann innerhalb der Elektrizitätslehre bzw. Elektrodynamik nicht erklärt werden.

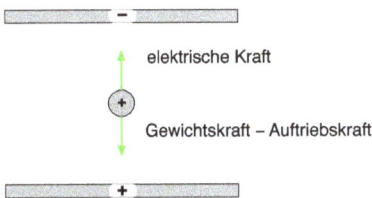

elektrische Kraft

Gewichtskraft – Auftriebskraft

Abb. 4.1: Kräfte auf ein geladenes Öltröpfchen zwischen zwei Kondensatorplatten im Millikan-Experiment.

4.3 Eigenschaften der elektrischen Ladung

Die bisher behandelten Erkenntnisse über die elektrische Ladung können wie folgt zusammengefasst und durch zwei weitere Punkte ergänzt werden:
- Es gibt zwei Arten elektrischer Ladung: positive und negative.
- Ein elektrischer neutraler Körper hat gleich viele positive und negative Ladungen.
- Ladung kann von einem Körper auf einen anderen übertragen werden.

- Die Bilanz der Ladung bleibt erhalten, d. h., es kann nicht nur negative oder positive Ladung erzeugt werden.
- Es gibt eine kleinste elektrische Ladung, die Elementarladung. Die Größe dieser Ladung wurde früher im Experiment gemessen (Abb. 4.1). Seit 2019 ist sie definiert auf den Wert $e = 1{,}602\,176\,634 \cdot 10^{-19}$ C.
- Ladung ist eine fundamentale Eigenschaft der Materie und
- umgekehrt ist Ladung immer an Materie gebunden: Ladung wird mit *Ladungsträgern* transportiert. Dies sind elektrische geladene Teilchen (wie Elektronen, Protonen, Ionen).

Für den Sachverhalt, dass und wie ein Körper elektrisch geladen ist, spielt nicht die Menge der einzelnen negativen und positiven Ladungen, sondern nur die Nettosumme seiner Ladungen eine Rolle. Ein Körper kann also positiv geladen sein, weil er zusätzliche positive Ladungen erhalten hat oder weil negative von ihm entfernt worden sind. Da in Metallen die Träger der negativen Ladungen (Elektronen) beweglich sind, die positiven dagegen ortsfest, kann man sich eine Umverteilung von Ladung so vorstellen, dass nur negative Ladung bewegt wird. Der Vorteil der Ladungsbilanzierung besteht aber darin, dass man nicht wissen muss, welche Ladungsträger sich bewegen.

Ist ein Körper elektrisch geladen, meint man, dass er (Überschuss-) *Ladung* besitzt. Oft spricht man aber auch von *Ladungen* und meint damit die Ladungsträger oder, dass die (Überschuss-) Ladung immer ein Vielfaches der Elementarladung ist.

ⓘ **Unsicherheit bei der Angabe von Naturkonstanten.** Eine Naturkonstante ist eine physikalische Größe, deren Wert sich nicht ändert und sich auch nicht beeinflussen lässt. Naturkonstanten werden daher auch zur Festlegung von Einheiten benutzt. So wurde die Elementarladung früher mit dem Millikan-Experiment bestimmt. Heute dagegen ist die Elementarladung exakt festgelegt auf den Wert:

$$e = 1{,}602\,176\,634 \cdot 10^{-19} \text{ C.} \tag{4.1}$$

Damit ist auch die Einheit 1 Coulomb definiert und die Einheit 1 Ampere von ihr abgeleitet (1 C = 1 A s). Meistens jedoch werden Naturkonstanten durch eine Messung bestimmt. Die Gravitationskonstante G zum Beispiel erhält so den Wert

$$G = (6{,}674\,30 \pm 0{,}000\,15 \cdot 10^{-11}) \, \frac{m^3}{kg\,s^2}, \tag{4.2}$$

wobei die Angabe nach dem Zeichen ± die Messunsicherheit beschreibt. Gleichbedeutend ist die Schreibweise

$$G = 6{,}674\,30(15) \cdot 10^{-11} \, \frac{m^3}{kg\,s^2}. \tag{4.3}$$

Die Angabe in Klammern zeigt die Unsicherheit der letzten aufgeführten Stellen. Will man weniger Stellen angeben, so kann man auch schreiben

$$G = 6{,}67... \cdot 10^{-11} \, \frac{m^3}{kg\,s^2} \tag{4.4}$$

oder

$$G \approx 6{,}67 \cdot 10^{-11} \; \frac{m^3}{kg\,s^2}.$$

(4.5)

Manchmal schreibt man allerdings etwas nachlässig statt des Zeichens „ungefähr gleich" ($\approx$) ein Gleichheitszeichen. (Zum Umgang mit Messungenauigkeiten vgl. auch S. 37.)

Verwendung von Modellen. Zur Beschreibung von Zusammenhängen werden in den Naturwissenschaften häufig *Modelle* verwendet. Dies liegt daran, dass man in vielen Fällen nicht genau sagen kann, was der Hintergrund oder die genaue Struktur eines bestimmten Gegenstandes ist, oder auch, dass dies zu einer ausreichenden Beschreibung nicht nötig ist. So wird z. B. das Verhalten von Gasen (Gegenstand) mit Hilfe des Modells des *idealen Gases* beschrieben. Hierfür werden den Gasteilchen im Modell bestimmte Eigenschaften und Parameter zugewiesen. Man kann das Verhalten des Modells betrachten, wenn man diese Parameter verändert, und daraus dann Schlüsse ziehen, wie sich der Gegenstand ändern müsste, wenn man dort dieselben Parameter verändert [11].

Auch mit dem Modell der elektrischen Ladung werden solche Eigenschaften festgelegt, über eine Vielzahl anderer wird jedoch keine Aussage getroffen. So ist es beispielsweise zunächst nicht nötig, mit den negativen elektrischen Ladungen Elektronen zu assoziieren, auch wenn dies durch die Erkenntnisse der Atomphysik plausibel ist. Erst recht wird die innere Struktur des Protons, das einer der Träger der positiven Ladung ist, im Modell nicht erfasst und auch nicht benötigt.

4.4 Elektrische Ladung und elektrischer Strom

Der bereits in Abschnitt 1.4 thematisierte Zusammenhang zwischen Ladung und Strom kann genauer untersucht werden, indem man den Austausch von Ladungen zwischen zwei Körpern betrachtet.

Zwei ungleichnamig geladene Körper ziehen einander an. Diese Anziehungskraft wirkt jedoch genau genommen auf die Ladung selbst, diese nimmt dann den Körper mit. Die Ladung mit ihren Ladungsträgern kann sich im Körper mehr oder weniger gut bewegen, und sie kann sich unter bestimmten Umständen auch *zwischen* den Körpern bewegen. Dies ist natürlich dann möglich, wenn die Körper durch einen leitfähigen Gegenstand verbunden sind. Aber auch z. B. die Luft wird leitfähig, wenn die Spannung zwischen den beiden Körpern sehr groß wird. So ist der Ladungsunterschied beim Trennen zweier ungleicher Kleidungsstücke unter Umständen so groß, dass es zu einer *Entladung* durch die Luft in Form eines Funkens kommt. Dieser Entladungsfunke ist ein sehr kurzzeitig fließender Strom. Auch der Blitz eines Gewitters ist eine solche, aber sehr viel stärkere Entladung.

Eine *Glimmlampe* besteht aus zwei benachbarten Elektroden in einem mit dem Gas Neon unter niedrigem Druck gefüllten Glasröhrchen (Abb. 4.2). Sie beginnt bei einer Spannung von etwa 80 V zu leuchten. Mit einer Glimmlampe kann man den kurzzeitigen Strom einer elektrostatischen Entladung sichtbar machen (Experiment 4.2). Wird die Glimmlampe dagegen mit einer dauerhaft anliegenden Spannung betrieben, so muss ein Vorwiderstand in Reihe geschaltet werden.

Abb. 4.2: Glimmlampe, hier betrieben mit einer Influenzmaschine (siehe Abschnitt 4.7). Damit die Glimmlampe nicht überlastet wird, muss ein Widerstand in Reihe geschaltet werden.

Experiment 4.2: Ein mit einem Wolltuch geriebener Kunststoffstab bringt beim Berühren eine Glimmlampe, die in der Hand gehalten wird, zum Leuchten. Das Leuchten wird stärker, wenn man die Ladung an einer isoliert aufgestellten Metallplatte abstreift und die Ladung dann von dort mit der Glimmlampe abnimmt.

Lädt man eine Kugel mit einem Netzgerät einmal am Minuspol und einmal am Pluspol bei genügend hoher Spannung auf und entlädt sie jeweils durch die Glimmlampe auf Erdpotential, ist zu sehen, dass immer diejenige Seite der Lampe leuchtet, die mit dem stärker negativen Potential (vgl. Abschnitt 3.2) in Verbindung ist. Die leuchtende Seite der Glimmlampe zeigt also elektrischen Strom und den „relativen" Minuspol an.

Die Glimmlampe dient in diesen Experimenten als Anzeiger für elektrischen Strom. Dieser wurde durch das Ladungsungleichgewicht zwischen zwei Körpern verursacht. Es bestätigt sich in dieser Argumentation, was bereits in Abschnitt 1.4 formuliert worden ist:

Elektrische Ladung und elektrischer Strom: Elektrischer Strom ist bewegte Ladung.

An einem mit üblichen Messgeräten messbaren Strom sind sehr viele Ladungsträger beteiligt. Mit Gl. (2.1) und der Ladung eines Elektrons $e \approx 1{,}60 \cdot 10^{-19}$ C ergibt sich für 1 A folgender Elektronenfluss:

$$I = 1\,\text{A} = \frac{1{,}60 \cdot 10^{-19}\,\text{C}}{1{,}60 \cdot 10^{-19}\,\text{s}} \tag{4.6}$$

$$\approx \frac{e}{1{,}60 \cdot 10^{-19}\,\text{s}} \tag{4.7}$$

$$= 6{,}25 \cdot 10^{18}\,\frac{e}{\text{s}}. \tag{4.8}$$

4.5 Kontaktelektrizität

Geladene Körper besitzen das Bestreben, bei Kontakt mit einem ungeladenen Körper das Ladungsungleichgewicht durch Ladungsaustausch zu verringern. Aber auch bei Kontakt zwischen zwei ungeladenen Körpern kann es zu einem Ladungsaustausch kommen, wie wir schon in Abschnitt 1.3 beim Reiben zweier Nichtleiter gesehen haben. Der Grund hierfür ist, dass Elektronen in einem Körper eine je nach Material unterschiedliche Bindungsenergie besitzen. Um ein Elektron aus dem Körper auszulösen, muss diese als *Austrittsarbeit* aufgebracht werden. Kommen zwei Materialien in engen Kontakt, treten Elektronen von dem Körper mit der geringeren Austrittsarbeit zu dem anderen über, wodurch beide Körper sich elektrisch aufladen.

Handelt es sich hierbei um zwei metallische Körper, so gleicht sich dieser Ladungsunterschied während des Trennvorgangs wieder aus, d. h., die Elektronen fließen zurück in den Körper, der sich während des Kontakts positiv geladen hatte.

Auch zwischen Nichtleitern findet der Ladungsaustausch bei engem Kontakt statt. Das Ungleichgewicht bleibt dabei aber beim schnellen Trennen erhalten, die beiden Körper bleiben also nach dem Trennen elektrisch geladen. Diese *Kontaktelektrizität* tritt besonders nach intensivem Kontakt, wie etwa beim Reiben der beiden Körper aneinander auf (Abb. 1.1).

Die Kontaktelektrizität ist die Ursache für das Aufladen beim Reiben z. B. eines Kunststoffstabes mit einem Wolltuch oder auch beim Trennen zweier unterschiedlicher Kleidungsstücke. Ein häufig auftretendes Phänomen ist auch die Aufladung beim Gehen auf manchen Bodenbelägen; die Entladung tritt dann beim Berühren eines leitfähigen Gegenstandes ein. Auch Flüssigkeiten können eine solche Ladungstrennung bewirken, deshalb muss ein zu betankendes Fahrzeug elektrisch leitend mit der Zapfsäule verbunden sein. Bei der Zapfsäule an der Tankstelle geschieht dies durch den Füllschlauch; Flugzeuge werden vor dem Betanken mit einem Kabel an die Füllanlage angeschlossen.

Ein *Bandgenerator* (auch: *Van-de-Graaff-Generator*) ist eine Elektrizitätsquelle, die die Kontaktelektrizität nutzt. Es gibt unterschiedliche Bauarten von Bandgeneratoren. Bei einer häufigen anzutreffenden Ausführung läuft ein endloses Gummiband gespannt zwischen zwei Rollen aus unterschiedlichen Kunststoffen. Die untere Rolle wird mit einer Handkurbel oder einem Motor angetrieben. Die obere Rolle und das Band laden sich durch den Kontakt entgegengesetzt auf (Abb. 4.3): Die Rolle wird negativ geladen, und das Band nimmt bei seiner Bewegung positive Ladung (den Mangel an negativen Ladungen) mit nach unten. In der Nähe der unteren Rolle befindet sich dicht am Band ein *Kamm*, der mit der Erde (Erdpotential) verbunden ist, so dass negative Ladungen zum Ladungsausgleich auf das Band fließen können. Diese werden dann nach dem Transport mit dem Band nach oben durch die obere Rolle abgestoßen und fließen durch einen zweiten Kamm am oberen Ende auf eine (*Konduktor*-) Kugel, wo sie gesammelt werden.

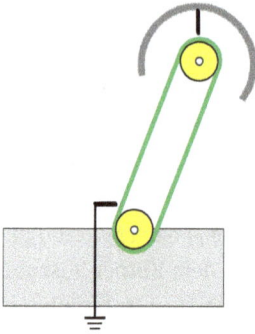

Abb. 4.3: Bandgenerator: obere und untere Rolle (gelb), Band (grün) und Konduktorkugel (grau).

Experiment 4.3: Zwischen einem Bandgenerator und einem geerdeten Kabel findet eine Entladung statt. Die dabei in Luft überbrückte Strecke kann einige Zentimeter betragen. In trockener Luft ist für eine Schlagweite von einem Zentimeter eine Spannung von etwa 10–20 kV erforderlich. Der Entladungsfunke eines Bandgenerators ist trotz dieser hohen Spannung ungefährlich, da für jede Entladung nur eine kleine Ladungsmenge zur Verfügung steht. Dennoch dürfen solche Experimente nicht so durchgeführt werden, dass die Entladung auf eine Person stattfindet.

Gewitter. Zwischen Wolkenschichten oder zwischen Wolken und Erdboden kann es bei bestimmten Wetterbedingungen zu einer hohen Spannung kommen, die sich durch die Luft entlädt. Der Entstehungsprozess der Aufladung ist bislang nicht vollständig geklärt: Eine wichtige Rolle spielen in der Wolke aufsteigende und absinkende Eiskristalle und Graupel, die sich durch Kontakt aufladen. Der Blitz selbst ist eine Gasentladung, bei der die Luft kurzzeitig leitfähig wird. Die Stromstärke der Entladung kann 100 000 A und mehr betragen.

4.6 Ladungsmessung

Zwei elektrisch gleichnamig geladene Körper stoßen einander ab. Dies kann genutzt werden, um die Aufladung eines dritten Körpers anzuzeigen. In einem *Elektroskop* sind die beiden Körper ein Stab aus Metall und ein an ihm beweglich befestigter ebenfalls metallischer Zeiger (Abb. 4.4). Beide sind zunächst ungeladen. Berührt ein dritter Körper, der geladen ist, den Stab, so lädt sich der Stab wie auch der Zeiger elektrisch auf, und beide stoßen sich ab (Experiment 4.4). Dies ist dann ein Indiz dafür, dass der

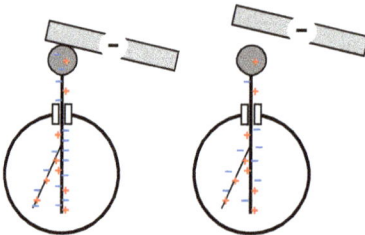

Abb. 4.4: Links: Ein Elektroskop wird durch Berührung eines geladenen Stabes ebenfalls geladen. Rechts: In einem Elektroskop verschieben sich die Ladungen bei Annäherung eines geladenen Stabes (Influenz).

dritte Körper geladen ist. (Dieser verliert bei dem Kontakt allerdings einen Teil seiner Ladung.) Vor einer erneuten Benutzung muss das Elektroskop durch Kontakt mit einem Körper, der in der Lage ist, sehr große Ladungsmengen aufzunehmen, wieder entladen werden. Häufig findet die Entladung mit einem Kabel statt, das selbst mit der Erde verbunden ist.

Experiment 4.4: Die Konduktorkugel auf einem Elektroskop wird mit einem elektrisch geladenen Gegenstand berührt, worauf das Elektroskop ausschlägt. Der Ausschlag bleibt erhalten, wenn der Gegenstand entfernt wird.

Die Stärke des Zeigerausschlags ist ein Maß für die Ladungsmenge auf dem zu überprüfenden Körper. Eine genaue Messung kann jedoch nur mit einem speziellen Ladungsmessgerät erfolgen. Hierbei fließt die Ladung über das Messgerät an die Erde ab. Aus diesem Entladevorgang wird die Ladung bestimmt und von dem Messgerät angezeigt.

4.7 Elektrische Influenz

Influenz in Leitern

Beim langsamen Annähern eines elektrisch geladenen Körpers an ein Elektroskop schlägt dieses bereits aus, *bevor* Ladungen ausgetauscht worden sind (Experiment 4.5). In diesem Fall hat eine *Ladungsverschiebung* stattgefunden: Die Elektronen im Elektroskop werden bei Annäherung eines negativ geladenen Körpers von diesem weg gedrückt, bei Annäherung eines positiv geladenen Körpers zu diesem hin gezogen. In beiden Fällen entsteht ein Ladungsungleichgewicht in Zeiger und Anzeigestab, so dass das Elektroskop ausschlägt (Abb. 4.4).

Experiment 4.5: In die Nähe der Konduktorkugel auf einem Elektroskop wird ein elektrisch geladener Gegenstand gehalten, worauf das Elektroskop ausschlägt. Der Ausschlag geht vollständig zurück, wenn der Gegenstand wieder entfernt wird.

Bei diesem Experiment kann es passieren, dass bei Annäherung des geladenen Körpers ungewollt Ladungen durch die Luft auf das Elektroskop fließen. Hierdurch wird die Wirkung der Influenz überlagert.

Einen ähnlichen Effekt zeigt ein gefalteter Streifen aus Aluminiumfolie, der auf einer Nadelspitze liegt. Dieser wird bei Annäherung eines geladenen Körpers aufgrund der Influenz immer angezogen, unabhängig von der Art der Ladung des Körpers. Der Aluminiumstreifen ist im Resultat an seinen beiden Enden unterschiedlich geladen, er bildet einen *Dipol*. Ist der Aluminiumstreifen dagegen selbst geladen, so wird er je nach Ladung des sich nähernden Körpers entweder angezogen oder abgestoßen. Durch diese unterschiedliche Reaktion lassen sich Aufladungsvorgänge und Influenz unterscheiden.

Elektrische Influenz: In der Nähe eines elektrisch geladenen Körpers wird in einem Leiter elektrische Ladung verschoben. Dieser Vorgang heißt *Influenz*.

Dass bei der elektrischen Influenz Ladung innerhalb eines Körpers verschoben, aber nicht von außen aufgebracht wird, kann durch Experiment 4.6 demonstriert werden.

Experiment 4.6: Zwei kleine, ungeladene Metallplatten an isolierenden Griffen werden gemeinsam in die Nähe eines elektrisch geladenen Körpers gebracht und dort getrennt. Anschließend berührt man erst mit der einen, dann mit der anderen Platte ein entfernt stehendes Elektroskop, ohne dieses zwischenzeitlich zu entladen. Das Elektroskop zeigt zunächst die Ladung der einen Platte an, die dann vollständig durch die Ladung der zweiten kompensiert wird (Abb. 4.5).

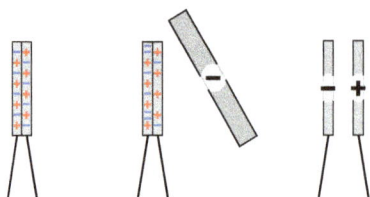

Abb. 4.5: Zwei ungeladene Metallplatten (links) werden in die Nähe eines elektrisch geladenen Körpers gebracht, wodurch Ladungstrennung verursacht wird (Mitte). Beim Trennen der beiden Metallplatten bleibt der Ladungsunterschied erhalten (rechts).

Polarisation in Nichtleitern

In Nichtleitern können die Ladungen nicht im gesamten Körper verschoben werden. Dennoch ziehen sich auch ein insgesamt ungeladener Körper aus nichtleitendem Material und ein elektrisch geladener Körpers gegenseitig an (Experiment 4.7). Der Grund hierfür ist, dass Ladungen innerhalb eines Atoms oder Moleküls verschoben werden. Dieser Vorgang heißt *Polarisierung*. Aus der Verschiebung der Ladungen in jedem Atom resultiert eine Verschiebung des Schwerpunkts aller negativen Ladungen gegenüber dem Schwerpunkt aller positiven Ladungen (*Polarisation*). Der ungeladene, aber polarisierte Körper erfährt schließlich durch den geladenen Körper eine anziehende Kraft (Abb. 4.6).

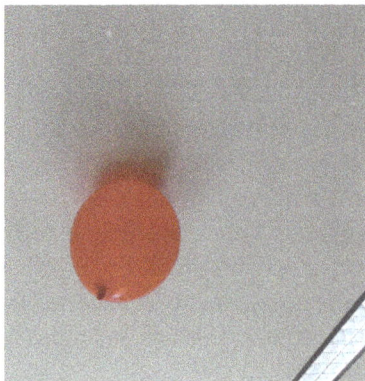

Abb. 4.6: Ein geladener Luftballon ruft eine Polarisation in der Decke hervor, weshalb sich die beiden Körper anziehen.

Experiment 4.7: Ein Luftballon wird mit einem Wolltuch gerieben und dadurch elektrisch geladen. Wird er anschließend vorsichtig gegen die Raumdecke gehalten, so bleibt er dort haften, obwohl ihn die Gewichtskraft nach unten zieht. Der Grund hierfür ist, dass durch Influenz die Ladungsverteilung in der Decke verändert wird, so dass diese und der Luftballon sich elektrostatisch anziehen.

Influenzmaschine. Die Influenzmaschine (nach *James Wimshurst*, 1832–1903) ist eine Elektrizitäts-quelle, deren Wirkung auf der Influenz beruht. Sie besteht im Wesentlichen aus zwei kreisförmigen Platten, die eng benachbart gegenläufig rotieren. Auf den Platten sind Segmente aus Metallfolie aufgebracht. Zu Beginn der Ladungstrennung sind bereits immer durch ein zufälliges Ungleichgewicht manche der Foliensegmente geringfügig geladen. In einem Segment der anderen Scheibe, das sich an dem geladenen Segment vorbeibewegt, wird durch Influenz Ladung getrennt. Durch einen Abnehmer mit einem leitfähigen Büschel kann ein Teil der getrennten Ladung abfließen, so dass das betroffene Segment nun insgesamt geladen ist und dadurch seinerseits Influenz in anderen Segmenten bewirken kann. Die abgeflossene Ladung wird gespeichert und kann genutzt werden (Abb. 4.7).

Abb. 4.7: Influenzmaschine. Zu erkennen sind die Segmente aus Metallfolie auf der vorderen Scheibe, dahinter (schwächer) die der hinteren. Links im Bild (11 Uhr) einer der Abnehmer mit einem Metallbüschel; im Vordergrund (12 Uhr) zwei Kugelpaare an Stäben, zwischen denen bei geeigneten Abstand eine Entladung stattfindet.

4.8 Kondensator

Bauarten von Kondensatoren

Da keine Ladung erzeugt werden kann (vgl. Abschnitt 4.3), geht das Hinzufügen von negativer Ladung auf einen Körper immer damit einher, dass an anderer Stelle negative Ladung entfernt worden ist, dieser andere Körper also positiv geladen worden ist.

Eine Anordnung aus diesen beiden getrennten Körpern, die man gemeinsam betrachtet, heißt *Kondensator*. Im einfachsten Fall handelt es sich um zwei benachbarte, elektrisch entgegengesetzt geladene Kugeln (*Kugelkondensator*) oder Platten (*Platten-kondensator*, Abb. 4.8). Stellt man eine leitfähige Verbindung zwischen den beiden Körpern her, so entsteht ein elektrischer Strom, bis das Ladungsungleichgewicht aufgehoben ist. Ein Kondensator speichert damit ein Ladungsungleichgewicht, und er

Abb. 4.8: Plattenkondensator in einem Experiment zur Messung der Ladung in Abhängigkeit von der Ladespannung.

speichert auch Energie. Unter der Ladung des Kondensators wird dabei stets die Ladung *einer* Platte verstanden:

$$Q = |Q_+| = |Q_-|, \tag{4.9}$$

(Ladung des Kondensators = Betrag der positiven Ladung der einen Platte = Betrag der negativen Ladung der anderen Platte).

Eine frühe Form eines Kondensators ist die *Leidener Flasche* (benannt nach der niederländischen Stadt Leiden), ursprünglich eine Glasflasche gefüllt mit leitfähigem Wasser, heute ein Glaszylinder, der innen und außen mit Metallfolie beklebt ist (Abb. 4.9). Das Glas dient als Isolator zwischen den beiden Metallfolien. Eine Leidener Flasche kann mit hohen Spannungen betrieben werden und vermag so, eine größere Ladungsmenge, die z. B. nach und nach von einem Bandgenerator kommt, zu speichern.

Wie sich zeigen wird (Gl. (4.16)), lässt sich ein stärkeres Ladungsungleichgewicht speichern, wenn die Körper, die die Ladungen tragen, größer sind. Einen leistungsfähigen Kondensator kann man daher herstellen, indem man zwei lange Metallfolien aufwickelt, wobei als Isolator zwischen den Metallfolien Papier- oder Kunststofffo-

Abb. 4.9: Leidener Flasche.

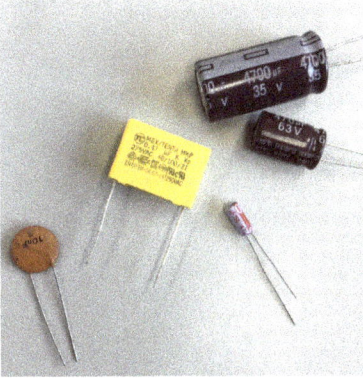

Abb. 4.10: Kondensatoren mit Kapazitäten von $C = 10$ nF bis 4 700 µF. Die drei zylindrischen Kondensatoren sind *gepolt*.

lie eingewickelt wird. Dadurch haben solche Kondensatoren eine zylindrische Form (Abb. 4.10 und 4.17). Manche dieser Kondensatoren dürfen nur gepolt, also an Gleichspannung verwendet werden.

Sicherheitshinweis. Die in einer Leidener Flasche oder einem anderen Kondensator gespeicherte elektrische Energie kann lebensgefährlich groß sein! ℹ️

Kapazität

Ein Kondensator vermag ein Ladungsungleichgewicht aufrecht zu erhalten, also auf beiden Körpern Ladung zu speichern. Dieses Vermögen wird als *Kapazität C* bezeichnet. Sie wird in Experiment 4.8 für einen Plattenkondensator bestimmt.

Experiment 4.8: Ein Plattenkondensator wird wiederholt mit unterschiedlicher Spannung geladen 🔍 und wieder entladen (Abb. 4.8, 4.11). Die entnommene Ladung wird gemessen. Für ein typisches Lehrgerät erhält man die in Tab. 4.1 notierten Werte. Als Abstand der beiden Platten wurde zu Beginn $d = 5$ mm eingestellt.

Ladung lässt sich nicht so einfach wie Spannung und Stromstärke messen. Früher wurden hierfür *Coulombmeter*, auch *Voltameter*, verwendet. Heute werden elektronische Ladungsverstärker benutzt.

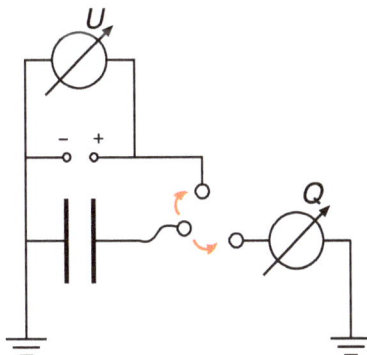

Abb. 4.11: Untersuchung der Ladung eines Plattenkondensators in Abhängigkeit von der angelegten Spannung.

Tab. 4.1: Ladung auf einem Plattenkondensator in Abhängigkeit von der Ladespannung.

U in V	0,0	50	100	150	200	250
Q in 10^{-6} C	0,0	0,006	0,010	0,014	0,020	0,025

Das Experiment zeigt, dass die Ladung Q eines Kondensators zur Spannung, mit der er aufgeladen wurde, proportional ist. Es gilt also

$$Q \sim U. \tag{4.10}$$

Als Proportionalitätskonstante wird die Kapazität C des Kondensators definiert und zwar so, dass C größer ist, wenn der Kondensator bei derselben Spannung mehr Ladung speichert.

Kapazität: Die Kapazität C eines Kondensators ist:

$$C = \frac{Q}{U}. \tag{4.11}$$

Die Einheit der Kapazität ist damit 1 C/V = 1 F (1 Farad). Die Messung ergibt, dass die Kapazität C des im Experiment verwendeten Kondensators $C = 0,1 \cdot 10^{-9}$ F beträgt.

Bei dem in Experiment 4.8 verwendeten Plattenkondensator lässt sich der Abstand der beiden Platten verändern. Experiment 4.9 untersucht den Zusammenhang zwischen diesem Abstand und der Kapazität. Die Ergebnisse sind in Tab. 4.2 festgehalten.

Eine mögliche Vermutung für den hier gesuchten Zusammenhang ist, dass die Kapazität C mit zunehmendem Plattenabstand d sinkt. Dies zeigt schon ein erster Blick auf die grafische Darstellung des Messergebnisses (Abb. 4.12, blaue Messwerte). Hierfür ist bei derselben Spannung U mehrfach die Ladung Q gemessen worden und dann mit $C \sim Q$ zur Bestimmung von C benutzt worden. Eine präzisere Vermutung wäre

$$C \sim 1/d \tag{4.12}$$

was sich in der Messung als

$$Q \sim 1/d \tag{4.13}$$

Tab. 4.2: Ladung auf einem Plattenkondensators in Abhängigkeit vom Plattenabstand.

d in mm	1,0	2,0	3,0	4,0	5,0	6,0	7,0
Q in μC	10	5,0	3,3	2,5	2,0	1,7	1,4
$1/Q$ in μC^{-1}	0,10	0,20	0,30	0,40	0,50	0,59	0,71

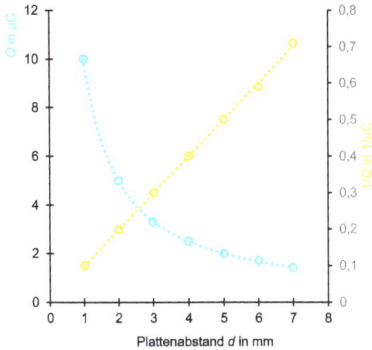

Abb. 4.12: Ladung und Kehrwert der Ladung eines Plattenkondensators in Abhängigkeit vom Plattenabstand.

zeigen würde. Dies kann man am einfachsten überprüfen, indem man für die Messwerte von Q den Kehrwert $1/Q$ bildet und verfolgt, ob sich so ein linearer Zusammenhang ergibt. Die orangefarbenen Messwerte in Abb. 4.12 wurden auf diese Weise berechnet. Sie bestätigen den vermuteten Zusammenhang.

Experiment 4.9: Ein Plattenkondensator wird (ähnlich wie in Experiment 4.8) wiederholt bei verschiedenem Plattenabstand d mit konstanter Spannung $U = 100\,\text{V}$ geladen und wieder entladen. Die entnommene Ladung wird gemessen.

Naheliegend ist weiter, dass die Kapazität eines Plattenkondensators (mit zwei gleich großen Platten) proportional zur Fläche A einer Platte ist:

$$C \sim A. \tag{4.14}$$

Diese Annahme kann im Experiment nicht auf vergleichsweise einfache Weise überprüft werden; erforderlich wären mindestens zwei Plattenkondensatoren mit unterschiedlich großen Flächen. Die Annahme stellt sich bei einem solchen Experiment als richtig heraus, so dass formuliert werden kann:

$$C \sim A/d. \tag{4.15}$$

Als Proportionalitätskonstante wird die *elektrische Feldkonstante* ε_0 eingeführt.

Kapazität eines Plattenkondensators (1): Die Kapazität C eines (luftgefüllten) Plattenkondensators mit der Plattenfläche A und dem Plattenabstand d ist:

$$C = \varepsilon_0 \frac{A}{d}. \tag{4.16}$$

Die elektrische Feldkonstante ist eine der wichtigsten physikalischen Konstanten aus dem Bereich Elektrizität und Magnetismus. Ihr Wert kann aus dem Experiment bestimmt werden, wenn man den Plattenradius R misst und daraus A berechnet. Mit $R = 0{,}125\,\text{m}$, $C = 0{,}1 \cdot 10^{-9}\,\text{F}$ und $d = 5\,\text{mm}$ erhält man

$$\varepsilon_0 = \frac{C\,d}{A} = 1{,}0 \cdot 10^{-11} \frac{\text{A}\,\text{s}}{\text{V}\,\text{m}}. \tag{4.17}$$

Der Literaturwert beträgt

$$\varepsilon_0 = 8{,}854\,187\,821\,8(13) \cdot 10^{-12}\,\frac{\text{A s}}{\text{V m}}. \tag{4.18}$$

(Der Wert von ε_0 war bis zum Jahr 2019 exakt festgelegt. Nach der Neudefinition der Einheit 1 Ampere ist ε_0 mit einer Messungenauigkeit behaftet.)

Alltagsverständnis der Kapazität. Der Begriff der Kapazität wird auch im Alltag verwendet. Die Kapazität eines bestimmten Wassergefäßes ist immer dieselbe und hängt beispielsweise nicht davon ab, mit welchem Wasserdruck das Gefäß befüllt wird. Dies ist beim Kondensator anders, denn sein Fassungsvermögen für Ladung wächst mit der Ladespannung, ähnlich wie die Kapazität eines geschlossenen Gefäßes für eine Stoffmenge oder Masse von Luft vom Druck abhängt. Die alltagssprachliche Bedeutung der *Kapazität* ist daher beim Kondensator nur ungefähr anwendbar.

Auflade- und Entladevorgang

Bei den bisherigen Experimenten wurde ein Kondensator entweder im vollständig aufgeladenen oder im entladenen Zustand betrachtet. Tatsächlich benötigen jedoch sowohl der Auflade- als auch der Entladevorgang eine gewisse Zeit. Dies wird näher mit Experiment 4.10 untersucht.

Experiment 4.10: Ein Kondensator mit einer Kapazität von $C = 4\,700\,\mu\text{F}$ wird mit einer Spannung von $U_0 = 25\,\text{V}$ geladen. In den Stromkreis mit dem Netzgerät ist ein Widerstand $R = 4\,200\,\Omega$ eingeschaltet. Der Kondensator wird über denselben Widerstand entladen (Abb. 4.13). Während des Entladevorgangs wird die Stromstärke gemessen (Tab. 4.3). Für den Aufladevorgang muss ein Netzgerät verwendet werden, das geglättet ist, bei dem also keine merklichen Spannungsschwankungen auftreten.

Bereits die bloße Beobachtung des Amperemeters zeigt, dass der Ladevorgang des Kondensators mit einer vergleichsweise großen Stromstärke beginnt, die zunächst rasch und dann langsamer abnimmt. Dies ist nicht schwierig zu verstehen: Zu Beginn ist der Kondensator ungeladen, der Ladestrom wird damit nur durch den in Reihe geschalteten Widerstand begrenzt. Mit zunehmender Ladung Q auf dem Kondensator baut dieser nach $U = Q/C$ eine entgegengesetzte Spannung auf, so dass der Ladestrom kleiner wird (vgl. Abschnitt 3.2).

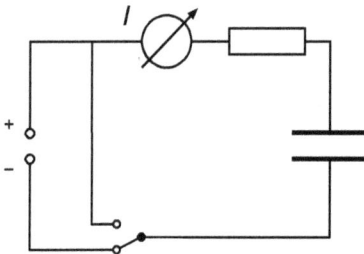

Abb. 4.13: Schaltbild zur Aufladung und Entladung eines Kondensators.

Tab. 4.3: Entladen eines Plattenkondensators; die Genauigkeit der Zeitmessung ist hier allerdings überschätzt.

t in s	0,0	2,0	4,0	6,0	8,0	10	12	20	40	60
I in mA	6,0	5,5	5,0	4,5	4,1	3,7	3,4	2,4	1,0	0,4
ln I	1,8	1,7	1,6	1,5	1,4	1,3	1,2	0,9	0,0	−0,9

Der Entladevorgang wird nun näher betrachtet. Zu Beginn des Entladevorgangs gestaltet sich das Ablesen des Zeigermessgeräts allerdings als schwierig, da der träge Zeiger der schnellen Änderung der Stromstärke nicht folgen kann. Hier kann alternativ zur Verwendung des Zeigermessgeräts ein Messinterface zum Anschluss an einen Computer hilfreich sein (Abb. 4.15).

Stromstärke–Ladung–Spannung. Zur Analyse des Auflade- und Entladevorgangs soll eine Aussage über die momentane Ladung auf dem Kondensators gemacht werden. Diese ist jedoch nur schwer zu bestimmen. Daher wird für die Auswertung die Stromstärke gemessen, mit der der Kondensator geladen oder entladen wird.

Eine abnehmende Stromstärke I lässt auf eine abnehmende Spannung U des Kondensators schließen, es gilt $U = RI$. Da $Q = CU$, lässt sich hieraus auch auf ein Abnehmen der Ladung Q schließen und daher:

$$Q \sim U \sim I. \tag{4.19}$$

Die Stromstärke zu Beginn des Experiments kann stattdessen auch auf einfache Weise berechnet werden: Da der Kondensator noch keine Spannung abgebaut hat, berechnet sich die Stromstärke I_0 allein aus der Spannung des geladenen Kondensators zu Beginn U_0 und dem eingeschalteten Widerstand R:

$$I_0 = \frac{U_0}{R} \tag{4.20}$$

$$= \frac{25\,\text{V}}{4\,200\,\Omega} \tag{4.21}$$

$$= 6,0\,\text{mA}. \tag{4.22}$$

Die in Tab. 4.3 festgehaltenen Messwerte sind mit blauer Farbe in Abb. 4.14 aufgetragen. Der Kurvenverlauf lässt auf eine exponentielle Abnahme der Stromstärke I schließen. Hierfür spricht außerdem besonders eine Betrachtung der Ursache der zeitlichen Entwicklung.

Vorgänge, bei denen eine Größe proportional zu ihrer Änderungsrate ist, zeigen generell ein exponentielles Verhalten. Ein Beispiel ist der radioaktive Zerfall, bei dem von n Kernen im nächsten Zeitintervall dt die Anzahl dn zerfällt. Dabei zerfallen umso mehr Kerne, je mehr unzerfallene noch vorhanden sind:

$$dn \sim n\,dt \tag{4.23}$$

$$\Rightarrow n \sim \frac{dn}{dt}. \tag{4.24}$$

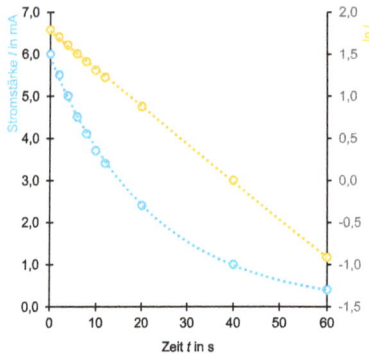

Abb. 4.14: Stromstärke bei der Entladung eines Kondensators ($I(t)$ blau; ln $I(t)$ orange). Für die Aufnahme der Messwerte wurden die in Experiment 4.10 beschriebenen Bauteile verwendet.

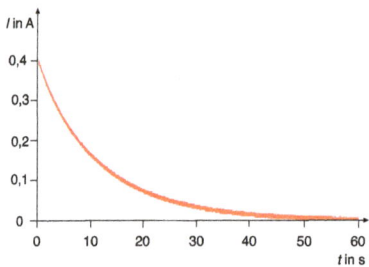

Abb. 4.15: Stromstärke bei der Entladung eines Kondensators, aufgezeichnet mit einem Messinterface *Cobra* der Firma Phywe und ausgewertet mit *measure* [26]. Es wurden hierbei andere Bauteile als in Experiment 4.10 verwendet, da die Messwerterfassung eine schnellere Entladung erlaubt.

Beim Kondensator ändert sich die Ladung Q durch das Zu- bzw. Abfließen der Ladung, also durch die Stromstärke I

$$Q \sim I \tag{4.25}$$

$$\Rightarrow Q \sim \frac{\mathrm{d}Q}{\mathrm{d}t}, \tag{4.26}$$

(mit Gl. (2.7)), was dieselbe Struktur wie Gl. (4.24) besitzt. Wir vermuten daher, dass die Ladung mit der Zeit so wie die Menge der unzerfallenen Kerne exponentiell abnimmt. Genauso nimmt dann auch nach Gl. (4.19) die Stromstärke ab:

$$I = I_0\, e^{-Bt}, \tag{4.27}$$

mit I_0, der Stromstärke zu Beginn der Entladung, und einer zunächst noch unbekannten Konstanten B. Das Minuszeichen im Exponenten rührt daher, dass die Stromstärke mit der Zeit *abnimmt*.

Zur Überprüfung der Vermutung wird mit ln I die Umkehroperation durchgeführt und das Ergebnis gegen t aufgetragen. Ist die Vermutung richtig, so sollte sich wegen

$$I = I_0\, e^{-Bt} \tag{4.28}$$

$$\Rightarrow \ln I = \ln I_0 + \ln(e^{-Bt}) \tag{4.29}$$

$$= \ln I_0 - Bt. \tag{4.30}$$

eine lineare Funktion mit der Steigung $-B$ ergeben. In Abb. 4.14 ist daher auch $\ln I$ aufgetragen; das Ergebnis zeigt genau den erwarteten Verlauf. B lässt sich mit einem Steigungsdreieck berechnen; im Beispiel ergibt sich $-B = -0{,}045\,\mathrm{s}^{-1}$. Eine Herleitung, bei der die Lösung nicht zu Beginn vermutet werden muss, findet sich in Abschnitt 4.9.

Exponentialfunktion. Eine Exponentialfunktion ist eine Funktion, bei der die unabhängige Variable x als Exponent einer Basis b vorkommt:

$$y = b^x. \tag{4.31}$$

Eine besondere Exponentialfunktion ist die e-Funktion, bei der die Euler'sche Zahl e $= 2{,}718...$ die Basis ist:

$$y = e^x. \tag{4.32}$$

Für sie gilt

$$\frac{d}{dx} e^x = e^x. \tag{4.33}$$

(Siehe auch Abschnitt 4.10.)

Exponentielle Regression. Mit einer Tabellenkalkulation kann eine Regressionsanalyse durchgeführt werden, bei der eine Trendlinie für die vorhandenen Daten berechnet wird. Hierbei muss zuvor eingestellt werden, welches der erwartete Funktionsverlauf ist. In vielen Fällen handelt es sich dabei um eine lineare Regression.

Vermutet man dagegen einen exponentiellen Funktionsverlauf, kann eine exponentielle Funktion angenähert werden. In dem hier betrachteten Beispiel ergibt die Regression $I_0 = 5{,}9$ mA (was etwa dem erwarteten Wert entspricht, siehe Gl. (4.22)) und $-B = -0{,}045\,\mathrm{s}^{-1}$.

Dielektrikum

Wird der Raum zwischen den Platten eines geladenen Kondensators mit einer Kunststoffplatte ausgefüllt, so sinkt seine Spannung (Experiment 4.11).

Experiment 4.11: An einen Plattenkondensator wird ein elektrostatisches Voltmeter mit einem Messbereich von mehreren kV angeschlossen. Ein solches Voltmeter kann hohe Spannungen messen, ohne dass sich dabei der Kondensator entlädt. Der Kondensator wird dann kurzzeitig mit einem Netzgerät bei einer Spannung von 1 kV verbunden. In den Freiraum zwischen den Platten wird anschließend eine Kunststoffplatte eingeschoben; dabei sinkt die angezeigte Spannung. Wird die Platte entnommen, so steigt die Spannung wieder auf den ursprünglichen Wert (Abb. 4.16).

Da bei diesem Vorgang die Ladung auf dem Kondensator nicht verändert wird, folgt mit $C = Q/U$ (Gl. (4.11)) aus dem Rückgang der Spannung U, dass durch das Einschieben einer Platte aus nichtleitendem Material, dem *Dielektrikum*, die Kapazität C des Kondensators gestiegen ist.

Abb. 4.16: Kunststoffplatte als Dielektrikum in einem Plattenkondensator.

Kapazität eines Plattenkondensators (2): Füllt man den Raum zwischen den Kondensatorplatten mit einem Dielektrikum aus, so steigt die Kapazität um den Faktor ε_r. Dieser Faktor ist eine Materialkonstante, die *Dielektrizitätszahl* oder *relative Permittivität* (Tab. 4.4). Für den vollständig gefüllten Kondensator gilt

$$C = \varepsilon_0 \varepsilon_r \frac{A}{d}. \tag{4.34}$$

Die Erklärung für dieses Verhalten wird in Abschnitt 5.11 gegeben.

Kapazität eines Wickelkondensators. Zwei Streifen Aluminiumfolie werden durch eine zwischengelegte Kunststofffolie getrennt und bilden so einen Kondensator. Damit beim Aufwickeln nicht die beiden Aluminiumfolien direkt aufeinanderliegen, muss eine weitere Kunststofffolie zwischengelegt werden (Abb. 4.17). Dadurch wird aber jede Folie als Kondensatorplatte doppelt wirksam, da auf beiden Seiten eine Kunststofffolie und dann die nächste Kondensatorplatte in Form der anderen Folie anliegt.

Für einen Kondensator aus zwei aufgerollten Streifen Aluminiumfolie mit der Breite $b = 1,0\,\text{cm}$ und der Länge $l = 1,0\,\text{m}$ und einem Dielektrikum aus Kunststofffolie mit der Dicke $d = 1,0 \cdot 10^{-6}\,\text{m}$ und mit der Dielektrizitätszahl $\varepsilon_r = 3,0$ ergibt sich so als Kapazität:

$$C = 2\varepsilon_0 \varepsilon_r \frac{A}{d}$$

$$= 2 \cdot 8,854 \cdot 10^{-12}\,\frac{\text{C}}{\text{V m}} \cdot 3,0 \cdot \frac{1,0 \cdot 10^{-2}\,\text{m} \cdot 1,0\,\text{m}}{1,0 \cdot 10^{-6}\,\text{m}}$$

$$\approx 5,3 \cdot 10^{-7}\,\frac{\text{C}}{\text{V}} \approx 0,5\,\mu\text{F}.$$

Tab. 4.4: Dielektrizitätszahl ε_r ausgewählter Stoffe.

Stoff	(Vakuum)	Luft	Wasser (demineralisiert)	Glas	Papier	Plexiglas
ε_r	1 (exakt)	1,00058	80	5–10	1–4	3,5

Abb. 4.17: Aufbau eines Wickelkondensators.

Zusammenschaltung von Kondensatoren

Wie Widerstände können auch mehrere Kondensatoren zusammengeschaltet werden (Abb. 4.18). Bei der Parallelschaltung werden die beiden rechten und die beiden linken Platten jeweils miteinander verbunden. Hierdurch addieren sich die Plattenflächen (vereinfachte Argumentation: bei sonst gleichen Kondensatoreigenschaften), so dass die Parallelschaltung zur Addition der Kapazitäten führt.

> **Parallelschaltung von Kondensatoren:** Werden zwei Kondensatoren parallel geschaltet, so ergibt sich als resultierende Kapazität:
> $$C = C_1 + C_2. \tag{4.35}$$

Bei einer Reihenschaltung von zwei Kondensatoren tragen die äußeren Platten die Ladung $+Q$ bzw. $-Q$ und die inneren aufgrund Influenz jeweils die umgekehrte Ladung. Die Ladung der Kondensatoren ist damit $Q = Q_1 = Q_2$. Für die Teilspannungen gilt

$$U = U_1 + U_2, \tag{4.36}$$

und mit Gl. (4.11)

$$\Rightarrow \frac{Q}{C} = \frac{Q_1}{C_1} + \frac{Q_2}{C_2} \tag{4.37}$$

$$\Rightarrow \frac{Q}{C} = \frac{Q}{C_1} + \frac{Q}{C_2} \tag{4.38}$$

$$\Rightarrow \frac{1}{C} = \frac{1}{C_1} + \frac{1}{C_2}. \tag{4.39}$$

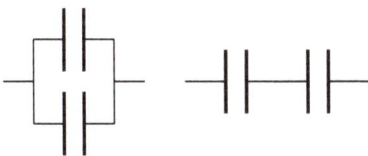

Abb. 4.18: Parallel- (links) und Reihenschaltung (rechts) von Kondensatoren.

Abb. 4.19: Superkondensator (grün) in einem älteren Fahrradrücklicht.

Reihenschaltung von Kondensatoren: Werden zwei Kondensatoren in Reihe geschaltet, so addieren sich die Kehrwerte der einzelnen Kapazitäten:

$$\frac{1}{C} = \frac{1}{C_1} + \frac{1}{C_2}.$$ (4.40)

Anwendungen im Alltag

Kondensatoren speichern getrennte Ladungen und damit auch Energie. Im Vergleich zu aufladbaren Batterien (Akkus) gleichen Volumens ist die gespeicherte elektrische Energie nur gering. Dafür können Kondensatoren sehr oft geladen und entladen werden, während aufladbare Batterien nur eine begrenzte Zahl von Lade-/Entladezyklen vertragen. Außerdem ist der Innenwiderstand von Kondensatoren gering, d. h., sie können ihre Energie in kurzer Zeit abgeben, dabei dürfen sie (anders als Akkus) auch vollständig entladen werden (Experiment 4.12).

Experiment 4.12: Ein Kondensator mit hoher Kapazität (*Superkondensator*) wird geladen. Mit der gespeicherten Energie kann ein kleiner Elektromotor angetrieben werden.

Ein typisches Einsatzgebiet ist das Fahrradstandlicht, in dem bei kurzen Standphasen, etwa an der Verkehrsampel, eine Leuchtdiode mit Energie aus einem Kondensator versorgt wird, der bei der Weiterfahrt wieder aufgeladen wird (Abb. 4.19).

Kondensatoren werden auch verwendet, wenn Wechselstrom gleichgerichtet wird (vgl. Abschnitt 12.5). Schwankungen in der Höhe der Spannung werden dabei ausgeglichen, indem der Kondensator bei Spitzenwerten geladen wird und die Ladung in den Spannungsminima wieder abgegeben wird.

Superkondensatoren. Superkondensatoren besitzen eine im Vergleich zu herkömmlichen Kondensatoren sehr hohe Kapazität von einigen Farad. Dies wird erreicht durch Ladungstrennung in einer Doppelschicht, der Grenze zwischen Elektrode und Elektrolyt. Superkondensatoren sind gepolte Bauelemente, diese Polarität muss beim Aufladen beachtet werden.

Energie eines geladenen Kondensators im Vergleich mit einem Akkumulator. Die folgende Betrachtung stellt einen Vergleich der Leistungsfähigkeit von Kondensatoren und Akkumulatoren an. Diese Berechnung ist stark vereinfacht.

Zum Ersatz von nicht aufladbaren Batterien, etwa im Format Mignon (AA), in Kleingeräten werden Akkumulatoren verwendet, deren Zelle aus Nickelhydroxid und einem Metallhydrid besteht (NiMH). Sie haben die früher üblichen Nickel-Cadmium-Akkus (NiCd) nahezu vollständig ersetzt. In hochwertigen elektronischen Geräten (Smartphones, Notebooks), in Fahrrädern und auch in E-Autos werden Lithium-Ionen-Akkus verwendet.

Eine typische NiMH-Zelle hat eine Nennspannung von 1,2 V und eine „Kapazität" von 2000 mA h, was bedeutet, dass (im Mittel) über eine Zeitdauer von 1 h ein Strom der Stärke 2 A fließen kann. Bei dieser Angabe handelt es sich tatsächlich nicht um die Kapazität, wie sie zur Beschreibung eines Kondensators verwendet wird, sondern um die gespeicherte elektrische Ladung, wie sich aus der Einheit für das Produkt *Stromstärke · Zeit* ablesen lässt: $Q = It$. Die in dem Akku gespeicherte Energie ist damit

$$E_{Akku} = UIt = 1{,}2\,\text{V} \cdot 2\,\text{A} \cdot 3\,600\,\text{s} \approx 9\,\text{kJ}. \tag{4.41}$$

Während die Spannung eines Akkus während seiner regulären Entladung nur wenig abnimmt, hängt die Spannung des Kondensators direkt mit der gespeicherten Ladung zusammen. Die nutzbare Energie ist daher die Differenz aus der zu Beginn gespeicherten Energie und der Energie bei der Spannung U_B, die mindestens zum Betrieb erforderlich ist. Hierfür wird in diesem Beispiel die Spannung des zum Vergleich herangezogenen Akkus angenommen. Die Kapazität eines Superkondensators, der etwa das gleiche Volumen wie die Mignon-Zelle besitzt, ist im folgenden Beispiel $C = 5\,\text{F}$. Bei einer Spannung von $U_0 = 5\,\text{V}$ im vollständig geladenen Zustand ist die abrufbare Energie (nach Gl. (5.68)):

$$E_C = \frac{1}{2}CU_0^2 - \frac{1}{2}CU_B^2 = \frac{1}{2}C(U_0^2 - U_B^2) = \frac{1}{2} \cdot 5\,\text{F} \cdot \left((5\,\text{V})^2 - (1{,}2\,\text{V})^2\right) \approx 60\,\text{J}. \tag{4.42}$$

Im Akku wird somit rund die 150-fache Energie gespeichert. Der Unterschied ist (stark vereinfacht) darin begründet, dass im Kondensator die Energie durch Verlagerung der Ladung im Festkörper gespeichert wird, im Akku dagegen eine chemische Reaktion stattfindet und dadurch die Atomhülle verändert wird.

Spannungsbegriff

Vergrößert man den Abstand d der beiden Platten eines geladenen Kondensators, so sinkt nach Gl. (4.34)

$$C = \varepsilon_0 \varepsilon_r \frac{A}{d}$$

die Kapazität C. Dadurch steigt zugleich die Spannung, da nach Gl. (4.11) gilt:

$$U = \frac{Q}{C}.$$

Dies kann in Experiment 4.13 überprüft werden.

Experiment 4.13: Ein Plattenkondensator wird mit einer Spannung von einigen kV geladen und anschließend von der Elektrizitätsquelle getrennt. An dem Kondensator ist ein passendes Voltmeter angeschlossen (vgl. Experiment 4.8). Beim Auseinanderziehen der Platten steigt die angezeigte Spannung, beim Zurückschieben sinkt sie wieder.

Dieses Resultat ist plausibel, denn für das Trennen der sich anziehenden Ladungen (und damit auch für das Trennen der ungleichnamig geladenen Platten) muss eine Kraft ausgeübt werden. Daher ist das Bestreben der Ladungen, wieder zusammenzufließen, umso größer, je weiter sie voneinander entfernt sind. Dies drückt sich anschaulich in der gemessenen Spannung aus.

Elektrische Spannung (2): Spannung ist das Bestreben getrennter elektrischer Ladung, wieder zusammenzufließen.

(Eine weitere vorläufige Definition der Spannung befindet sich in Abschnitt 1.4.)

Elektrophor. Ein Elektrophor ist eine Art Kondensator, bei dem eine der Platten wiederholt geladen und entladen wird. Auf eine geerdete Metallplatte wird eine Hartschaumplatte gelegt, darauf eine Metallplatte mit isolierendem Griff (Abb. 4.20). Für einen einfachen Selbstbau können auch drei Hartschaumplatten verwendet werden, wenn man die obere und die untere mit Aluminiumfolie einkleidet.

1. Zu Beginn wird die Hartschaumplatte auf die untere Metallplatte aufgelegt.
2. Die Oberseite der Hartschaumplatte wird mit einem Wolltuch gerieben.
3. Dann wird die obere Metallplatte aufgelegt.
4. Beim Berühren der oberen Platte mit einer Glimmlampe leuchtet diese auf.
5. Dann wird die Platte angehoben und wieder mit der Glimmlampe berührt, die erneut einen Strom anzeigt, allerdings in umgekehrter Richtung.
6. Die Platte wird wieder auf das Dielektrikum abgesenkt.

Die Schritte vier bis sechs können nun beliebig oft wiederholt werden; der Apparat wurde daher als *Elektrisiermaschine* verwendet.

Erklärung: In Schritt 2 wird das Dielektrikum an der Oberseite negativ geladen. Dann wird die obere Metallplatte aufgelegt (Schritt 3); dabei ist die elektrische Verbindung meist so schlecht, dass die Ladung des Dielektrikums nicht in die Metallplatte fließt. Stattdessen lädt sich die Unterseite der oberen Platte durch Influenz positiv auf, die Oberseite negativ. Beim Berühren mit der Glimmlampe (Schritt 4) fließt diese negative Ladung ab, die obere Platte ist daher insgesamt positiv geladen. Beim Anheben (Schritt 5) werden die beiden unterschiedlich geladenen Platten getrennt, es wird also Arbeit verrichtet. Beim erneuten Berühren am oberen Umkehrpunkt (Schritt 6) fließt wieder negative Ladung auf, so dass die Platte neutral ist. Ab hier kann der Vorgang wiederholt werden. Die obere Entladung ist meist stärker als die untere, da durch das Anheben der oberen Platte der Abstand der Platten vergrößert wird. Dadurch sinkt die Kapazität, und da die Ladung sich nicht ändern kann, steigt nach Gl. (4.11) die Spannung des Apparates.

Abb. 4.20: Elektrophor.

4.9 Ergänzung: Beschreibung des Entladevorgangs mit einer Differentialgleichung

Die exponentielle Entwicklung der Stromstärke mit der Zeit beim Entladevorgang lässt sich auch ohne Vermutung der Lösung ableiten, indem man Zusammenhang (4.26) nutzt:

$$\frac{dQ}{dt} \sim -Q, \tag{4.43}$$

wobei bereits ein negatives Vorzeichen eingesetzt wurde, um zu berücksichtigen, dass die Ladung auf dem Kondensator beim Entladen abnimmt. Es ergibt sich mit der Einführung einer noch unbekannten Proportionalitätskonstanten B^*

$$\frac{dQ}{dt} = -B^* Q. \tag{4.44}$$

Dies ist eine *Differentialgleichung*, eine Gleichung, die eine gesuchte Funktion (hier: $Q(t)$) und mindestens eine Ableitung dieser Funktion enthält. Separation der Variablen liefert

$$\frac{1}{Q} dQ = -B^* dt. \tag{4.45}$$

Diese Gleichung kann durch Integration gelöst werden

$$\int \frac{1}{Q} dQ = \int -B^* dt. \tag{4.46}$$

Man erhält

$$\ln Q = -B^* t + C^* \tag{4.47}$$

$$\Rightarrow Q = e^{-B^* t + C^*} \tag{4.48}$$

$$= e^{-B^*t} \cdot e^{C^*} \tag{4.49}$$

$$= A^* e^{-B^*t}. \tag{4.50}$$

$A^* = e^{C^*}$ ist eine weitere, zunächst noch unbekannte Konstante. Zum Zeitpunkt $t = t_0 = 0$ ist $Q = Q_0$, und mit $e^{-0} = 1$ folgt

$$A^* = Q_0 \tag{4.51}$$

und damit

$$Q = Q_0 \, e^{-B^*t}. \tag{4.52}$$

Für die Ladung auf dem Kondensator gilt mit Gl. (4.11)

$$Q = C U \tag{4.53}$$

$$= C R (-I) \tag{4.54}$$

$$= -C R \frac{dQ}{dt}. \tag{4.55}$$

Das Minuszeichen ist eingefügt, um die Entladung zu beschreiben (mit dem Strom sinkt die Ladung). Ein Vergleich mit Gl. (4.44) zeigt, dass

$$C R = \frac{1}{B^*}. \tag{4.56}$$

Dies ist die *Zeitkonstante* τ, die Zeit, in der bei exponentiellen Zusammenhängen die betrachtete Größe auf den e-ten Teil des Ausgangswertes absinkt. Damit wird aus Gl. (4.52)

$$Q = Q_0 \, e^{-\frac{1}{CR}t}. \tag{4.57}$$

Die *Halbwertszeit* t_H ist die Zeitspanne, nach der die betrachtete Größe jeweils auf den halben Wert fällt:

$$Q(t_H) = \frac{1}{2}Q_0. \tag{4.58}$$

Eingesetzt in Gl. (4.57) folgt

$$\frac{1}{2}Q_0 = Q_0 \, e^{-\frac{1}{CR}t_H} \tag{4.59}$$

$$\Rightarrow \ln 0{,}5 = -\frac{1}{C R}t_H \tag{4.60}$$

$$\Rightarrow t_H = -\ln 0{,}5 \, C R. \tag{4.61}$$

Mit den im Experiment 4.10 verwendeten Bauteilen $C = 4700\,\mu\text{F}$ und $R = 4200\,\Omega$ erhält man schließlich $t_H = 13{,}7\,\text{s} \approx 14\,\text{s}$. Da $I \sim Q$, gilt derselbe Zusammenhang auch für die Stromstärke I. Die berechnete Halbwertszeit lässt sich durch Vergleich mit dem Verlauf der Stromstärke in Abb. 4.14 etwa bestätigen.

4.10 Mathematische Ergänzungen

Logarithmus

In manchen Situation benötigt man die Umkehrfunktion zu einer Funktion $y = f(x)$. Zum Erstellen dieser Umkehrfunktion löst man die Gleichung nach x auf: $x = g(y)$ und vertauscht dann die Variablenbezeichnung: $y_U = g(x)$. So wird beispielsweise aus $y = 2x$ die Umkehrfunktion $y_U = 0,5x$.

Das Potenzieren allerdings hat zwei Umkehroperationen. Die Wurzel dient zur Bestimmung der Basis. Der Logarithmus ist die zweite Umkehroperation der Potenz und dient zur Bestimmung des Exponenten bei bekannter Basis. Entsprechend ergibt sich die Wurzelfunktion als Umkehrfunktion der Potenzfunktion und die Logarithmusfunktion als Umkehrfunktion der Exponentialfunktion. Bei der Potenzfunktion ist die unabhängige Variable x die Basis, bei der Exponentialfunktion ist sie dagegen der Exponent. Es gilt:

- Potenz: $a = b^c$
- Wurzel: $b = \sqrt[c]{a}$
- Logarithmus: $c = \log_b a$;
- Potenzfunktion: $y = x^a$
- Wurzelfunktion: $x = \sqrt[a]{y}$; Umkehrfunktion: $y_W = \sqrt[a]{x}$
- Exponentialfunktion: $y = a^x$
- Logarithmusfunktion: $x = \log_a y$; Umkehrfunktion: $y_L = \log_a x$

Mit Logarithmen lassen sich stark anwachsende Zahlenfolgen übersichtlich darstellen, da der Logarithmus $\log x$ langsamer wächst als x, wie Tab. 4.5 verdeutlicht.

Tab. 4.5: Vergleich verschiedener Funktionen (Einträge gerundet). Zur Kontrolle der Berechnung des Logarithmus kann $a^{y_L} = x$ gebildet werden.

x	1	2	3	4	5	6
a	2	2	2	2	2	2
Potenzfunktion $y_P = x^a$	1	4	9	16	25	36
Exponentialfunktion $y_E = a^x$	2	4	8	16	32	64
Logarithmusfunktion $y_L = \log_a x$	0	1	1,6	2	2,3	2,6

Rechenregeln für Logarithmen

- $\log(ab) = \log a + \log b$
- $\log(a/b) = \log a - \log b$
- $\log(1/a) = -\log a$

Exponentialfunktion

Eine Exponentialfunktion hat die Form $y = a^x$, d. h., die unabhängige Variable x steht im Exponenten. Als Basis a wird häufig die Zahl 10 verwendet oder aber die Euler'sche

Zahl e = 2,718.... Mit dieser Basis hat die Exponentialfunktion eine ungewöhnliche Eigenschaft. Es gilt:

$$\frac{d}{dx}e^x = e^x.$$

Dagegen ist allgemein

$$\frac{d}{dx}a^x \neq a^x,$$

sondern

$$\frac{d}{dx}a^x = \ln a \cdot a^x.$$

Rechenregeln für Exponentialfunktionen
-   $a^0 = 1$
-   $a^1 = a$
-   $a^{x+y} = a^x \cdot b^x$
-   $a^{x-y} = \frac{a^x}{a^y}$
-   $\log_a a^x = x$

Mit $\ln x$ wird der *natürliche Logarithmus* bezeichnet. Es gilt:
-   $\log_e x = \ln x$
-   $\ln e^x = x$

4.11 Aufgaben

1. Dimensionierung eines Fahrradstandlichts: Welche Kapazität muss der Super-kondensator in einem Fahrradstandlicht besitzen? – In einem Fahrradstandlicht wird eine Leuchtdiode mit einer Spannung von U_L = 1,8 V betrieben. Dabei fließt ein Strom der Stärke I = 20 mA. Die zum Betrieb der Leuchtdiode notwendige Energie ist $W = U_L I t$, die nutzbare Energie des Kondensators $W = \frac{1}{2}C(U_0^2 - U_L^2)$. Wenn das Rücklicht 3 min leuchten soll, ergibt sich hieraus für die erforderliche Kapazität $C = 2\frac{U_L I t}{U_0^2 - U_L^2}$ und mit U_0 = 5 V schließlich

$$C = 2\frac{1,8\,\text{V} \cdot 20\,\text{mA} \cdot 180\,\text{s}}{(5,0\,\text{V})^2 - (1,8\,\text{V})^2} \approx 0,6\,\text{F}.$$

2. An einem Elektrophor kann wiederholt elektrische Ladung bzw. ein elektrischer Strom entnommen werden. Ist der Elektrophor ein *perpetuum mobile*? – Nein, die Energie wird während des Vorgangs zugeführt. Dies geschieht durch das Trennen der beiden Kondensatorplatten. Da sie unterschiedlich geladen sind, muss beim Auseinanderziehen gegen die Anziehungskraft Arbeit verrichtet werden. Diese ist allerdings so gering, dass man sie nicht verspürt.

5 Das elektrische Feld

Grießkörner ordnen sich zwischen zwei elektrisch geladenen Körpern entlang der Feldlinien an.

5.1 Phänomene

Zwei geladene Körper ziehen sich an oder stoßen sich ab, auch wenn sie über eine Distanz voneinander getrennt sind (Abbildung zu Beginn von Kapitel 4). Kräfte wirken offenbar auch in einer gewissen Entfernung und nicht nur direkt, wie z. B. bei einem Stoß.

Dies ist uns aus dem Alltag vertraut: Auch die Anziehungskraft der Erde erfahren wir, ohne dass uns dabei etwas direkt durch Kontakt „anfasst". Dass diese Kraft auch den Mond, der sechzig Erdradien entfernt ist, auf seine Bahn zieht, ist eine ebenfalls im Alltag akzeptierte Tatsache, zugleich aber doch wegen der Größe des Abstandes recht unanschaulich (Abb. 5.1). Für die Beschreibung solcher „Distanzkräfte" werden in der Physik oft *Felder* verwendet.

Abb. 5.1: Erde und Mond üben eine Kraft über eine Distanz von 360 000 km aufeinander aus.

Die Einführung des Konzepts des *elektrischen Feldes* erscheint zunächst als unnötige Komplikation, da viele der damit erfassten Sachverhalte eben auch durch Kräfte selbst verdeutlicht werden können. Dennoch hat sich das Feldkonzept bewährt. Um die Zusammenhänge besser darstellen zu können, erfolgt die folgende Einführung in mehreren Stufen, wobei jeweils an vorangegangene Abschnitte zurückerinnert wird: Zuerst wird die Idee des Konzepts einschließlich der neuen Größe *Feldstärke* und die Veranschaulichung durch Feldlinien vorgestellt, dann werden die Kräfte zwischen geladenen Körpern behandelt, gefolgt von der Einführung der elektrischen Feldstärke und schließlich der Konstruktion von Feldlinien.

5.2 Das Feldkonzept

Felddarstellung

Felder sind ein bewährtes Hilfsmittel, um die Auswirkungen physikalischer Größen zu beschreiben. Dabei wird jedem Punkt im Raum der Wert der interessierenden Grö-

https://doi.org/10.1515/9783110495768-005

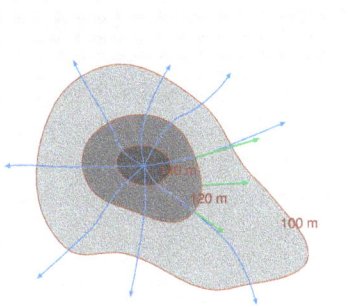

Abb. 5.2: Höhenlinien (braun) im Gelände oder in einer Landkarte sind Äquipotentiallinien. Zusätzlich sind an einigen Stellen die Vektoren der Hangabtriebskraft eingezeichnet (grün) und die Feldlinien zu dieser Kraft (blau).

ße zugeordnet. Im einfachsten Fall ist diese Größe richtungslos, also skalar; das Feld ist dann ein *Skalarfeld*. So kann zum Beispiel in einer Landkarte für jeden Punkt die skalare Größe *Höhe* des Geländes angegeben werden, und man erhält damit ein „Höhenfeld" (Abb. 5.2). Man kann diese Angaben auch als Aussage über die potentielle Energie eines Körpers im Gelände verstehen (diese wächst mit der Höhe).

Zur erwünschten Felddarstellung gibt es aber einen entscheidenden Unterschied: Die Masse des Körpers, der sich im Gelände befindet, soll keine Rolle spielen (man könnte diese ja auch kaum bei der Erstellung der Karte voraussehen). Im Gelände wäre diese neue Größe die *potentielle Energie pro Masse*, ihre Verwendung ist aber unüblich. Im elektrostatischen Fall ist diese Größe das *elektrostatische Potential* ϕ (vgl. die vorläufige Erklärung auf S. 45).

Die mit einem Feld dargestellte Größe kann allerdings auch eine Richtung besitzen, also vektoriell sein. Kräfte sind vektorielle Größen, dementsprechend sind Kraftfelder *Vektorfelder*. Auf einer Landkarte ist die interessante Kraft die Hangabtriebskraft (Abb. 5.2), die den Körper beim Rollen im Gelände beschleunigt. In der Nähe einer elektrischen Ladung dagegen kann man Betrag und Richtung der elektrostatischen Kraft auf eine zweite Ladung darstellen. Der Betrag dieser Kraft hängt auch von der Größe dieser zweiten Ladung ab. Mit dem elektrostatischen Feld werden dagegen Betrag und Richtung der Wirkung auf eine andere Ladung dargestellt und zwar unabhängig von der Größe dieser Ladung. Dafür wird in diesem Kapitel eine neue Größe eingeführt, die elektrische *Feldstärke* $\vec{E}$.

Punkte mit gleichem Potential werden durch *Äquipotentiallinien* verbunden. Auf der Landkarte sind dies die Höhenlinien, denn solange man im Gelände an ihnen entlang wandert, verändert man seine Höhe nicht, verrichtet keine Arbeit gegen die Gewichtskraft und ändert daher auch seine potentielle Energie nicht. Genau so muss keine Kraft aufgewendet und keine Arbeit verrichtet werden, wenn eine elektrische Ladung längs der Äquipotentiallinien bewegt wird. Die Vektoren der elektrostatischen Kraft stehen jeweils senkrecht zu den Äquipotentiallinien, denn die elektrostatische Kraft beschleunigt die Ladung von einem höheren Potential hin zu einem niedrigeren.

Werden benachbarte Punkte im Raum so durch Linien verbunden, dass die Kraftrichtung jeweils tangential zu ihnen liegt, so erhält man *Feldlinien*, die gebräuchlichste Darstellung für ein Vektorfeld. Den jeweils nächsten zu verbindenden Punkt erhält man, indem man in Richtung der Kraft, die in dem jeweils aktuellen Punkt wirkt, fortschreitet. Für die elektrische Kraft hat sich die Felddarstellung so stark etabliert, dass man nun umgekehrt von elektrischer Feldkraft spricht. Wie die Vektoren der Kraft schneiden die Feldlinien die Äquipotentiallinien senkrecht.

Fernwirkung

Ein Körper in der Nähe des Erdkörpers erfährt die Gewichtskraft – wie bereits oben festgestellt – ohne direkten Kontakt, es handelt sich um eine *Fernwirkung*. Es ist allerdings schwer vorstellbar, wie zwei Körper über eine gewisse Entfernung hinweg eine Kraft aufeinander ausüben können, ohne dass sich etwas dazwischen befindet, das diese Kraft wie bei einer *Nahwirkung* vermittelt. Viele Naturphilosophen und auch *Isaac Newton* (1643–1727), der die Gravitation als erster quantitativ erfasste, versuchten daher, bei der physikalischen Beschreibung eine Fernwirkung zu vermeiden. Auch für die Formulierung der Maxwell'schen Theorie des Elektromagnetismus (Abschnitt 11.3) wurden immer wieder mechanische, stoffliche Analogien verwendet; noch heute gebräuchliche Begriffe wie *elektrischer Fluss* zeugen hiervon (Abschnitt 5.10). Man konnte sich so vorstellen, dass der gesamte Raum durch ein Medium erfüllt ist, das die Kraft als Kontaktkraft und damit in Form einer Nahwirkung überträgt, sich aber sonst nicht bemerkbar macht.

Eine weitere Schwierigkeit, die die Fernwirkung in sich trägt, ist ihre *instantane* Ausbreitung: Ein geladener Körper, der aufgrund der elektrischen Wechselwirkung mit einer anderen Ladung beschleunigt wird, dürfte nach einer konsequenten Fernwirkungsvorstellung diese Beschleunigung in genau dem Moment nicht mehr erfahren, in dem die Ladung weggenommen wird, auch wenn der Abstand zwischen ihnen sehr groß ist. Dies steht im Widerspruch mit der Relativitätstheorie, wonach keine Wirkung sich schneller als mit Lichtgeschwindigkeit ausbreiten kann.

Nahwirkung

Sowohl die Problematik der Vorstellung einer Fernwirkung selbst, als auch die der instantanen Ausbreitung werden umgangen, wenn man die Idee der Nahwirkung übernimmt, ohne aber ein Medium, das die Kraft überträgt, einzuführen. Auf dieses Konzept kam *Michael Faraday* (1791–1867), als er die Wirkung von Magneten untersuchte. Deren Einfluss auf magnetisierbare Körper lässt sich mit Hilfe von Eisenfeilspänen sehr gut veranschaulichen. Zur Darstellung führte er *Kraftlinien* ein. Für das Ausüben der Kraft sind die Eisenfeilspäne selbst jedoch nicht erforderlich. Aus den Kraftlinien werden dann die Feldlinien, die die Kraftwirkung in der Umgebung des Magneten beschreiben.

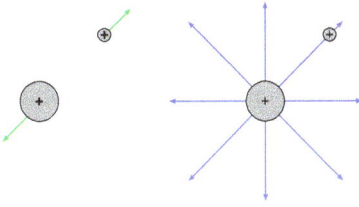

Abb. 5.3: Links: Eine Ladung erfährt in einigem Abstand einer anderen Ladung eine (Fern-)Kraft $\vec{F}$. Rechts: Die Kraft auf die Ladung wird durch das Feld vermittelt. Die blauen Pfeile sind die Feldlinien (und nicht die Vektoren der elektrischen Feldstärke).

Feldkonzept

Faradays Idee lässt sich auch auf die elektrostatische Wechselwirkung und die Gravitationswechselwirkung übertragen. Im Sinne einer Fernwirkung formuliert ein Kraftgesetz Betrag und Richtung der elektrostatischen Kraft, die eine elektrische Ladung auf eine zweite in einer gewissen Entfernung ausübt (Abb. 5.3). Nach dem Feldkonzept bewirkt dagegen die erste Ladung einen veränderten Zustand des Raums, eben das elektrische Feld mit einer bestimmten Feldstärke. Die zweite Ladung erfährt aufgrund dieses Zustandes in ihrer unmittelbaren Umgebung eine Kraft.

Der entscheidende Unterschied besteht also darin, dass für die Wirkung an einem Punkt im Raum der Zustand des Raums an dieser Stelle und der Umgebung verantwortlich ist und nicht der Einfluss der entfernten felderzeugenden Ladung herangezogen wird. Um den Einfluss des Zustandes an diesem Punkt und in der Umgebung zu berechnen, beschreibt man das Feld mit partiellen Differentialgleichungen, den *Feldgleichungen*. Mit ihnen wird die Feldstärke in einem bestimmten Raumbereich aus der Feldstärke und deren zeitlichen Veränderung in den benachbarten Raumbereichen berechnet. Einen guten Weg durch die Entwicklung des Feldkonzepts gibt [24].

Elektrisches Feld: Durch die Anwesenheit elektrischer Ladung wird der Raum verändert. Elektrische Ladung ist von einem *elektrischen Feld* umgeben. Eine andere Ladung erfährt in diesem Feld eine Kraft.

Ausbreitung des Feldes

Ändert sich der Bewegungszustand eines Körpers, so ist dies ein Hinweis auf eine Wechselwirkung mit einem zweiten Körper. Die ausgeübte Kraft selbst besitzt nichts Substanzielles, sie ist daher instantan an dem Ort, an dem sie wirkt. Wie bereits oben angemerkt, widerspricht dies der Relativitätstheorie, denn mit dem Ein- und Ausschalten der Kraft ließe sich Information übertragen.

Ein Feld dagegen benötigt zur Ausbreitung Zeit, denn der Zustand im Raum wird durch seine Nachbarschaft bestimmt, eine Änderung muss sich daher von der Ursache durch die „Kette von Nachbarschaften" fortpflanzen. Elektrische und magnetische Felder und insbesondere die von ihnen hervorgerufenen Wellen breiten sich (im Vakuum) mit (Vakuum-)Lichtgeschwindigkeit aus, ebenso wie z. B. auch das Gravitationsfeld: Würde die Sonne entfernt, so käme die Änderung der Gravitation erst acht Minuten später an der Erde an. Diese endliche Ausbreitungsgeschwindigkeit ist im Einklang mit der Relativitätstheorie und spricht daher für das Feldkonzept.

Energie

Wird ein Kondensator geladen, so muss hierfür Arbeit verrichtet werden (vgl. Abschnitt 5.6). Die damit verbundene Energie ist im elektrischen Feld deponiert, ähnlich wie eine gespannte Feder Energie speichert. Diese Eigenschaft ist eng mit der Frage nach der Existenz des Feldes selbst verknüpft: Hierzu stellt man sich zwei Ladungen Q_1 und Q_2 vor, die miteinander und mit weiteren Ladungen so in einem Kräftegleichgewicht stehen, dass sie nicht beschleunigt werden und sich nicht bewegen. Nähert sich nun ein dritter Körper mit Ladung Q_3 der ersten Ladung Q_1, so bewegt diese sich aus ihrer Ruhelage heraus, und wegen der veränderten Situation wird sich – übertragen durch die elektrostatische Kraft – auch Ladung Q_2 bewegen müssen. Wenn aber die Kraft nicht instantan von Q_1 auf Q_2 wirken kann, stellt sich die Frage, wo die Energie, die Q_2 in Bewegung setzen wird, ist, nachdem Q_1 schon in Bewegung ist, Q_2 aber noch nicht. Im Feldkonzept kann diese Frage einfach beantwortet werden: Das Feld besitzt diese Energie, die kurze Zeit später an Q_2 abgegeben werden wird.

In der Realität zeigt sich etwas Ähnliches beim Abstrahlen des elektrischen und magnetischen Felds als elektromagnetische Welle an einem Dipol. Dieser erfährt infolge der Abgabe der Energie eine *Strahlungsdämpfung* (Abschnitt 11.3).

5.3 Kräfte zwischen Ladungen

Richtung der Kraft

Um das elektrische Feld in der Nähe elektrisch geladener Körper zu bestimmen, ist es erforderlich, Stärke und Richtung der elektrostatischen Kraft, die auf eine andere Ladung ausgeübt wird, zu kennen. Bisher haben wir formuliert, dass sich zwei geladene Körper anziehen oder abstoßen können. Dabei wurde stillschweigend mitgedacht, dass die Kraft, die eine Ladung Q_1 auf eine Ladung Q_2 ausübt, direkt auf sie zu weist oder direkt von ihr weg weist.

Das ist dann unmittelbar plausibel, wenn es sich um punktförmige Ladungen handelt, womit gemeint ist, dass die Ausdehnung des Körpers, der die Ladung trägt, klein ist im Vergleich zu dem Abstand, in dem sich die beiden Ladungen zueinander befinden. Aber auch eine Kugel mit merklicher Ausdehnung verhält sich so wie eine punktförmige Ladung, wie später noch deutlich werden wird. Daher können geladene Kugeln verwendet werden, um eine Aussage über das Feld punktförmiger Ladungen zu machen. Wir werden weiter sehen, dass die Kraftrichtung im Falle von anders geformten, geladenen Objekten nicht ganz so einfach vorherzusagen ist. Hier wird die Konstruktion des elektrischen Feldes besonders hilfreich sein, weil dabei vergleichsweise einfache Regeln angewendet werden können.

Experiment 5.1 zeigt, dass die abstoßende Kraft von einer (großen) geladenen Kugel auf einen (kleinen) gleichnamig geladenen Ball immer radial von der Kugel weg weist und mit zunehmendem Abstand kleiner wird. Dagegen zeigt Experiment 5.2, dass die Kraft auf den Ball zwischen den beiden Platten eines Kondensators immer

Abb. 5.4: Erspüren des radialen Feldes einer geladenen Kugel.

die gleiche Richtung und Stärke hat. Der Raum wird also durch die unterschiedlichen Anordnungen von Ladungen auf unterschiedliche Weise verändert. Die Beschreibung dieser Veränderung durch die eingebrachten Ladungen soll das elektrische Feld leisten.

Experiment 5.1: Ein Tischtennisball, der elektrisch leitfähig lackiert worden ist, wird an einem (nicht leitfähigen) Faden aufgehängt und so in die Nähe der geladenen Kugel eines Bandgenerators gehalten, dass er diese kurzzeitig berührt. Damit ist der Ball gleichnamig geladen wie die Kugel und wird von dieser abgestoßen. Die Größe der Kraft ist gut an der Auslenkung des Balls zu erkennen. Die abstoßende Kraft weist immer radial von der Kugel weg und wird mit zunehmendem Abstand kleiner (Abb. 5.4).

Experiment 5.2: Der leitfähige Tischtennisball wird zwischen den beiden Platten eines Kondensators aufgehängt. Hierfür werden zwei Gitter mit Reitern auf eine optische Bank gestellt, und durch eine Stange miteinander verbunden. Auf diese Weise können sie verschoben werden und behalten dennoch ihren Abstand bei. Es wird außerdem vermieden, den Ball mit seiner Aufhängung zu verschieben, um ihn an unterschiedlicher Stelle im Feld zu beobachten. Die Gitter werden mit den Polen eines Hochspannungsnetzgeräts verbunden (Abb. 5.5). Es zeigt sich, dass die Auslenkung des Balls gleich bleibt, unabhängig davon, an welcher Stelle im Feld zwischen den Platten er sich befindet.

Für die Stärke der Kraft ist sicher die Größe der beiden Ladungen (hier auf Tischtennisball und Kugel des Bandgenerators bzw. auf den Kondensatorplatten) verantwortlich, auch wenn wir dies noch nicht genauer untersucht haben. Das Feld jedoch soll beschreiben, wie der *Raum* durch eine Ladung verändert wird. Hierbei fungiert der beweglich aufgehängte Tischtennisball als *Probeladung*. Seine Auslenkung wird als Maß für Stärke und Richtung der Kraft interpretiert und dient daher dazu, das elektrische Feld der Kugel zu vermessen. Dabei nimmt man an, dass die Probeladung sehr klein ist und daher die Lage der felderzeugenden Ladung und damit das Feld nicht verändert.

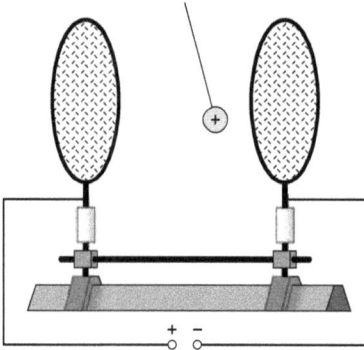

Abb. 5.5: Zwei Gitter bilden einen Plattenkondensator, dessen Feld mit einem geladenen Tischtennisball untersucht wird.

Da die Eigenschaften des Feldes unabhängig vom Messvorgang sein sollen, soll das Feld durch eine Größe beschrieben werden, die unabhängig von der Größe der Probeladung ist – anders als die Kraft selbst es ist (vgl. Abschnitt 5.2). Diese Größe, die *elektrische Feldstärke*, wird im Folgenden nach der Kraft, die Ladungen aufeinander ausüben, eingeführt.

Kraft zwischen zwei Punktladungen

Die Stärke der Kraft zwischen zwei geladenen Kugeln nimmt mit der Ladung dieser beiden Kugeln Q_1 und Q_2 zu. Das ist dann zu erkennen, wenn man die geladene Konduktorkugel des Bandgenerators in Experiment 5.1 kurz mit einer weiteren Kugel berührt, um Ladung von ihr abzunehmen. Der Tischtennisball wird anschließend weniger stark abgestoßen, als zuvor. Plausibel ist also

$$F \sim Q_1 \, Q_2. \tag{5.1}$$

Experiment 5.1 zeigte bereits, dass diese Kraft mit zunehmendem Abstand r zwischen den Ladungen abnimmt. Tatsächlich gilt

$$F \sim \frac{1}{r^2}. \tag{5.2}$$

Beide Zusammenhänge kann man mit einer *Drehwaage* zeigen. Hierbei bildet eine Kugel, die die Ladung Q_2 trägt, das eine Ende eines Hebelarms, der an einem Torsionsfaden befestigt ist. Bei Annäherung der mit Q_1 geladenen Kugel wird die drehbar aufgehängte Kugel ausgelenkt. Mit dieser Anordnung können sehr kleine Kräfte gemessen werden.

Zu einem Gesetz werden die beiden Zusammenhänge, wenn man noch eine Konstante einfügt. Diese schreibt man

$$\frac{1}{4\pi\varepsilon_0}. \tag{5.3}$$

Sie enthält die Naturkonstante ε_0, die ihren Wert durch den hier geschilderten Zusammenhang erhält, da im Einheitensystem die Größe der Wirkung passend zu den bereits festgelegten Größen formuliert werden muss. Hier nun also wird im Einheitensystem der Wert der bereits mit Gl. (4.18) eingeführten elektrischen Feldkonstante ε_0 bestimmt, wenn auch die genaue Messung auf andere Art geschieht. Der vollständige Zusammenhang wird nach *Charles Augustin de Coulomb* als *Coulomb'sches Gesetz* bezeichnet.

Coulomb'sches Gesetz: Zwischen zwei punktförmigen Ladungen Q_1 und Q_2 im Abstand r wirkt die Coulombkraft mit dem Betrag

$$F = \frac{1}{4\pi\varepsilon_0} \frac{Q_1 Q_2}{r^2}. \tag{5.4}$$

Wenn die Kraft auf eine *Probeladung* gemeint ist, schreibt man oft auch q statt Q_2.

Kräfte sind vektorielle Größen, also muss auch das Coulomb'sche Gesetz vektoriell formuliert werden. Die Kraft wirkt – wie schon mit Experiment 5.1 diskutiert – längs der Richtung des Vektors zwischen den beiden Ladungen. Die vektorielle Größe $\vec{r}$ geht allerdings quadriert ein, wodurch sie ihre ursprüngliche Richtung verliert, und außerdem ist die Division durch einen Vektor nicht definiert. Man löst dieses Problem, indem man durch den Skalar r^2 dividiert und den Term mit dem Einheitsvektor $\left(\frac{\vec{r}}{r}\right)$ multipliziert, der die Richtung des Verbindungsvektors, aber die Länge 1 besitzt:

$$\vec{F} = \frac{1}{4\pi\varepsilon_0} \frac{Q_1 Q_2}{r^2} \left(\frac{\vec{r}}{r}\right). \tag{5.5}$$

Die Coulombkraft $\vec{F}$ ist die elektrostatische Kraft zwischen zwei punktförmigen Ladungen. (Im Folgenden wird bei der Bezeichnung der Kraft jedoch nicht mehr immer der Unterschied zwischen der Coulombkraft im Speziellen und der elektrostatischen Kraft im Allgemeinen kenntlich gemacht.)

Welcher Exponent steht im Coulomb-Gesetz? In der Regel wird man im Physikunterricht auf die experimentelle Bestätigung mit der Drehwaage verzichten. Ihre Überzeugungskraft erhalten die beiden zur Entwicklung des Coulomb'schen Gesetzes herangezogenen Zusammenhänge ohnehin eher, weil sie plausibel sind, sich im weiteren Verlauf als schlüssig zeigen, und durch die Ähnlichkeit zum Gravitationsgesetz. So könnte kein Experiment zeigen, dass das der Exponent, mit dem der Abstand r der beiden Ladungen eingeht, tatsächlich exakt 2 und nicht vielleicht 1,99 ist. Die Plausibilität ergibt sich durch die Überlegung, dass sich die Kraft (besser: die elektrische Feldstärke) im Raum um die Ladung „verdünnt" und daher abnimmt, wie die Oberfläche der umschließenden Kugel zunimmt, nämlich mit r^2.

Kraft auf eine Punktladung in der Nähe einer ebenen Ladungsverteilung

Die elektrostatische Kraft zwischen zwei ungleichnamig geladenen Kugeln lässt sich ganz ähnlich beschreiben, wie z. B. die Gravitationskraft zwischen Erde und Mond. Auch die Anziehung eines Körpers auf der Erdoberfläche ist eine Folge der Gravitation.

In dieser Nähe erscheint die Erdoberfläche jedoch eben, was dazu führt, dass statt der Gravitationskraft einfacher die Gewichtskraft $\vec{F}_G = m\vec{g}$ berechnet werden kann. Der Ortsfaktor $\vec{g}$ berücksichtigt dabei auch die Masse der Erde.

Ähnlich ist die Situation, wenn auf eine Ladung q eine Kraft von einer ebenen Ladungsverteilung, etwa einer geladenen Metallplatte ausgeübt wird. Wie im Falle der Gewichtskraft ergibt sich dabei, dass die Kraft auf eine Ladung in der Nähe einer ebenen, ausgedehnten Ladungsverteilung immer orthogonal zur Fläche ist und an jeder Stelle denselben Betrag besitzt.

Zur quantitativen Beschreibung der Kraft, die von einer mit Q geladenen Fläche A ausgeübt wird, wird die *Flächenladungsdichte* σ eingeführt:

$$\sigma = \frac{Q}{A}. \tag{5.6}$$

Die Kraft auf die Ladung q in der Nähe der Fläche ist dann

$$\vec{F} = \frac{\sigma q}{2\varepsilon_0} \left(\frac{\vec{r}}{r}\right). \tag{5.7}$$

Die Kraft ist vom Abstand r unabhängig und weist in Richtung des Einheitsvektors, der hier senkrecht auf der Fläche steht.

Die Kräfte von zwei oder mehr geladenen Körpern ergeben ein gemeinsames Feld. Das gemeinsame Feld zweier ungleichnamig geladener Platten wird in Experiment 5.2 mit der Probeladung vermessen. Es zeigt sich dabei, dass die Auslenkung des Tischtennisballs gleich bleibt, wenn man die Platten und damit die Position des Balls zwischen ihnen verschiebt. Die Kraft, die auf die Probeladung ausgeübt wird, ist an jeder Stelle zwischen den Platten dieselbe, auch wenn diese nicht unendlich ausgedehnt sind. (Ein solches Feld ist homogen, Abb. 5.14.) Wenn der Abstand der Platten kleiner als ihr Durchmesser ist, dann gilt für eine Ladung q, die sich zwischen den Platten befindet:

$$\vec{F} = \frac{\sigma q}{\varepsilon_0} \left(\frac{\vec{r}}{r}\right). \tag{5.8}$$

---

i **Angaben zu Weg und Ort.** Aus der Mechanik wissen wir, dass es verschiedene Möglichkeiten gibt, den Ort eines Körpers und seine Bewegung in einem räumlichen Koordinatensystem zu beschreiben.

Üblicherweise wird der Ort des Körpers in einem kartesischen Koordinatensystem mit Hilfe von drei Koordinatenangaben (x, y, z) erfasst. Vom Ursprung des Koordinatensystems zu dem Ort mit diesen Angaben spannt sich dann der Ortsvektor $\vec{r}$ auf, den man

$$\vec{r} = (x, y, z)$$

oder

$$\vec{r} = \begin{pmatrix} x \\ y \\ z \end{pmatrix}$$

schreibt. Bewegt sich ein Körper von A nach B, so wird die *Verschiebung*, die Entfernung in Luftlinie, als Differenz der Ortsvektoren ausgedrückt:

$$\Delta\vec{r} = \vec{r}_B - \vec{r}_A.$$

Hierfür ist auch der Name *Verbindungsvektor* gebräuchlich, und man schreibt statt $\Delta\vec{r}$ oft einfach $\vec{r}$. Mit der *Weglänge* ist die Bogenlänge Δs oder s entlang der Wegkurve gemeint. Diese Größe ist kein Vektor (Abb. 5.6). Dagegen ist die vektorielle Größe $d\vec{s}$ das Produkt aus dem Differential der Bogenlänge und dem Tangenteneinheitsvektor an die Kurve (vgl. Band Mechanik, Kapitel 6).

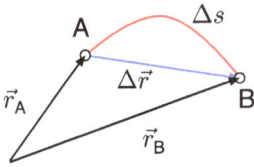

Abb. 5.6: Die direkte Entfernung zwischen zwei Punkten *A* und *B* wird durch den Verschiebungs- oder Differenzvektor (blau) ausgedrückt, der bei der Bewegung zurückgelegte Weg durch die Weglänge (rot).

Zeichnerische Darstellung der Coulombkraft

Die Kraftvektoren können maßstabsgetreu in Zeichnungen verwendet werden, z. B. um aus zwei Vektoren die resultierende Kraft zu bestimmen. Oft aber werden die Vektoren nur beispielhaft in Skizzen eingefügt. Zum Konstruieren der Kraftvektoren lassen sich auch Computerprogramme oder Apps benutzen, zum Beispiel die Geometriesoftware *GeoGebra*, die kostenfrei unter der Adresse www.geogebra.org erhältlich ist [8]. Dort kann aus einer Vielzahl von bereits erstellten Materialien ausgewählt werden. Auch die im Folgenden dargestellten Modelle zur Konstruktion von Feldlinien sind dort verfügbar [9].

Modelliert ist in Abb. 5.7 der Vektor der Kraft $\vec{F}$, die Ladung Q_1 auf Q_2 ausübt. Die Ladungen sind durch Anfassen auf der Zeichenfläche verschiebbar. Ihr Betrag kann mit je einem Schieberegler eingestellt werden. Die Größe der Kraft wird mit dem Coulomb'schen Gesetz berechnet und im zweiten Grafikfenster gegen den Abstand der beiden Ladungen aufgetragen. (Genaugenommen gibt es natürlich – wie vom Wechselwirkungsprinzip gefordert – zwei Kräfte, die von Q_1 auf Q_2 und die von Q_2 auf Q_1. Da die beiden Kräfte aber genau entgegengesetzt gerichtet und im Betrag gleich sind, wird in dieser und den folgenden Darstellungen der Übersichtlichkeit wegen nur eine der beiden Kräfte gezeichnet.)

Um die resultierende Kraft zu erhalten, die mehrere Ladungen auf eine weitere, ausüben, werden – wie bereits oben angedeutet – die einzelnen Kräfte am Ort der interessierenden Ladung vektoriell addiert (siehe *Superpositionsprinzip*). So kann die resultierende Kraft $\vec{F}$ zweier Ladungen auf eine dritte Ladung auch zeichnerisch durch vektorielle Addition der einzelnen Kräfte ermittelt werden (Abb. 5.8). Auch in diesem Modell kann der Betrag der Ladungen Q_1 und Q_2 mit den Schiebereglern eingestellt

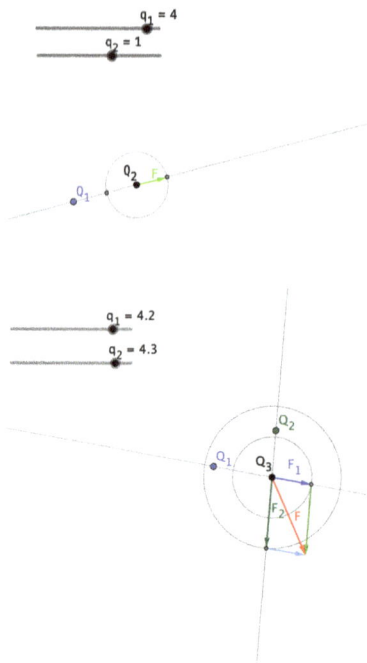

Abb. 5.7: Konstruktion der Coulombkraft (a). (Erstellt mit GeoGebra [8]. Die gezeigten Modelle zum elektrischen Feld können heruntergeladen werden unter [9].)

Abb. 5.8: Konstruktion der Coulombkraft (b) (erstellt mit GeoGebra [8]).

werden, für die dritte Ladung ist $Q_3 = 1\,\mathrm{C}$ voreingestellt (was allerdings in Wirklichkeit eine sehr große Ladung wäre). Die Position kann durch Ziehen an den Ladungen verändert werden.

---

i **Superpositionsprinzip.** Wenn auf einen Körper mehrere Kräfte wirken, dann ist die resultierende Kraft die Vektorsumme der einzelnen Kräfte. Diese Berechnung ist möglich, weil sich die Kräfte ungestört überlagern.

5.4 Die elektrische Feldstärke

Elektrische Feldstärke einer Punktladung

Für eine Aussage über die Veränderung des Raums, die durch eine Ladungsverteilung verursacht wird, soll die Größe der Ladung, auf die die Kraft wirkt, keine Rolle spielen. Statt die Größe der Kraft zwischen den beiden Ladungen Q_1 und Q_2 zu bestimmen, wird jetzt Q_2 als positive (!) Probeladung q angesehen, mit der das Feld von Q untersucht wird. Diese Probeladung wird als klein angenommen, so dass sie nicht die Lage der felderzeugenden Ladung und damit auch nicht deren Feld verändert.

Die Größe, die diesen Sachverhalt erfasst, ist die elektrische Feldstärke. Sie beschreibt also die Auswirkung auf eine Ladung q, unabhängig von der Größe der Ladung, die diese Auswirkung erfährt. Sie ist daher nur von der felderzeugenden Ladung Q bzw. von den felderzeugenden Ladungen abhängig.

Bei allen Überlegungen zur Kraft und zur Feldstärke sind wir bisher von einer statischen Situation ausgegangen. Bei bewegten Ladungen ergeben sich veränderte Auswirkungen, die ab Kapitel 7 behandelt werden. Konsequenterweise wird daher im aktuellen Kapitel von der elektro*statischen* Kraft gesprochen. Es ist aber üblich, nicht ausdrücklich von einer elektrostatischen Feldstärke zu sprechen, sondern allgemein von der elektrischen Feldstärke.

Elektrische Feldstärke: Erfährt eine Ladung q eine elektrostatische Kraft $\vec{F}$, so ist elektrische Feldstärke $\vec{E}$ an diesem Ort

$$\vec{E} = \frac{\vec{F}}{q}. \tag{5.9}$$

Das elektrische Feld wird daher repräsentiert durch die Gesamtheit der Feldstärkevektoren aller Raumpunkte. Die Feldstärke hat die Einheit $1\,\frac{N}{C}$. Damit wird aus der Kraft zwischen zwei punkt- oder kugelförmigen Ladungen (Gl. (5.5)) die Feldstärke in der Nähe einer Punktladung

$$\vec{E} = \frac{\vec{F}}{q} = \frac{1}{4\pi\varepsilon_0}\frac{Q}{r^2}\left(\frac{\vec{r}}{r}\right), \tag{5.10}$$

beziehungsweise als Betrag

$$E = \frac{F}{q} = \frac{1}{4\pi\varepsilon_0}\frac{Q}{r^2}. \tag{5.11}$$

Experiment 5.3: Die elektrische Feldstärke in der Nähe einer felderzeugenden Ladung kann mit dem Elektrofeldmeter untersucht werden (Abb. 5.9). In diesem Messgerät wird die Influenzwirkung einer felderzeugenden Ladung gemessen, indem ihr Feld periodisch kurzfristig auf den Probekörper wirkt und verschattet wird. Dies geschieht durch ein sich schnell drehendes Flügelrad vor dem Probekörper.

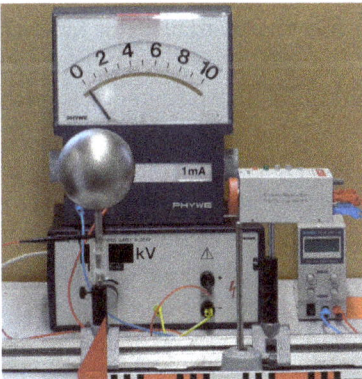

Abb. 5.9: Elektrofeldmeter (rechts) zur Messung der Feldstärke in der Umgebung einer geladenen Kugel.

Elektrische Feldstärke einer Flächenladung

Ladungen, die gleichmäßig (*homogen*) auf einer Fläche verteilt sind, bewirken ein Feld, dessen Stärke nicht vom Ort abhängt und daher auch nicht mit zunehmender Entfernung abnimmt. Die Feldlinien dieses Feldes verlaufen parallel zueinander, aber nur bei einer Fläche, die eine unendliche Ausdehnung besitzt. Dies entspricht der Situation, dass ein Körper in der Nähe der Erdoberfläche unabhängig vom Ort immer dieselbe Gewichtskraft erfährt (Tab. 5.1). Auch das Gewichtskraftfeld (also die Auswirkung der Gravitation in der Nähe des Erdbodens) ist homogen (vgl. S. 91).

Ein homogenes Feld entsteht auch im Innern zwischen zwei endlich großen, geladenen Flächen, die sich gegenüberstehen, einem *Plattenkondensator*. Die elektrische Feldstärke im Innern eines Plattenkondensators ist mit Gl. (5.7)

$$\vec{E} = \frac{\vec{F}}{q} = \frac{\sigma}{\varepsilon_0}\left(\frac{\vec{r}}{r}\right), \tag{5.12}$$

mit dem Betrag

$$E = \frac{\sigma}{\varepsilon_0}. \tag{5.13}$$

Tab. 5.1: Vergleich des elektrischen Feldes mit dem Feld der Gewichtskraft (a).

Kondensator	Erdoberfläche
Ladung q	Masse m
elektrische Feldkraft $\vec{F} = q\vec{E}$	Gewichtskraft $\vec{F}_G = m\vec{g}$
elektrische Feldstärke $\vec{E}$	Gewichtskraftfeldstärke $\vec{g}$
	(Ortsfaktor, Erdbeschleunigungskonstante)

5.5 Darstellung des elektrischen Feldes

Zeichnerische Darstellung

Um das elektrische Feld im Raum darzustellen, zeichnet man meist nicht die Kraftvektoren, sondern – wie bereits zu Beginn des Kapitel erläutert – *Feldlinien*. Um das Feld umfänglich darzustellen, müsste der gesamte Raum mit Feldlinien ausgefüllt werden, was natürlich nicht möglich ist. Stattdessen trifft man eine Auswahl. Die Feldlinien werden so konstruiert, dass die Tangente an einer solchen Feldlinie die Richtung der Kraft an dem jeweiligen Ort angibt. Eine Feldlinie verbindet dann mehrere solcher Punkte entlang der jeweils berechneten Kraftrichtung. Für die Erstellung von Abb. 5.10 wurde die Dynamische Geometriesoftware GeoGebra benutzt, die es erlaubt, die Kraftvektoren an vielen Stellen in der Fläche maßstabsgetreu darzustellen. Die Kraftvektoren sind zugleich die Vektoren der elektrischen Feldstärke $\vec{E}$, wenn die Ladung, welche die Kraft erfährt, die Probeladung $q = 1\,\text{C}$ ist.

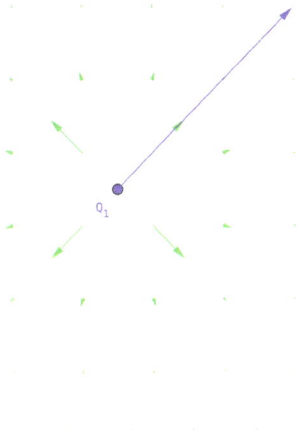

Abb. 5.10: Elektrisches Feld einer positiven Ladung: Konstruktion einer Feldlinie (blau). An mehreren Stellen ist die Kraft der Ladung $+Q_1$ auf eine Probeladung q eingezeichnet (grün, die Probeladungen selbst sind nicht zu sehen). Die eingezeichnete Feldlinie folgt den Kraftvektoren, genauer: Die Kraftvektoren sind jeweils Tangenten an der Feldlinie (erstellt mit *GeoGebra* [8]).

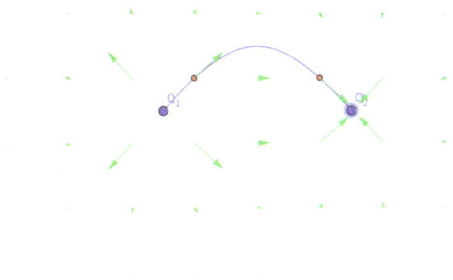

Abb. 5.11: Elektrisches Feld zweier ungleichnamiger Ladungen (a): Konstruktion einer Feldlinie (blau). An mehreren Stellen ist die resultierende Kraft (grün) der Ladungen $+Q_1$ und $-Q_2$ auf eine Probeladung q eingezeichnet. Die Probeladungen selbst sind nur an zwei Stellen rot markiert (erstellt mit *GeoGebra* [8]).

Wenn das Feld durch zwei oder mehr Ladungen erzeugt wird, muss an allen betrachteten Stellen im Raum eine rechnerische oder zeichnerische Addition der Kräfte durchgeführt werden. Für zwei Ladungen zeigt das Ergebnis Abb. 5.11. Allerdings wird dann die Darstellung dadurch etwas unanschaulich, dass die Vektoren in der Nähe der felderzeugenden Ladungen recht lang werden. Eine übersichtlichere Darstellung erhält man, wenn der Betrag der Kraft stattdessen durch die Liniendicke angezeigt wird (Abb. 5.12).

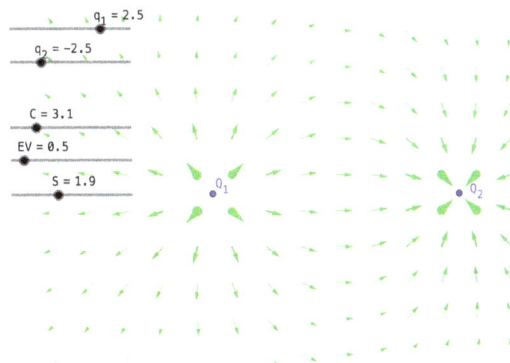

Abb. 5.12: Elektrisches Feld zweier ungleichnamiger Ladungen (b): Eingezeichnet sind Kraftvektoren. Der jeweilige Betrag wird hier durch die Linienstärke des Pfeils angezeigt. Die Pfeile lassen sich auch als Vektoren der elektrischen Feldstärke interpretieren – Kraft und Feldstärke unterscheiden sich ja nur dadurch, dass bei ersterer die Größe der Probeladung eine Rolle spielt, bei zweiterer dagegen nicht (erstellt mit *GeoGebra* [8]).

Ein solches Bild lässt sich gut zu einer – allerdings nur qualitativen – Beurteilung eines Feldes einsetzen. Bei der dann folgenden Konstruktion der Feldlinien stellt man folgende Sachverhalte fest:

- Feldlinien sind gedachte Linien, die Stärke und Richtung des elektrischen Feldes veranschaulichen.
- Feldlinien (elektrostatischer Felder) beginnen und enden auf Ladungen. Diese sind daher die *Quellen* und *Senken* des elektrischen Feldes. Daraus folgt, dass die Feldlinien senkrecht auf den Oberflächen der geladenen Körper beginnen und enden. (Wäre dies nicht so, würden die Ladungen auf dem Körper durch die seitliche Komponente der Kraft so verschoben werden, bis dieser Sachverhalt realisiert ist.)
- Feldlinien eines elektrostatischen Feldes können nicht frei im Raum entstehen. (Es gibt auch elektrische Felder ohne eine Ladungsverteilung im Raum. Dann gilt diese Regel nicht, vgl. Abschnitt 11.3.) Die Zahl der Feldlinien ändert sich daher mit zunehmendem Abstand von der felderzeugenden Ladung nicht.
- Die Feldlinien sind von der positiven zur negativen Ladung gerichtet.
- Die Zahl der Feldlinien, die auf einer Ladung beginnen oder enden, ist proportional zum Betrag der Ladung.
- Die Dichte der Feldlinien gibt die (relative) elektrische Feldstärke wieder.
- Elektrische Feldlinien schneiden sich nicht, das Feld hat in jedem Raumpunkt genau eine Richtung.

Diese Sachverhalte lassen sich nun umgekehrt als Regeln ansehen, mit denen Feldlinienbilder (qualitativ) gezeichnet werden können, um das Feld einer oder mehrerer Ladungen zu beschreiben. Die im folgenden Abschnitt gezeigten Abbildungen sind mit Hilfe dieser Regeln oder anhand experimenteller Befunde erstellt worden.

Feldlinienbilder bestimmter Ladungsanordnungen

Der Verlauf des elektrischen Feldes kann mit eigens hierfür bereitgestellten Experimenten untersucht werden (Experiment 5.4). Die dabei gewonnenen Feldlinienbilder für einige ausgewählte Situationen zeigen die Abb. 5.13 und 5.14. In einem Experiment werden Feldlinien meist mit Dipolen gewonnen, die sich im Feld ausrichten.

Experiment 5.4: In eine Glasschale werden zwei Elektroden montiert, deren Feld untersucht werden soll. Anschließend wird etwas zähflüssiges Öl, wie z. B. Rizinusöl eingefüllt. Die Oberfläche der Ölschicht wird mit Grießkörnern bestreut, und die beiden Elektroden werden mit einer Hochspannungsquelle verbunden.

Die Grießkörner werden im elektrischen Feld polarisiert und richten sich dadurch aus. Daraufhin ziehen sich die positiven und negativen Seiten benachbarter Grießkörner an, wodurch diese Ketten bilden, die jeweils etwa den Verlauf einer Feldline wiedergeben. Die Abbildung zu Beginn dieses Kapitels zeigt das Feld zwischen zwei ungleichnamig geladenen Metallstäben, die man damit als Schnittbild eines Plattenkondensators verstehen darf.

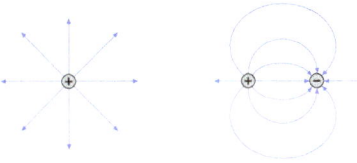

Abb. 5.13: Links: Von einer einzelnen positiv geladenen Kugel weisen die Feldlinien radial ins Unendliche (genau genommen auf die weit entfernten negativen Ladungen). Rechts: Feld zweier ungleichnamig geladener Kugeln.

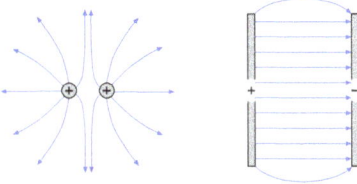

Abb. 5.14: Links: Feld zweier gleichnamig geladener Kugeln. Rechts: Im Innern eines Plattenkondensators verlaufen die Feldlinien parallel und in gleichem Abstand; das Feld ist *homogen*.

Experiment 5.5: Ein vergleichbares Experiment kann auch virtuell durchgeführt werden. Hierfür wird beispielsweise die Dynamische-Geometrie-Software *Cinderella* benutzt [29]. Mit ihr können Dipole konstruiert werden, die sich im Feld zwischen zwei Ladungsträgern ausrichten (Abb. 5.16).

Feldlinien einer punktförmigen Ladung

Eine positive Punktladung besitzt ein elektrisches Feld, dessen Feldlinien radial nach außen zeigen (Abb. 5.13, rechts). In diesem Fall lässt sich die Abhängigkeit der Feldstärke von der Entfernung der Ladung aus dem Feldlinienbild besonders einfach ablesen. Wir können uns nämlich sowohl in der Nähe der Ladung als auch in einiger Entfernung eine konzentrische Kugelfläche mit dem Radius R vorstellen, durch die dann dieselbe Zahl von Feldlinien dringt. Da aber die die Oberfläche der Kugel mit R^2 wächst, nimmt in gleichem Maß auch die Dichte der Feldlinien ab (Abb. 5.17). Daher muss die Feldstärke um eine punktförmige Ladung abnehmen, wie R^2 wächst. Genau dies wird durch Gl. (5.11) wiedergegeben.

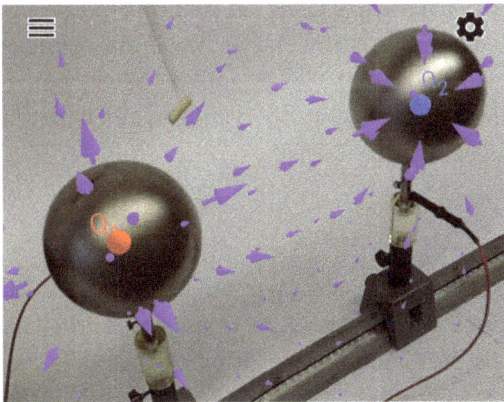

Abb. 5.15: Elektrisches Feld zweier ungleichnamiger Ladungen (c): Ein anschaulicher Zugang ergibt sich, wenn man die experimentelle Anordnung mit der Darstellung der Feldvektoren überlagert. Hierzu eignet sich ein Virtual-Reality-Werkzeug, das auch von GeoGebra zur Verfügung gestellt wird. Beim Bewegen des Smartphones über dem Experiment passt sich die Darstellung des Feldes dem Blickwinkel auf die Anordnung an [33] (erstellt mit GeoGebra [8]).

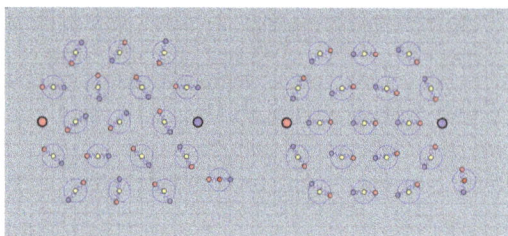

Abb. 5.16: Das Feld zwischen zwei Punktladungen wird in einem Modell mit Hilfe von Dipolen untersucht. Im linken Bild sind die felderzeugenden Ladungen (rot und blau) noch nicht „eingeschaltet"; das rechte Bild zeigt die Ausrichtung der Dipole im Feld. Der abseits stehende Dipol kann im Feld herumgeführt werden (erstellt mit *Cinderella* [29]).

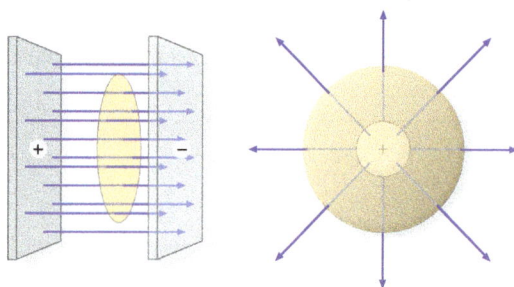

Abb. 5.17: In einem homogenen Feld ist die Zahl der Feldlinien, die die orangefarbene Kreisfläche durchstoßen, unabhängig davon, wo im Feld sich diese Fläche befindet; die Feldstärke ist überall gleich groß (links). Eine *Kugel*fläche, die eine Ladung im Zentrum enthält, wächst mit dem Abstand zu dieser. Die Zahl der Feldlinien, die diese Kugelfläche durchstoßen, bleibt konstant, ihre Dichte und damit die Feldstärke sinken, wie die Oberfläche der Kugel wächst (rechts).

Feldlinien einer Linienladung

Auch die Entfernungsabhängigkeit des Feldes einer weiteren einfachen Ladungsverteilung lässt sich auf diese Weise vorhersagen. Eine Linienladung, also etwa homogen verteilte elektrische Ladung auf einem Draht, ergibt Feldlinien, die quer zur Drahtrichtung radial verlaufen. Sie sind längs der Drahtrichtung äquidistant, weil auch die felderzeugenden Ladungen im Draht denselben Abstand zueinander besitzen. (Wäre dies nicht der Fall, dann würden sie sich solange längs des Drahtes bewegen, bis dies eintritt.) Der Körper, der die Linienladung in einem kleinen, wie in einem großen Abstand gleichermaßen umhüllt, ist ein Zylinder. Dessen Oberfläche wächst proportional zum Abstand r von der Linienladung. Die Dichte der Feldlinien und damit die Feldstärke verringert sich also in dem Maße, wie r wächst.

Feldlinien zweier punktförmiger Ladungen

Die Feldlinien zweier punktförmigen Ladungen ergeben sich, indem man die Addition der beiden Kräfte auf die Probeladung gemäß Abb. 5.8 durchführt. Man erhält das in Abb. 5.13 (rechts) gezeigte Bild, falls die Ladungen ungleichnamig sind. Für zwei gleichnamige Ladungen ergibt sich ein Feldlinienbild wie in Abb. 5.14 (links).

Feldlinien im Innern eines Kondensators

Wie bereits diskutiert, ist das Feld im Innern eines Kondensators homogen, d. h., die Feldlinien sind geradlinig und äquidistant. Das Feldlinienbild zeigt Abb. 5.14 (rechts).

Eine Fläche, die vollständig im Innern des Plattenkondensators und parallel zu den Platten eingebracht wird, ist daher immer von derselben Anzahl Feldlinien durchdrungen, egal, wo sie sich befindet (Abb. 5.17, links).

5.6 Potential des elektrischen Feldes

Berechnung der Arbeit beim Bewegen einer Ladung

Die für das Anheben eines Körpers der Masse m auf der Erde benötigte Arbeit kann relativ einfach bestimmt werden, weil die Bewegung beim (senkrechten) Anheben genau entgegen der Gewichtskraft stattfindet und sich die Kraft längs des Weges nicht ändert. Auf dieselbe Weise kann die Arbeit berechnet werden, die erforderlich ist, um eine Ladung im elektrostatischen Feld zu verschieben. Für den zurückgelegten Weg verwendet man oft das differentielle Linienelement $\mathrm{d}\vec{s}$ (vgl. Band *Mechanik*, Kapitel 6), und wie in der Mechanik gilt hierbei für die Arbeit W, wenn auf die Ladung die Kraft $\vec{F}$ wirkt (Abb. 5.18):

$$W = \int \vec{F} \cdot \mathrm{d}\vec{s}. \tag{5.14}$$

Betrachten wir nur Bewegungen in einer Dimension, wird daraus

$$W = \int F\,\mathrm{d}x. \tag{5.15}$$

Ist die Kraft längs des gesamten Wegs konstant, so wird aus dem Integral die Multiplikation mit der zurückgelegten Wegstrecke Δx:

$$W = F\,\Delta x. \tag{5.16}$$

Wenn an einem Objekt oder einem System Arbeit verrichtet wird, dann ändert sich seine Energie. Um das Vorzeichen zu ermitteln, müssen wir genauer spezifizieren, was gemeint ist.

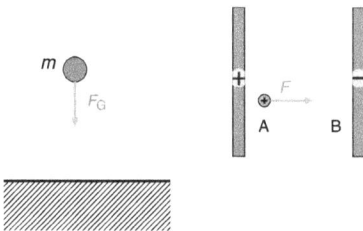

Abb. 5.18: Vergleich der Gewichtskraft mit der Kraft im elektrischen Feld. Im Kondensator (rechts) gilt: $E_{\mathrm{pot}}(A) > E_{\mathrm{pot}}(B)$.

Arbeit und elektrisches Feld: Verrichtet ein System 1 durch eine Kraft $\vec{F}$ die Arbeit W an einem System 2, so verringert sich die Gesamtenergie von System (1) und die Gesamtenergie von System (2) erhöht sich.

Wird die Arbeit durch das elektrische Feld von System 1 verrichtet, so sinkt dessen Energie E_{pot}.

Die Energie des Feldes wird dabei als potentielle Energie des Systems E_{pot} aufgefasst, so wie man auch die Veränderung der Energie beim Anheben oder Absenken eines Körpers mit der Masse m durch die Gewichtskraft als Änderung der potentiellen Energie des Systems beschreibt.

Es ist also wichtig, genau zu formulieren, welche Änderung der Energie man meint. Wird eine Ladung durch das elektrische Feld wie in Abb. 5.18 (rechts) nach rechts beschleunigt, dann verrichtet das Feld positive Arbeit an der Ladung und seine potentielle Energie sinkt. Wird die Ladung dagegen durch eine äußere Kraft nach links verschoben, dann verrichtet diese Kraft positive Arbeit am Feld und dessen potentielle Energie steigt.

Die verrichtete Arbeit ist vom selben Betrag wie die Differenz der Energie. Beim Verschieben einer positiven Ladung von A nach B (Abb. 5.18, rechts) gilt also:

$$E_{pot}(B) - E_{pot}(A) = \Delta E_{pot}, \tag{5.17}$$

dabei ist $\Delta E_{pot} < 0$, und nach der oben getroffenen Festlegung gilt für den eindimensionalen Fall

$$-(E_{pot}(B) - E_{pot}(A)) \overset{!}{=} F\,\Delta x. \tag{5.18}$$

In allgemeiner Form lautet dieser Zusammenhang für eine infinitesimale Verschiebung

$$dE_{pot} = -\vec{F} \cdot d\vec{s} \tag{5.19}$$

und für Bewegungen in nur einer Dimension

$$dE_{pot} = -F\,dx. \tag{5.20}$$

Mit Gl. (5.9) ergibt sich außerdem:

$$dE_{pot} = -q\vec{E} \cdot d\vec{s} \tag{5.21}$$

und für Bewegungen in nur einer Dimension

$$dE_{pot} = -qE\,dx. \tag{5.22}$$

In einem homogenen Feld ist die Feldstärke E längs des Weges Δx konstant. Für die Arbeit gilt so mit $W = -E_{pot}$ folgender einfacher Zusammenhang für den

Ladungstransport im homogenen elektrischen Feld: Wird eine Ladung q längs eines homogenen elektrischen Felds mit der Feldstärke E zwischen zwei Punkten im Abstand Δx transportiert, so muss die Arbeit vom Betrag

$$W = Eq\,\Delta x \qquad (5.23)$$

verrichtet werden.

Verwechslungsgefahr. Der Buchstabe E wird hier zur Bezeichnung der Energie E verwendet – dabei ist Vorsicht geboten, damit keine Verwechslung mit der elektrischen Feldstärke auftritt. Diese ist im Gegensatz zur Energie eine vektorielle Größe, wird aber in diesem Buch nicht in jedem Fall als Vektor geschrieben. Zur besseren Unterscheidbarkeit wird daher für die Energie in diesem Buch immer ein Index angefügt, wie hier z. B. E_{pot}.

Arbeit und Energie des Systems. In einer gespannten Feder ist Spannenergie gespeichert (Abb. 5.19, oben). Wird die Feder freigelassen, so beschleunigt sie die Kugel, wobei die Spannenergie vollständig in Bewegungsenergie umgewandelt wird; die Gesamtenergie innerhalb des Systems bleibt erhalten. Verlässt die Kugel das System, so hat sich dessen Gesamtenergie verringert. Häufig aber wird die Bewegungsenergie der fliegenden Kugel schon nicht mehr zum System gerechnet, auch wenn sie sich noch räumlich *im* System befindet: Die Feder (das System) hat Beschleunigungsarbeit an der Kugel verrichtet; dadurch hat sich seine Energie verringert.

Wird eine positive Ladung im Feld des Kondensators beschleunigt, so verrichtet dieses (positive) Beschleunigungsarbeit an der Ladung (Abb. 5.19, unten). Wenn die negative Platte durchbohrt ist, kann die Ladung hindurchfliegen und das System (räumlich) verlassen. Analog zur Situation in der Mechanik bedeutet dies: Die Energie des Feldes hat sich verringert. Ein solches Plattenpaar wird tatsächlich zum Beschleunigen von geladen Teilchen verwendet; falls Elektronen beschleunigt werden, dann mit umgekehrter Plattenpolung (Abschnitt 6.2).

Kehren wir diesen Vorgang um, lässt sich auch besser verstehen, was es bedeutet, wenn negative Arbeit an der Ladung verrichtet wird. Hierzu stellen wir uns vor, dass eine positive Ladung mit einer bestimmten Geschwindigkeit durch die Öffnung der negativen Platte in das System hineinfliegt. Die Ladung wird dann vom Feld abgebremst. Dabei sinkt die kinetische Energie der Ladung, und die potentielle Energie des Systems steigt. Durch das Einschießen der Ladung von außen wird also negative Arbeit an der Ladung und positive am System verrichtet.

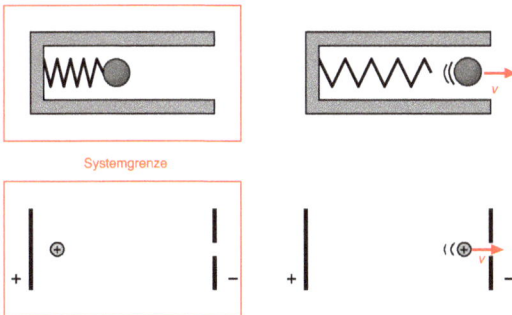

Systemgrenze

Abb. 5.19: Eine Kugel wird durch eine gespannte Feder beschleunigt (oben). Eine Ladung wird im Feld eines Plattenkondensators beschleunigt (unten).

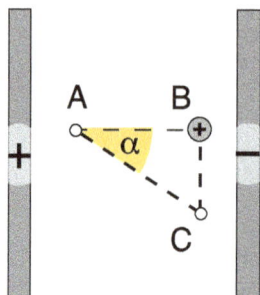

Abb. 5.20: Verschiebung der Ladung auf einem Umweg von B nach A.

Verschiebung auf einem beliebigen Weg in einem homogenen Feld. Das Skalarprodukt $\vec{F} \cdot d\vec{s}$ ändert sich mit dem Winkel α zwischen $\vec{F}$ und $\vec{s}$. Es gilt:

$$\vec{F} \cdot d\vec{s} = F\, ds \cos(\alpha). \tag{5.24}$$

Wir betrachten die Situation in Abb. 5.20. Die Ladung wird von einer äußeren Kraft von B über C nach A verschoben. Längs des Weges $\overline{BC}$ muss keine Kraft aufgebracht werden, da die Bewegung senkrecht zur Richtung des Feldes erfolgt ($\cos(90°) = 0$). Die Kraft, die bei der Verschiebung $s = \overline{CA}$ aufgebracht werden muss, ist während des Vorgangs konstant, da die Verschiebung in einem homogenen Feld auf einem geradlinigen Weg erfolgt. Daher ist die Arbeit

$$W = Fs \cos(\alpha). \tag{5.25}$$

Der Vergleich mit der direkten Verbindung $\Delta x = \overline{BA}$ zeigt, dass $s \cos(\alpha) = \Delta x$ ist. Somit ist die Arbeit

$$W = F\Delta x \tag{5.26}$$

sowohl auf dem direkten, als auch auf dem längeren Weg zu verrichten. Dies gilt nicht nur für den eben beschriebenen, sondern für beliebige, auch krummlinige Wege.

Wird die Ladung anschließend auf einem beliebigen Weg zurück nach B gebracht, so ist die insgesamt verrichtete Arbeit gleich 0. Eine Kraft, für die dies gilt, heißt *konservativ*. Elektrostatische Kräfte und damit ihr Feld sind immer konservativ, nicht nur im homogenen Fall wie im hier angeführten Beispiel.

Es gibt auch nicht-konservative elektrische Felder; diese entstehen jedoch nicht durch ruhende Ladungen, sondern durch Induktion (siehe Kapitel 8).

Potential und Spannung

Die Feldstärke beschreibt die Veränderung des Raums in der Nähe der felderzeugenden Ladung Q, ohne auf die Größe der Ladung q, auf die diese Veränderung wirkt, Rücksicht zu nehmen. Daher gilt nach Gl. (5.9):

$$\vec{E} = \frac{\vec{F}}{q}.$$

Analog hierzu, d. h ohne Berücksichtigung der Größe der Ladung q, wird das *elektrische Potential* ϕ als potentielle Energie pro Ladung definiert (vgl. Abschnitt 3.2).

Elektrisches Potential: Das elektrische Potential ist der Quotient aus der potentiellen Energie E_{pot} einer Ladung q an einer bestimmten Stelle im Feld und der Ladung selbst:

$$\phi = \frac{E_{pot}}{q}.\qquad(5.27)$$

Das Potential ϕ beschreibt wie die elektrische Feldstärke das elektrische Feld. Es ist allerdings eine skalare Funktion des Ortes, während die Feldstärke eine vektorielle Größe ist.

Um die Größe der potentiellen Energie zu bestimmen, ist es erforderlich, einen anderen Punkt als Vergleich anzugeben. Relevant ist deshalb die *Differenz* zwischen zwei Punkten. Dabei setzt man oft für einen sinnvollen Referenzpunkt die potentielle Energie und damit auch das Potential auf den Wert 0. In der Mechanik beispielsweise wird für die potentielle Energie einer Masse im Gewichtskraftfeld der Erde der Nullpunkt auf die Höhe des Erdbodens gelegt (Tab. 5.2).

Tab. 5.2: Vergleich des elektrischen Feldes mit dem Feld der Gewichtskraft (b); eindimensionale Beschreibung.

Gewichtskraft		elektrostatische Kraft	
Gewichtskraftfeldstärke (Ortsfaktor, Erdbeschl.konst.)	g	elektrische Feldstärke	E
Arbeit (in Bezug auf ein Nullniveau)	$W = mgh$	Arbeit (bei E = konst.)	$W = qE\Delta x$
Potential (in Bezug auf ein Nullniveau)	gh	Potential (in Bezug auf ein Nullniveau)	$\phi = Ex$

Genauso ist auch für das elektrische Potential nur eine Angabe relativ zu einem Referenzpunkt, also eine Differenz, sinnvoll. Eine solche Angabe ist die Potentialdifferenz zwischen den Punkten A und B in Abb. 5.18 (rechts). A liegt hier auf einem höheren Potential als B. Eine positive Ladung bewegt sich ohne äußere Kraft im Feld immer vom Ort mit dem höheren Potential zu einem mit niedrigeren Potential, genau so wie eine Masse unter dem Einfluss ihrer Gewichtskraft immer von *oben* nach *unten* fällt. Umgekehrt ist genau die Tatsache, ob das Potential hoch oder niedrig ist, immer am Verhalten einer positiven Probeladung ausgerichtet. Eine negative Ladung erfährt in der Nähe der felderzeugenden Ladung dasselbe Potential, verhält sich aber umgekehrt. Aus Gl. (5.21)

$$dE_{pot} = -q\vec{E} \cdot d\vec{s}$$

wird damit für infinitesimale Änderungen des Potentials

$$d\phi = \frac{dE_{pot}}{q} = -\vec{E} \cdot d\vec{s}\qquad(5.28)$$

(Differential des Potentials). Die endliche Potentialdifferenz bei der Verschiebung zwischen zwei Punkten A und B ist dann

$$\Delta\phi = \phi_B - \phi_A = \frac{\Delta E_{pot}}{q} = -\int_A^B \vec{E} \cdot d\vec{s}. \qquad (5.29)$$

Wir erhalten hier eine weitere Möglichkeit, die Spannung zu definieren. Tatsächlich handelt es sich dabei um die Festlegung, die am weitesten führt: Die Spannung U zwischen zwei Punkten ist gleich der Potentialdifferenz zwischen diesen. Dieser allgemeinen Formulierung liegt auch die in Abschnitt 3.2 erläuterte Sichtweise zugrunde.

> **Elektrische Spannung (3):** Die elektrische Spannung ist die Differenz des Potentials zwischen zwei Punkten:
>
> $$U_{AB} = \phi_B - \phi_A. \qquad (5.30)$$

Man sieht, dass auch für die Angabe der Spannung die Festlegung des Nullpunkts des Potentials erforderlich ist. Dieser Nullpunkt ist beispielsweise bei der Haushaltsstromversorgung das Erdpotential. Die Netzspannung von $U = 230\,V$ ist also die Spannung zwischen dem Außenleiter und dem Erdboden (und damit auch zu dem mit dem Erdboden verbundenen Neutralleiter).

⚡ Die Elektrische Spannung. Im bisherigen Verlauf wurde die elektrische Spannung zunächst als die Größe eingeführt, die einen elektrischen Strom antreibt (vgl. Abschnitt 1.4), und dann als das Vermögen getrennter elektrischer Ladungen, wieder zusammenzufließen (vgl. Abschnitt 4.8). Hier nun erfolgt eine dritte Definition der Spannung als die Potentialdifferenz im elektrischen Feld. Alle drei Formulierungen sind miteinander im Einklang; die letztgenannte ist diejenige, die am weitreichendsten ist. Da sie zugleich das meiste Vorverständnis benötigt, wird sie oft – wie auch in diesem Buch – durch die beiden anderen vorbereitet.

Zusammenhang zwischen Potential und Feldstärke

Der Zusammenhang zwischen Potential und elektrischem Feld wurde mit Gl. (5.28) hergestellt. Diese Gleichung

$$d\phi = -\vec{E} \cdot d\vec{s}.$$

würde man gerne nach $\vec{E}$ umstellen, um den Zusammenhang zwischen der Änderung des Potentials und der elektrischen Feldstärke zu beschreiben. Dazu aber muss man das Potential nach allen drei Raumrichtungen *partiell* ableiten (vgl. hierzu Band *Mechanik*, Kapitel 6). Man erhält durch ein solches Vorgehen die Richtung, in der sich ein Skalarfeld (hier: das Potential) am stärksten ändert. Dies bezeichnet man als den *Gradienten* dieses Skalarfeldes, und diese besondere Form der Ableitung schreibt man als:

$$\vec{E} = -\vec{\nabla}\phi. \qquad (5.31)$$

Auf diese Weise ergibt sich nochmals ein anderer Blick auf den Zusammenhang von Potential und elektrischen Feld:

Richtung des elektrischen Feldes und Potential: Das elektrische Feld $\vec{E}$ zeigt in die Richtung, in der das elektrische Potential ϕ am stärksten abnimmt.

5.7 Potential und Arbeit im homogenen Feld

Potential im homogenen elektrischen Feld

In einem homogenen Feld genügt eine eindimensionale Betrachtung, da die Feldlinien geradlinig verlaufen und die Feldstärke konstant ist. Für einen Weg x längs dieser Feldlinien vereinfacht sich Gl. (5.29) zu

$$\Delta\phi = \phi_B - \phi_A = \frac{\Delta E_{pot}}{q} = -\int_A^B E \, dx. \tag{5.32}$$

Wenn die Feldstärke E längs des Weges x konstant bleibt, folgt schließlich:

$$\Delta\phi = \phi_B - \phi_A = \frac{\Delta E_{pot}}{q} = -E\Delta x. \tag{5.33}$$

Für den Ausgangsort $x_A = 0$ ist $\phi_A = \phi_0$ und damit

$$\Delta\phi = \phi_B - \phi_0 = -Ex_B. \tag{5.34}$$

Betrachten wir ϕ ortsabhängig wird daraus

$$\phi(x) = -Ex + \phi_0. \tag{5.35}$$

In einem homogenen Feld lässt sich so die Spannung U leicht mit dem Abstand Δx zweier Punkte A und B längs der Feldlinien in Zusammenhang bringen. Ist Δx nämlich der Abstand der beiden Kondensatorplatten d, die das homogene Feld erzeugen, so folgt aus Gl. (5.33) und $U = \Delta\phi$ (Gl. (5.30)) der Betrag der

Feldstärke des homogenen Feldes im Plattenkondensator: Liegt an einem Kondensator mit dem Plattenabstand d die Spannung U an, so ist die Feldstärke des homogenen Feldes

$$E = \frac{U}{d}. \tag{5.36}$$

(Ohne Betrachtung des Vorzeichens.)

Hieraus folgt umgekehrt auch die üblichere Angabe der Einheit für die elektrische Feldstärke

$$[E] = 1 \frac{V}{m}.$$

Arbeit im homogenen elektrischen Feld

Wenn die Ladung q über die vollständige Distanz $\Delta x = d$ zwischen den Platten eines Plattenkondensators bewegt wird, erhalten wir mit Gl. (5.23)

$$W = Eq\,\Delta x = Eqd, \tag{5.37}$$

und mit Gl. (5.36) schließlich die

> **Arbeit beim Transport einer Ladung zwischen zwei Kondensatorplatten:** Wird eine elektrische Ladung q von einer Kondensatorplatte auf die andere transportiert, so ist der Betrag der verrichteten Arbeit:
> $$W = Uq. \tag{5.38}$$

Dies wird zum Beispiel verwendet, wenn ein Elektron in einer Elektronenröhre beschleunigt wird (Abschnitt 6.2). Es hat sich etabliert, die Energie bei atomaren Prozessen in einer Einheit anzugeben, die hieran angelehnt ist. Die Energie eines Elektrons, das von einer Spannung von $U = 1\,V$ beschleunigt worden ist, beträgt $1\,eV \approx 1{,}6 \cdot 10^{-19}\,C\,V = 1{,}6 \cdot 10^{-19}\,J$ ($1\,C\,V = 1\,A\,s\,V = 1\,W\,s = 1\,J$).

Dies ist auch dann die Arbeit, die nötig ist, um eine Ladung von einer Kondensatorplatte auf die andere zu transportieren, wenn die Ladung nicht im Raum zwischen den beiden Platten bewegt wird, sondern durch das Anschlusskabel fließt. Es muss aber beim sukzessiven Transport einer Ladungsmenge beachtet werden, dass sich mit dem Transport der Ladung von einer Platte auf die andere auch die Ladung (genauer: die Ladungsdifferenz) *auf* den Platten und damit auch E und U ändert.

---

i **Feldstärke und Potential im Plattenkondensator.** An einem Plattenkondensator mit dem Plattenabstand 4 cm wird eine Spannung von 40 V angelegt (Abb. 5.21). Der Betrag der elektrischen Feldstärke ist dann

$$E = \frac{U}{d} = \frac{40\,V}{0{,}04\,m} = 1\,000\,V/m.$$

Aus Gl. (5.33) wird mit dem Weg s zwischen x_A (linke Platte) und x_B (rechte Platte)

$$(\phi_B - \phi_A) = -(Ex_B - Ex_A).$$

Für ϕ_B können wir das Potential als Funktion von x schreiben:

$$(\phi(x) - \phi_A) = -(Ex - Ex_A),$$

und mit $x_A = 0$ wird die Potentialfunktion

$$\phi(x) = -Ex + \phi_A = -1\,000\,V/m \cdot x + 40\,V.$$

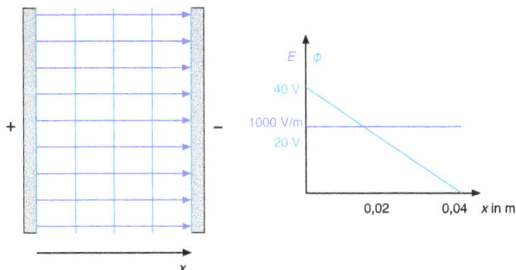

Abb. 5.21: Links: Feldlinien (blau) und Äquipotentiallinien (cyan) im homogenen Teil des elektrischen Feldes (der nicht homogene Randbereich ist nicht dargestellt). Rechts: elektrische Feldstärke (blau) und Potential (cyan) als Funktion des Ortes im Plattenkondensator.

Millikan-Experiment. Beim Millikan-Experiment befindet sich Ladung in einem homogenen Feld (vgl. Abb. 4.1). Sehr kleine Öltröpfchen werden zwischen die waagrecht ausgerichteten Platten eines Kondensators gesprüht. Durch die Kontaktelektrizität beim Sprühvorgang sind die Öltröpfchen geladen. Mit Hilfe eines Mikroskops wird das Verhalten der Öltröpfchen beobachtet, während an den Kondensator eine Spannung angelegt wird. Diese wird so eingestellt, dass ein beobachtetes Tröpfchen gerade in der Schwebe gehalten wird. Dann gilt mit $F = Eq$ (Gl. 5.11) und Gl. (5.36)

$$q\frac{U}{d} = mg,$$

woraus die Ladung q des Tröpfchens bestimmt werden kann, wenn die Masse m des Tröpfchens bekannt ist. Diese erhält man über den Radius aus der Sinkgeschwindigkeit bei abgeschaltetem Feld. Als Ergebnis erhält man, dass die Tröpfchen nicht beliebige Ladung tragen, sondern ganzzahlige Vielfache einer kleinsten Ladung, der Elementarladung e.

5.8 Ergänzung: Arbeit und Potential im Radialfeld

Potential einer Punktladung

Das einfachste inhomogene elektrische Feld ist das Radialfeld einer Punktladung. Wir betrachten den Fall, dass die Ladung längs der Feldlinien verschoben wird, andere Verschiebungen können – wie oben erläutert – darauf zurückgeführt werden. Dann kann statt des Verschiebungsvektors $\vec{r}$ oder eines beliebigen Wegs s die Verschiebung in der Raumrichtung x längs des Feldes betrachtet werden. Daher schreiben wir Gl. (5.29)

$$\Delta\phi = \phi_B - \phi_A = \frac{\Delta E_{\text{pot}}}{q} = -\int_A^B \vec{E} \cdot \mathrm{d}\vec{s}.$$

einfacher entsprechend Gl. (5.32)

$$\Delta\phi = \phi_B - \phi_A = \frac{\Delta E_{\text{pot}}}{q} = -\int_A^B E \, \mathrm{d}x.$$

Einsetzen der Feldstärke aus Gl. (5.11) (mit x statt r) ergibt

$$\phi_B - \phi_A = -\int_A^B \frac{1}{4\pi\varepsilon_0}\frac{Q}{x^2}\,\mathrm{d}x \tag{5.39}$$

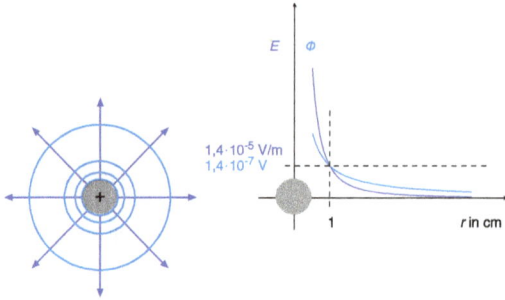

Abb. 5.22: Links: Feldlinien (blau) und Äquipotentiallinien (cyan) in der Umgebung einer positiv geladenen Kugel. Rechts: elektrische Feldstärke (blau) und Potential (cyan) als Funktion des Ortes im Radialfeld.

und weiter

$$\phi_B - \phi_A = \frac{1}{4\pi\varepsilon_0} Q \left(\frac{1}{x_B} - \frac{1}{x_A} \right). \tag{5.40}$$

Üblich ist es, hier das Potential im Unendlichen auf den Wert 0 zu setzen, also $\phi_B = 0$ für $x_B = \infty$. Betrachten wir ϕ ortsabhängig, ergibt sich

$$\phi(x) = \frac{1}{4\pi\varepsilon_0} \frac{Q}{x}. \tag{5.41}$$

Oft schreibt dieses *Coulombpotential* so, dass direkt der Radius R um die Punktladung eingesetzt wird:

$$\phi(R) = \frac{1}{4\pi\varepsilon_0} \frac{Q}{R}. \tag{5.42}$$

Abbildung 5.22 veranschaulicht das Potential in der Umgebung von Q in Abhängigkeit von x. Die Äquipotentialflächen um die Punktladung sind Kugelflächen, im Schnittbild konzentrische Kreise.

Vergleich homogenes und radiales Feld. In einer eindimensionalen Beschreibung lässt sich der Zusammenhang zwischen Feldstärke $\vec{E}$ und Potential ϕ gut erkennen, siehe Tab. 5.3.

Tab. 5.3: Feldstärke und Potential (eindimensional).

	homogenes Feld	Radialfeld
Potential	$\phi = -Ex + \phi_0$	$\phi = \frac{1}{4\pi\varepsilon_0} Q \frac{1}{x}$
Feldstärke	$\frac{d\phi}{dx} = -E$	$\frac{d\phi}{dx} = -\frac{1}{4\pi\varepsilon_0} Q \frac{1}{x^2} = -E$

5.9 Ergänzung: Energie im System zweier Punktladungen

Da zwei geladene Punktladungen oder Kugeln eine Kraft aufeinander ausüben, besitzt dieses System eine Energie. Umstellen von Gl. (5.27) liefert

$$E_{pot} = \phi q \tag{5.43}$$

und Einsetzen von Gl. (5.41) dann die

Energie im Feld zweier Punktladungen: Die Energie E_{pot} des Feldes zweier Punktladungen im Abstand x ist:

$$E_{pot} = \frac{1}{4\pi\varepsilon_0} \frac{Qq}{x}. \tag{5.44}$$

Handelt es sich um zwei gleichnamige Ladungen, so nimmt die Energie mit zunehmendem Abstand ab und ist im Unendlichen gleich 0, bei ungleichnamigen Ladungen nimmt sie zu (ausgehend von einem negativen Wert bis $E_{pot} = 0$ bei $x = \infty$). In jedem Fall aber wird die Änderung mit zunehmendem Abstand geringer. Für die Überlegung ist es gleichbedeutend, ob man eine Ladung im Feld der anderen oder das gemeinsame Feld der beiden Ladungen als Grundlage ansieht.

Auch für die Darstellung des gemeinsamen Feldes zweier Ladungen sind Äquipotentiallinien hilfreich (Abb. 5.23): Dargestellt sind Feldlinien und Äquipotentiallinien von zwei positiven Ladungen. Genau so sehen auch die Höhenlinien aus, die auf einer Landkarte um zwei gleich hohe Gipfel gezeichnet werden. Der Kreuzungspunkt der Äquipotentiallinie im Zentrum zeigt den Sattelpunkt an, der umgebende Flächenbereich ist der *Sattel* oder das *Joch*.

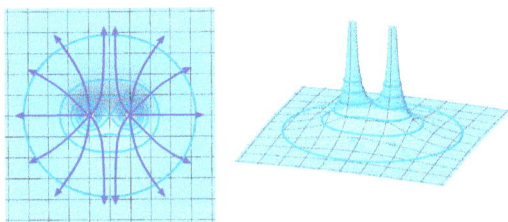

Abb. 5.23: Links: zweidimensionale Darstellung des gemeinsamen Potentials zweier positiven Punktladungen mit Äquipotentiallinien (cyan) und Feldlinien (blau). Rechts: dreidimensionale Darstellung derselben Anordnung (erstellt mit GeoGebra [8]).

Beispiel: Entfernen eines Elektrons aus dem Wasserstoffatom nach dem Bohr'schen Atommodell. Es gibt zahlreiche Experimente, bei denen ein Elektron aus einem Atom entfernt wird, das Atom wird *ionisiert*. Die Differenz der potentiellen Energie beim Verschieben einer Ladung q im Feld der Ladung Q von R_A nach R_B ist:

$$E_{pot}(B) - E_{pot}(A) = q(\phi_B - \phi_A)$$
$$= \frac{1}{4\pi\varepsilon_0} Qq \frac{1}{R_B - R_A}.$$

Wird die Ladung q aus dem Abstand R_A vollständig von Q entfernt, so ist $R_B = \infty$ und die Arbeit W somit

$$|W| = \frac{1}{4\pi\varepsilon_0}\frac{Qq}{R_A}. \tag{5.45}$$

Wird eine negative Ladung vollständig aus dem Feld einer positiven entfernt, so verrichtet die *äußere* Kraft, die für diesen Vorgang erforderlich ist, Arbeit am System, und die Energie des Systems steigt. Einsetzen von $\varepsilon_0 = 8,85\cdot 10^{-12}\,\mathrm{A\,s\,V^{-1}\,m^{-1}}$, $|q| = Q = 1,6\cdot 10^{-19}\,\mathrm{C}$ und des Abstandes des Elektrons vom Kern $R_A = 5,3\cdot 10^{-11}\,\mathrm{m}$ liefert

$$|W| = \frac{1}{4\pi\,\cdot\,8,85\cdot 10^{-12}\,\mathrm{A\,s\,V^{-1}\,m^{-1}}}\cdot\frac{(1,6\cdot 10^{-19}\,\mathrm{C})^2}{5,3\cdot 10^{-11}\,\mathrm{m}} \approx 4,4\cdot 10^{-18}\,\mathrm{J} \approx 27\,\mathrm{eV}. \tag{5.46}$$

Der tatsächliche Wert ist jedoch nur halb so groß, da (in diesem einfachen Modell) das Elektron sich auf einer Kreisbahn um den Atomkern bewegt und daher auch kinetische Energie besitzt. Die kinetische Energie ist:

$$E_{\mathrm{kin}} = \frac{1}{2}mv^2. \tag{5.47}$$

Bei der Kreisbewegung ist die Coulombkraft F_C die Zentralkraft $F_Z = \frac{mv^2}{R}$, die das Elektron auf der Kreisbahn hält. Es gilt:

$$F_Z = F_C \Rightarrow m\frac{v^2}{R} = \frac{1}{4\pi\varepsilon_0}\frac{Qq}{R^2} \tag{5.48}$$

$$\Rightarrow mv^2 = \frac{1}{4\pi\varepsilon_0}\frac{Qq}{R}. \tag{5.49}$$

Wir setzen dies ein in Gl. 5.47 und erhalten

$$E_{\mathrm{kin}} = \frac{1}{2}\frac{1}{4\pi\varepsilon_0}\frac{Qq}{R^2} \tag{5.50}$$

und damit

$$E_{\mathrm{kin}} = \frac{1}{2}E_{\mathrm{pot}}. \tag{5.51}$$

Wird das Elektron auf eine höhere Bahn gebracht, so wird gegen das elektrische Feld Arbeit verrichtet und die Energie des Systems erhöht. Zugleich aber nimmt die kinetische Energie des Elektrons ab. Diese Energie wird zum System gerechnet, so dass die Gesamtenergie zwar zunimmt, aber nur um den halben Betrag von E_{pot}. Dies gilt selbst dann, wenn das Elektron ganz aus dem Atom entfernt wird. Die Ionisationsarbeit ist daher $W = 13,5\,\mathrm{eV}$. Eine solche Ionisation kann z. B. durch einen Stoß eines Elektrons, das in einem elektrischen Feld beschleunigt worden ist, mit dem Atom stattfinden.

Messung des Potentials

Das Potential in der Nähe eines geladenen Körpers lässt sich experimentell bestimmen (Experiment 5.6 und 5.7). Hierfür wird die Spannung zwischen dem geladenen Körper und einer Reihe von Punkten im Raum gemessen.

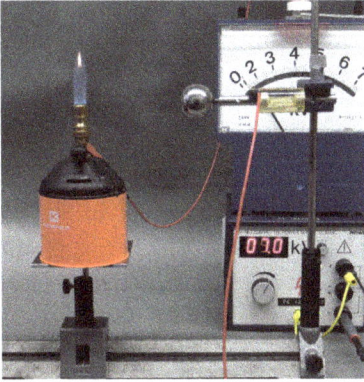

Abb. 5.24: Vermessung des elektrischen Potentials einer geladenen Kugel mit der Flammensonde.

Experiment 5.6: Durch eine Flamme werden Moleküle in der Luft ionisiert, man erhält also geladene Teilchen. Befinden sich diese in einem elektrischen Feld, so werden so viele Teilchen wegbewegt, bis die verbleibenden dem elektrostatischen Potential an diesem Ort entsprechen.

Im Experiment wird eine Gasflamme entzündet und in die Nähe des geladenen Körpers gebracht, dessen Potential vermessen werden soll (Abb. 5.24). An die metallische Düse des Brenners wird ein Spannungsmessgerät angeschlossen; dessen anderer Pol wird geerdet. Beim Verschieben der Flamme wird das Potential in Abhängigkeit vom Abstand zur felderzeugenden Ladung gemessen.

Experiment 5.7: Das Potential wird in der Fläche gemessen, indem man zwischen zwei Punkten auf einem leitfähigen Blatt Papier (Kohlepapier oder mit Salzwasser befeuchtetes Löschpapier) eine Spannung von einigen Volt anlegt. Mit einer Stricknadel, die mit einem Voltmeter verbunden ist, kann man die Stellen bestimmen, an denen jeweils das gleiche Potential herrscht.

Die in Experiment 5.6 bestimmte Abhängigkeit des Potentials vom Abstand zur felderzeugenden Ladung kann leicht in den Raum um die Ladung erweitert werden, da das Feld der Kugel *radial* ist. Man erhält so kugelförmige Flächen mit gleichem Potential, bzw. in jeder Ebene, die die Ladung selbst enthält, kreisförmige Linien, die *Äquipotentiallinien* (Abb. 5.22).

5.10 Der elektrische Fluss

Fluss und Flussdichte

Für eine Vielzahl von Überlegungen, aber auch für die Analogie zum später noch anzusprechenden magnetischen Feld, ist es hilfreich, sich das elektrische Feld mit Hilfe einer weiteren Größe vorzustellen. Diese Größe ist der *elektrische Fluss* Φ_e.

In der Mechanik beschreibt man mit dem Fluss beispielsweise eine Flüssigkeit, die mit der Geschwindigkeit $\vec{v}$ fließt. Spannt man einen Rahmen mit der Fläche $\vec{A}$ auf, so tritt in der Zeit t das Flüssigkeitsvolumen $V = \vec{A} \cdot \vec{v}t$ durch diesen Rahmen. Der (Volumen-)Fluss Φ_V ist dann das pro Zeit t hindurchtretende Volumen. Dies gilt, wenn

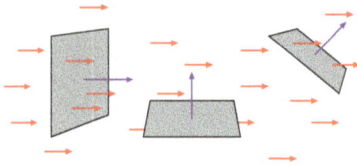

Abb. 5.25: Links: Flächenvektor (violett) und Geschwindigkeitsvektoren (rot) sind parallel zueinander, und der Fluss durch die Fläche ist maximal. Mitte: Stehen die Vektoren senkrecht aufeinander, ist der Fluss gleich 0. Rechts: Nehmen die Vektoren den Winkel α ein, so ist der Fluss $|\vec{v}| \cdot |\vec{A}| \cdot \cos(\alpha)$.

die Geschwindigkeit sich längs der durchströmten Fläche nicht ändert. Die Größe des Flusses hängt dabei auch von der Orientierung der Geschwindigkeit und der Fläche zueinander ab (Abb. 5.25).

Der elektrische Fluss beschreibt nicht das Fließen von etwas Materiellem. Für den Vergleich am anschaulichsten sind die Feldlinien. In einer Zeichnung veranschaulicht ihre Zahl den Fluss. Die elektrische Feldstärke darf man sich dann als Zahl der Feldlinien pro Fläche vorstellen (vergleiche Kasten: Ergänzung Volumenstrom und elektrischer Strom).

Elektrischer Fluss: Der elektrische Fluss Φ_e ist das Skalarprodukt aus der Feldstärke $\vec{E}$ und der mit dieser Feldstärke durchsetzten Fläche $\vec{A}$:

$$\Phi_e = \vec{E} \cdot \vec{A}. \tag{5.52}$$

In dieser vereinfachten Darstellung wird (wie oben) davon ausgegangen, dass sich der Betrag von $\vec{E}$ längs der Fläche nicht ändert.

ℹ️ **Ergänzung: Volumenstrom und elektrischer Strom.** Sind der Geschwindigkeitsvektor und der Flächenvektor parallel zu einander, wird die Fläche senkrecht durchströmt, und es gilt:

$$\Phi_V = Av \tag{5.53}$$

$$= A\frac{s}{t} \tag{5.54}$$

$$= \frac{V}{t}. \tag{5.55}$$

Auch der elektrische Strom I ist ein solcher Fluss. Aus

$$I = \frac{Q}{t} \tag{5.56}$$

wird mit der Ladungsdichte $\rho_q = Q/V$ (in skalarer Darstellung)

$$I = \frac{\rho_q V}{t} \tag{5.57}$$

$$= \rho_q vA. \tag{5.58}$$

Dabei ist $\rho_q v$ die Stromdichte j (Abb. 2.20) und damit

$$I = jA. \tag{5.59}$$

Den Feldlinien eines elektrischen Feldes entsprechen die Stromlinien sowohl im Volumenstrom als auch im Ladungsstrom. Damit ist die elektrische Feldstärke E, die man sich als Feldlinien pro Fläche vorstellen darf, analog zur Strom(fluss)dichte $j = I/A$ (vgl. Tab. 5.4).

Tab. 5.4: Vergleich von Flüssen.

fließendes Wasser	elektrischer Strom	elektrischer Fluss
Volumen V	Ladung Q	
$\Phi_V = V/t$	$I = Q/t$	
$\Phi_V = vA$	$I = jA$	$\Phi_e = EA$

Elektrischer Fluss und Flächenladungsdichte. Unglücklicherweise ist der elektrische Fluss nicht ganz eindeutig definiert. Die oben formulierte Definition findet sich in vielen Physiklehrbüchern (z. B. [21]). In der Elektrotechnik dagegen wird häufig definiert: $\Phi_e = \varepsilon_0 \vec{E} \cdot \vec{A} = \vec{D} \cdot \vec{A}$. Hierbei ist $\vec{D} = \varepsilon_0 \vec{E}$ die Flächenladungsdichte.

Eingeschlossene Ladung

Der elektrische Fluss durch eine *geschlossene* Oberfläche wird durch die eingeschlossenen Ladung Q bestimmt: Eine elektrische Ladung ist die Quelle des elektrischen Feldes, daher treten durch die geschlossene Oberfläche eines Volumens die Feldlinien der eingeschlossenen Ladung. Befindet sich im Innern keine Ladung, so strömt auch kein elektrischer (Netto-)Fluss durch die Oberfläche. Feldlinien, die von einer Ladung außerhalb des Volumens herrühren, können sehr wohl durch die Oberfläche strömen – ihre bilanzierte Summe ist aber null, d. h., es strömen ebenso viele in das Volumen hinein, wie aus ihm heraus (Abb. 5.26).

Satz von Gauß: Der elektrische Fluss durch eine beliebige, geschlossene Oberfläche ist proportional der eingeschlossenen Ladung Q, bzw.:

$$\Phi_e = \frac{1}{\varepsilon_0} Q. \tag{5.60}$$

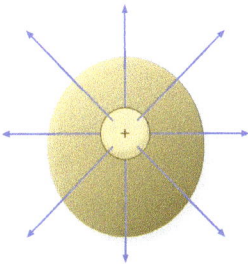

Abb. 5.26: Elektrischer Fluss durch eine geschlossene Oberfläche um eine positive Ladung.

Da das Feld also nur von der eingeschlossenen Ladung abhängt, ist nachvollziehbar, dass eine geladene Kugel nach außen dasselbe Feld hervorruft wie eine Punktladung in ihrem Zentrum. Eine geladene Hohlkugel, die keine weiteren Ladungen im Innern besitzt, hat dasselbe Feld nach außen, aber keines im Innern, ein Sachverhalt, der im nächsten Abschnitt erneut aufgegriffen wird.

5.11 Ladungsverteilung in Körpern

Geladener Vollkörper

Wird eine Vollkugel aus Metall mit dem negativen Pol einer Elektrizitätsquelle verbunden, so lädt sich die Kugel negativ auf. Die zusätzlichen Elektronen verteilen sich aber nicht gleichmäßig im Volumen der Kugel, sondern nur auf der Oberfläche. Mit einer Kugel ist das im Experiment kaum zu zeigen, einen Hinweis gibt aber das (virtuelle) Experiment 5.8.

Der Grund für dieses Verhalten ist, dass die Ladungen abstoßende Kräfte aufeinander ausüben. Sie ordnen sich daher so an, dass die Summe aller Einzelkräfte zwischen allen Ladungen minimal ist. Offenbar ist dies dann der Fall, wenn sich die Ladungen nur auf der Oberfläche verteilen. Auf einer Kugeloberfläche ordnen sich die Ladungen daher gleichmäßig an. Auf der Oberfläche eines anders geformten Körpers sammeln sich Ladungen in Kanten und Ecken an.

Experiment 5.8: Der Sachverhalt, dass sich freie Ladungen an der Außenseite eines Leiters anordnen, lässt sich durch ein Modellexperiment mit *Cinderella* zeigen [29]. Dabei wird nicht ein dreidimensionaler Körper, sondern ein ebener Schnitt durch diesen modelliert. Die Schnittfläche wird in *Cinderella* mit Punkten, die mit *Wänden* verbunden werden, realisiert. Ladungen können diese Wände nicht durchdringen. Die so erzeugte Fläche wird dann mit einer beliebigen (aus technischen Gründen aber nicht zu großen) Menge an Ladungen gefüllt (Abb. 5.27). Nach dem Start der Modellierung, wodurch die Ladungen beweglich werden, verteilen sich diese nicht gleichmäßig über die Fläche, sondern ordnen sich ausschließlich am Rand an.

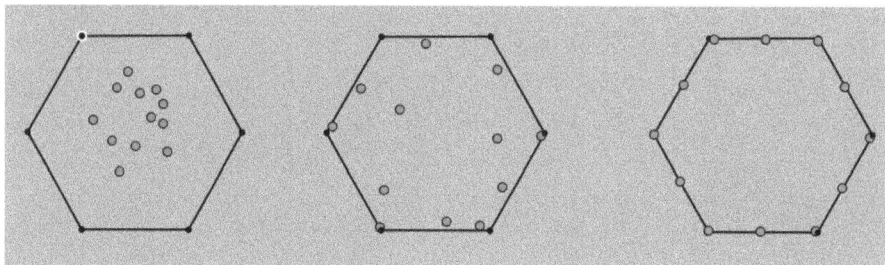

Abb. 5.27: Anordnung der sich abstoßenden Ladungen in der Schnittebene durch einen geladenen Vollkörper. Links: Vor dem Einschalten der abstoßenden Kräfte; Mitte: während des Verlaufs; rechts: nach dem Erreichen des stationären Zustandes (erstellt mit *Cinderella* [29]).

Faraday'scher Becher

Da die zusätzlichen elektrischen Ladungen auf einem Vollkörper sich nur auf der Oberfläche befinden, spielt der Innenraum für die Ladungsaufnahme keine Rolle: Die Ladungsverteilung auf einem geladenen Vollkörper entspricht daher der Verteilung auf einem Hohlkörper. Will man untersuchen, wie Ladungen auf einen solchen Körper aufgebracht oder von ihm entnommen werden können, so heißt ein solcher Körper, der durchaus eine oder mehrere Öffnungen haben kann, *Faraday'scher Becher*.

Bringt man Ladungen mit einer Kugel von einer Elektrizitätsquelle auf die Außenseite eines metallischen Bechers, der mit einem Elektroskop verbunden ist, so wird das Elektroskop geladen. Der Vorgang kann wiederholt werden, wobei der Ausschlag des Elektroskops aber nur anfangs steigt (Experiment 5.9). Dies ist anders, wenn man mit der geladenen Kugel das Innere des Bechers berührt. Da sich im Innern des Bechers keine überschüssigen Ladungen befinden (also auch kein elektrisches Feld vorhanden ist), können zusätzlich eingebrachte Ladungen vollständig auf den Becher fließen. Auf diese Weise sammelt sich auch auf der Kugel eines Bandgenerators so viel Ladung an, dass eine hohe Spannung gegen das Erdpotential entsteht (Abschnitt 4.5). Umgekehrt kann man von einem geladenen Becher Ladungen nur an der Außenseite entnehmen (Experiment 5.10).

Experiment 5.9: Ein Metallbecher wird auf ein Elektroskop aufgesetzt. a) Wird mit einer Konduktorkugel an der Außenseite des Metallbechers Ladung aufgebracht, so schlägt das Elektroskop aus, beim Wiederholen erhöht sich dieser Ausschlag kaum. b) Berührt man mit der Konduktorkugel dagegen die Innenseite des Bechers, so steigt die Anzeige des Elektroskops weiter.

Experiment 5.10: a) Ein Metallbecher wird mit einem Pol eines Hochspannungsnetzgeräts verbunden. Anschließend wird mit einer Konduktorkugel an der Außenseite des Metallbechers Ladung entnommen und auf das Elektroskop gebracht, worauf dieses ausschlägt. b) Wird mit der Kugel die Innenseite des Bechers berührt, so schlägt das Elektroskop nicht aus, und zeigt damit an, dass keine Ladung entnommen wurde.

Faraday'scher Käfig

Das Innere eines hohlen Körpers aus leitfähigem Material ist feldfrei, auch wenn außen ein elektrisches Feld herrscht. In dieser Situation nennt man den Körper einen *Faraday'schen Käfig*. Für eine Reihe von Experimenten wird dieser Körper tatsächlich auch als Käfig ausgeführt und besteht dann aus einem zu einem Hohlkörper geformten Drahtnetz. Bringt man einen Körper aus leitfähigem Material in ein elektrisches Feld, so werden auf ihm die beweglichen Ladungen verschoben. Diese Influenz zeigt sich beispielsweise an einem Elektroskop, das sich in der Nähe der Kugel eines Bandgenerators befindet (Experiment 5.11a, vgl. auch Abb. 4.4).

Der Ausschlag des Elektroskops geht auf 0 zurück, wenn es von dem Faraday'schen Käfig umhüllt wird (Abb. 5.28, Experiment 5.11b). Dann nämlich wird ein

Abb. 5.28: Faraday'scher Käfig in Form eines Drahtgitterzylinders umhüllt ein Elektroskop.

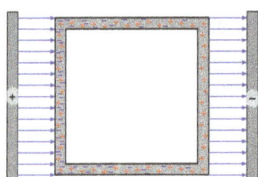

Abb. 5.29: Schnitt durch einen Faraday'schen Käfig mit quadratischer Grundfläche (grau).

Teil der Ladung auf der Hülle so verschoben, dass sich im Innern ein Gegenfeld aufbaut, dass das äußere Feld gerade kompensiert, die Feldlinien des äußeren Feldes enden dann an den Überschussladungen (Abb. 5.29). Das Innere eines leitfähigen Körpers ist daher feldfrei, auch wenn dieser sich in einem äußeren elektrischen Feld befindet; das gilt für Hohlkörper ebenso wie für Vollkörper.

Auch ein Kraftfahrzeug besteht aus einer Metallhülle mit mehreren Öffnungen und ist daher ein Faraday'scher Käfig. Bei einem Blitzeinschlag auf das Fahrzeug ist man im Innern geschützt, denn die zusätzlich aufgebrachte Ladung verteilt sich nur auf der (äußeren) Oberfläche. Die mit der Entladung verbundene Änderung des äußeren Feldes bewirkt zudem eine Anpassung der Influenzladungen. Dadurch besteht keine Gefahr, selbst man das Blech von innen (!) berührt.

Experiment 5.11: a) Ein Elektroskop wird mit seinem Gehäuse geerdet und in der Nähe eines Bandgenerators aufgestellt. Ist die Kugel des Bandgenerators geladen, so schlägt das Elektroskop aus. b) Wird über das Elektroskop ein Käfig aus Metalldraht gestülpt, so geht sein Ausschlag auf 0 zurück.

Experiment 5.12: Das Feld und die Ladungsverteilung nahezu beliebig geformter, geladener Körper können mit einer Modellierung untersucht werden, die unter [20] zur Verfügung gestellt wird (Abb. 5.30). Die Abbildung zeigt links das elektrische Feld eines geladenen Hohlkörpers. Die Ladungen befinden sich auf den grauen Flächen, die einen Schnitt durch die Außenhaut darstellen. Die Feldstärke wird durch die Intensität der gelben Färbung wiedergegeben. Im Innern des Objekts ist die Feldstärke 0. Ein geladener Vollkörper ergibt dasselbe Bild. Rechts ist die Ladungsdichte auf dem selben Körper durch die Intensität der roten Färbung wiedergegeben. Vergleichen Sie mit der Dicke der Außenhaut des Körpers: Die Ladungen verteilen sich nicht gleichmäßig in der Außenhaut, sondern nur an der Oberfläche. Besonders viele Ladungen sammeln sich an den Ecken. Die den beiden Abbildungen zugrundeliegende Berechnung gibt die Situation annähernd für Körper mit quadratischer Grundfläche und einer gewissen Ausdehnung senkrecht zur Zeichenebene wieder.

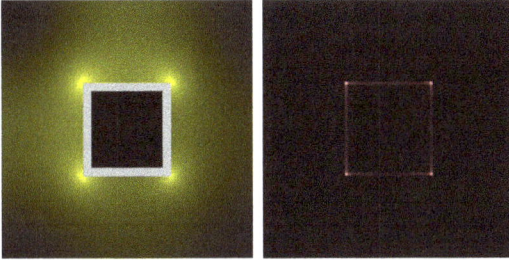

Abb. 5.30: Links: Das elektrische Feld eines geladenen Hohlkörpers. Rechts: Die Ladungsdichte auf dem selben Körper (erstellt mit [20]).

Dielektrikum

Mit den oben angestellten Überlegungen zur leitfähigen Materie im elektrischen Feld kann auch die im Abschnitt 4.8 besprochene Wirkung des Dielektrikums verstanden werden. Wird ein Körper aus nichtleitendem Material in ein elektrisches Feld gebracht, so werden die Atome oder Moleküle polarisiert, es entstehen Dipole. In manchen Molekülen sind das Zentrum der positiven Ladung und das der negativen Ladung bereits ohne äußeres Feld voneinander getrennt. Diese besitzen ein permanentes Dipolmoment.

Die Dipole richten sich im elektrischen Feld längs der Feldlinien aus (Abb. 5.31). Dadurch entstehen auf der Oberfläche des Dielektrikums in der Nähe der Platten Oberflächenladungen. Das elektrische Feld zwischen diesen Oberflächenladungen ist dem äußeren Feld entgegengesetzt, wodurch dieses geschwächt wird. Das Ergebnis lässt sich auch so interpretieren, dass dann manche der Feldlinien von den Platten auf den Oberflächenladungen enden. Im Innern des Dielektrikums ist somit ein Teil des Kondensatorfeldes nicht mehr vorhanden; es ist dort schwächer, wird jedoch nicht vollständig aus dem Material verdrängt. Ein Nichtleiter lässt also das elektrische Feld durch sich hindurchtreten. Hieraus leitet sich der Name *Dielektrikum* ab (von griechisch *dia → durch*).

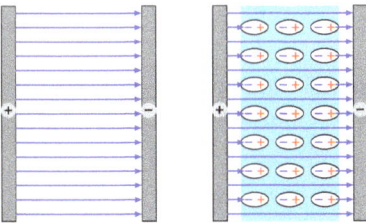

Abb. 5.31: Links: Elektrisches Feld in einem Plattenkondensator. Der inhomogene Außenbereich des Feldes wurde hier nicht dargestellt. Rechts: Am Rande des Dielektrikums (blau) entstehen Oberflächenladungen. Insgesamt wird das Feld des Kondensators geschwächt.

> **Dielektrikum:** Ein Nichtleiter, der sich in einem elektrischen Feld befindet, wird polarisiert. Dabei bildet sich zwischen den (geringfügig) verschobenen Ladungen ein elektrisches Feld, welches das äußere Feld teilweise kompensiert.

5.12 Energie im elektrischen Feld

Um eine Ladung in einem elektrischen Feld gegen die elektrostatische Kraft zu transportieren, muss von außen Arbeit verrichtet werden. Dies entspricht in der Mechanik beispielsweise der Situation, dass man eine Masse (gegen die Richtung der Gewichtskraft) anhebt. Auch beim Laden eines Kondensators macht sich das bemerkbar (vgl. Abschnitt 4.8).

Beim Laden eines zunächst ungeladenen Plattenkondensators fließen Ladungen von einer Platte auf die andere. Diese werden nicht durch den Raum zwischen den Platten transportiert, sondern durch die Anschlusskabel. Sobald die ersten Ladungen durch die Anschlusskabel verschoben sind, entsteht zwischen den Platten ein elektrisches Feld bzw. eine abstoßende Kraft auf die nachfließenden Ladungen. Für den weiteren Ladungstransport muss daher Arbeit verrichtet werden. Diese Arbeit beim Transport durch die Leitung ist genau so groß wie in dem Fall, dass eine Ladung direkt *im* homogenen Feld des Kondensators von einer Platte zu der anderen bewegt wird.

In einem geladenen Kondensator muss hierbei die Arbeit $W = Uq$ (Gl. (5.38)) verrichtet werden. Beim zunächst ungeladenen Kondensator entsteht jedoch das Feld und damit die Spannung U des Kondensators erst durch das Aufladen, U ist damit nicht konstant, sondern eine Funktion der bereits transportierten Ladung. Die für den Transport jeder weiteren Ladung verrichtete Arbeit ist daher

$$dW = U(Q)\, dQ. \tag{5.61}$$

(Die Ladung, die im Feld eines Kondensators verschoben wird, haben wir bislang mit q bezeichnet. Hier aber bildet die nach und nach verschobene Ladung die Ladung des Kondensators selbst und wird daher mit Q bezeichnet.)

Durch Integration ergibt sich:

$$W = \int U(Q)\, dQ \tag{5.62}$$

$$= \int \frac{Q}{C}\, dQ \tag{5.63}$$

$$= \frac{1}{2}\frac{1}{C}\, Q^2. \tag{5.64}$$

(Auf eine mathematisch vollständige Herleitung mit Einführung einer Integrationskonstanten wurde verzichtet; der Kondensator ist zu Beginn des Vorgangs ungeladen.) Dies ist aber mit $C = Q/U$ auch

$$W = \frac{1}{2}QU. \tag{5.65}$$

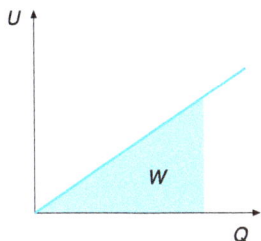

Abb. 5.32: Spannung U und Ladung Q beim Aufladen eines Kondensators.

Trägt man die Spannung des Kondensators während des Anwachsens der Ladung auf, erhält man den in Abb. 5.32 gezeigten Zusammenhang. Die verrichtete Arbeit ist die Fläche unter dem Funktionsgraphen, was mit dem Ergebnis der Berechnung übereinstimmt.

Diese Arbeit wird am Feld des Kondensators verrichtet. In demselben Maß steigt daher die Energie des Kondensators E_C (oder genauer die seines Feldes). Mit $Q = CU$ ergibt sich:

$$E_C = \frac{1}{2}QU \qquad (5.66)$$

$$= \frac{1}{2}CU^2. \qquad (5.67)$$

Energie des geladenen Kondensators: Die Energie eines mit der Spannung U geladenen Kondensators der Kapazität C ist

$$E_C = \frac{1}{2}CU^2. \qquad (5.68)$$

Der so am Beispiel des Plattenkondensators hergeleitete Zusammenhang gilt für alle Formen von Kondensatoren.

5.13 Anhang: Multiplikation von Vektoren

Darstellung von Vektoren

Vektorielle Größen tauchen in allen Teilgebieten der Physik auf. Besonders bedeutsam sind sie auch bei der Darstellung von Kräften und Feldern in der Elektrizitätslehre. Dieser Abschnitt dient zur Illustration, wie die üblichen mathematischen Operationen auf Vektoren angewandt werden können.

Ein Vektor, wie etwa die Verschiebung, hat Betrag und Richtung. Vektoren werden mit einem übergestellten Pfeil ($\vec{r}$) oder im Druck (wie alle Größen kursiv und) fett (**r**) dargestellt. Ein Vektor lässt sich durch seine Komponenten wiedergeben, welche die Richtungen der Achsen des rechtwinkligen Koordinatensystems haben. Dazu benutzt man die Einheitsvektoren dieser Achsen $\vec{e}_x$, $\vec{e}_y$ und $\vec{e}_z$:

$$\vec{A} = (A_x, A_y, A_z) \text{ (Koordinantendarstellung)}$$
$$= A_x\vec{e}_x + A_y\vec{e}_y + A_z\vec{e}_z. \text{ (Komponentendarstellung)}$$

Das Produkt $A_x \vec{e}_x$ ist selbst wieder ein Vektor. A_x ist die Koordinate in x-Richtung: $A_x = \vec{A} \cdot \vec{e}_x$. Der Ausdruck $A_x \vec{e}_x + A_y \vec{e}_y + A_z \vec{e}_z$ ist *nicht* die Summe der Beträge (sondern eben der Vektor $\vec{A}$).

Richtungsumkehr

Der zu

$$\vec{A} = (A_x, A_y, A_z)$$

in jeder Dimension umgekehrt gerichtete Vektor ist

$$-\vec{A} = (-A_x, -A_y, -A_z).$$

Produkt aus einem Vektor und einem Skalar

Das Produkt $m\vec{A}$ ist ein Vektor mit m-facher Länge in Richtung von $\vec{A}$.

Betrag eines Vektors

Der Betrag eines Vektors (vgl. Abb. 5.33) ist seine Länge

$$|\vec{A}| = A = \sqrt{A_x^2 + A_y^2 + A_z^2},$$

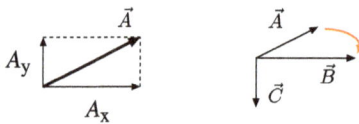

Abb. 5.33: Links: Berechnung des Betrags eines Vektors bei $\vec{A}_z = 0$. Rechts: Richtung des Vektorprodukts $\vec{C}$ zweier Vektoren $\vec{A}$ und $\vec{B}$.

Produkt zweier Vektoren

Das Produkt zweier Vektoren kann auf zwei Arten ausgeführt werden; in dem einen Fall erhält man einen Skalar (*Skalarprodukt*), in dem anderen einen Vektor (*Vektor-* oder *Kreuzprodukt*). In beiden Fällen ist der von den Vektoren eingeschlossene Winkel α von Bedeutung.

Das Skalarprodukt wird geschrieben

$$\vec{A} \cdot \vec{B} = AB \cos(\alpha).$$

Das Skalarprodukt ist am größten, wenn $\alpha = 0°$ ist ($\cos(\alpha) = 1$), und am kleinsten für einen Winkel von $\alpha = 90°$ ($\cos(\alpha) = 0$). Ein Beispiel hierfür ist die mechanische Arbeit (bei einer Kraft von konstantem Betrag)

$$W = \vec{F} \cdot \vec{r}.$$

Der Betrag des Skalars kann auch durch die Addition der Produkte der Komponenten berechnet werden:

$$\vec{A} \cdot \vec{B} = A_x B_x + A_y B_y + A_z B_z.$$

Das Vektorprodukt

$$\vec{C} = \vec{A} \times \vec{B}$$

ist ein Vektor mit folgenden Eigenschaften:
- $\vec{C}$ steht senkrecht auf der Fläche, die von $\vec{A}$ und $\vec{B}$ gebildet wird.
- Der Betrag $|\vec{C}|$ entspricht der Fläche des Parallelogramms, das von $\vec{A}$ und $\vec{B}$ gebildet wird.
- Die Richtung von $\vec{C}$ ist so, dass in dieser Richtung gesehen die kürzeste Drehung von $\vec{A}$ nach $\vec{B}$ im Uhrzeigersinn ist (Rechtsschraube; vgl. Abb. 5.33).

Ein Beispiel hierfür ist das Drehmoment $\vec{M}$, das aus denselben Größen wie die Arbeit, aber eben als Vektorprodukt gebildet wird:

$$\vec{M} = \vec{F} \times \vec{r}.$$

Der Betrag des resultierenden Vektors kann mit Hilfe des eingeschlossenen Winkels α berechnet werden:

$$|\vec{C}| = C = AB \sin(\alpha).$$

Das Vektorprodukt ist am größten, wenn $\alpha = 90°$ ist ($\sin(\alpha) = 1$), und am kleinsten für einen Winkel von $\alpha = 0°$ ($\sin(\alpha) = 0$). Es gilt daher $\vec{e}_x \times \vec{e}_x = 0$ usw. und $\vec{e}_x \times \vec{e}_y = \vec{e}_z$ usw.

Außerdem gilt:

$$\vec{A} \times \vec{B} = -\vec{B} \times \vec{A}.$$

Projektion
Der Anteil des Vektors $\vec{A}$ in Richtung von $\vec{B}$ heißt Projektion auf $\vec{B}$; der Betrag ist $A \cos(\alpha)$, wenn $\vec{A}$ und $\vec{B}$ den Winkel α einschließen. Im rechtwinkligen Koordinatensystem sind die Beträge der Komponenten identisch mit der Projektion auf die jeweilige Achse:

$$A_x = \vec{e}_x \cdot \vec{A} = A \cos(\alpha).$$

Damit ergibt sich für die Summe zweier Vektoren:

$$\vec{C} = \vec{A} + \vec{B}$$

$$\Rightarrow \vec{e}_x \cdot \vec{C} = \vec{e}_x \cdot \vec{A} + \vec{e}_x \cdot \vec{B}$$

$$\Rightarrow C_x = A_x + B_x.$$

Entsprechend ist $C_y = A_y + B_y$ und $C_z = A_z + B_z$, d. h., jede Komponente der Summe ist die Summe der entsprechenden Komponenten der Summanden.

---

i **Ableitung einer vektoriellen Größe.** Auch die Ableitung von vektoriellen Größen wird in diesem Buch verwendet, weil sie gerade für Felder ein wichtiges Thema ist. So ist beispielsweise die Ableitung des Potentials nach dem Ort die elektrische Feldstärke (Gl. (5.31)):

$$\vec{E} = -\vec{\nabla}\phi$$

oder auch

$$\vec{E} = -\mathbf{grad}\ \phi.$$

Der mathematische Mechanismus kann allerdings in diesem Buch nicht angemessen erklärt werden. Einen anschaulichen Überblick bieten [27] und [32].

5.14 Aufgaben

1. Zeichnen Sie das elektrische Feld zwischen drei gleichnamig geladenen Kugeln. Sie können alternativ auch eines der zahlreichen Softwarehilfsmittel benutzen, die im Internet verfügbar sind. – Das Ergebnis entspricht weitgehend Abb. 5.14, nur muss eine dritte Ladung hinzugefügt werden. Eine Lösung zeigt Abb. 5.34.
2. Eine weitere Möglichkeit, das gemeinsame Feld zweier Ladungen grob zu veranschaulichen, besteht darin, die Diagonalen in allen Vierecken, die sich durch die Überlagerung der Feldlinien bilden, zu zeichnen. Zeichnen Sie auf diese Weise händisch oder mit einem Zeichenprogramm das Feld zweier gleichnamiger Ladungen und das Feld zweier ungleichnamiger Ladungen. – Das Ergebnis zeigt Abb. 5.35.
3. Eine punktförmige positive Ladung wird vor eine neutrale, sehr große, elektrisch leitende, geerdete Wand gebracht. Zwischen der Wand und der Ladung entsteht dabei eine Kraft.

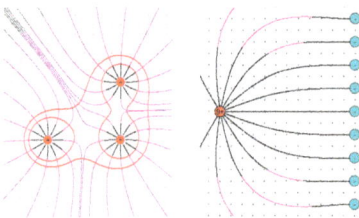

Abb. 5.34: Links: Feldlinien und Potentiallinien von drei gleichnamig geladenen Kugeln. Rechts: Feld zwischen einer positiven Ladung und der von ihr influenzierten Ladungen auf einer Metallplatte (erstellt mit [10]).

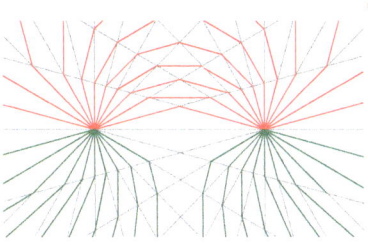

Abb. 5.35: Gemeinsames Feld zweier ungleichnamiger Ladungen (oben, rot), bzw. zweier gleichnamiger Ladungen (unten, grün). Erstellt mit *GeoGebra* [8].

- Wieso entsteht diese Kraft? – Durch die Ladung findet eine Ladungsverschiebung in der Wand statt. Die negativen Ladungen ordnen sich dabei gegenüber der positiven Ladung an, und es entsteht eine anziehende Kraft zwischen der Wand und der positiven Ladung (Abb. 5.34).
- Die Kraft ist dieselbe, wie wenn hinter der Wand eine weitere Ladung (die *Spiegelladung*) wäre und zwar im selben Abstand, wie sich die wirkliche Ladung vor der Wand befindet. Wieso ist dies so? – Die Feldlinien der positiven Ladung enden senkrecht auf der Wand. (Wäre dies nicht so, bliebe eine Kraftkomponente längs der Wand, die die Ladungen so weit verschiebt, bis die Feldlinien senkrecht auf der Wand stehen.)
- Wie ändert sich die Energie des Systems, wenn der Abstand zwischen Ladung und Wand verdoppelt wird? – Beim Verdoppeln des Abstandes zur Wand verdoppelt sich auch die Entfernung zwischen Ladung und Spiegelladung. Daher verdoppelt sich auch die Energie des Systems (vgl. Gl. (5.44)).

6 Bewegung von Ladungen im elektrischen Feld

Die Flugbahn von Elektronen im elektrischen Feld eines Kondensators lässt sich in einer evakuierten Röhre an einem Leuchtschirm beobachten.

6.1 Phänomene

Ein Gewitter ist die eindrücklichste elektrische Naturerscheinung (Abb. 6.1; vgl. auch Abschnitt 4.5). Bei einer solchen Entladung werden Elektronen durch das elektrische Feld so stark beschleunigt, dass sie die Luft ionisieren. Diese wird dadurch elektrisch leitfähig.

Abb. 6.1: Künstlerische Darstellung eines Gewitters auf einer Mauer in Greystones, Irland.

6.2 Elektrisches Längsfeld

Wird eine Ladung in ein elektrisches Feld gebracht, so wird sie längs der Feldlinien beschleunigt, wobei das Feld an der Ladung Arbeit verrichtet und dabei seine Energie sinkt (vgl. Abschnitt 5.6). Auf diese Weise kommt auch der elektrische Strom im Leiter zustande, allerdings wird durch den Leiterwiderstand unmittelbar ein Zustand erreicht, bei dem die Elektronen mit konstanter Geschwindigkeit fließen.

In einer Röhre unter stark vermindertem Gasdruck hingegen können freie Ladungen weite Strecken zurücklegen, ohne durch einen Stoß mit einem Gasatom oder Gasmolekül abgebremst zu werden. Dabei erreichen sie große Geschwindigkeiten.

Ladungsträger mit der Masse m werden nach dem aus der Mechanik bekannten Newton'schen Kraftgesetz beschleunigt, wobei $\vec{F}$ die im elektrischen Feld auf die Ladung wirkende Kraft ist. Sowohl die Kraft $\vec{F}$, als auch die Beschleunigung $\vec{a}$, die durch sie hervorgerufen wird und mit ihr gleichgerichtet ist, sind vektorielle Größen. Die folgenden Berechnungen werden in zweidimensionaler Koordinatendarstellung durchgeführt, d. h., es werden die Beträge der vektoriellen Größen in Richtung der Koordinatenachsen betrachtet, also z. B. der Wegabschnitt x und die Beschleunigung a_x in dieselbe Richtung.

Zu Beginn berechnen wir die Energie, die eine Ladung bei der Beschleunigung im homogenen elektrischen Feld erhält. Die erforderliche Argumentation wurde beim Betrachten des Transports einer Ladung im Feld oder auch in der Zuleitung vorbereitet.

https://doi.org/10.1515/9783110495768-006

Es gilt:

$$F = ma. \tag{6.1}$$

Wenn die Kraft in x-Richtung wirkt, ist das Resultat eine Beschleunigung a_x in x-Richtung, so dass sich die Ortskoordinate der Ladung ändert:

$$x(t) = x_0 + v_{x0}t + \frac{1}{2}a_x t^2, \tag{6.2}$$

mit x_0, dem Startort der betrachteten Bewegung, und v_{x0}, einer möglichen Anfangsgeschwindigkeit.

Die Arbeit zum Beschleunigen der Ladung wird vom Feld aufgebracht (vgl. Gl. (5.18)); dabei erhält die Ladung eine kinetische Energie mit demselben Betrag. Wir berechnen diese Energie aus Sicht der Ladung:

$$E_{\text{Ladung}} = \Delta E_{\text{pot}}, \tag{6.3}$$

und mit $\Delta E_{\text{pot}} = qE\,\Delta x$ (Betragsform von Gl. (5.22) für endliche Wegabschnitte) erhält man für die Energie der beschleunigten Ladung

$$E_{\text{Ladung}} = qE\,\Delta x. \tag{6.4}$$

Wenn die Ladung den gesamten Abstand d zwischen den Platten durchläuft, ist $\Delta x = d$ und mit $U = E\,d$ (Gl. (5.36)) schließlich

$$E_{\text{Ladung}} = qU, \tag{6.5}$$

analog zur verrichteten Arbeit (Gl. (5.38)). Werden Elektronen beschleunigt, so wird hieraus

$$E_{\text{Elektron}} = eU. \tag{6.6}$$

Für die Energie von beschleunigten Ladungen wird häufig die Einheit 1 eV verwendet (vgl. Abschnitt 5.6). Dies ist die Energie einer Elementarladung, die eine Spannung von $U = 1\,\text{V}$ durchlaufen hat. Es gilt $1\,\text{eV} \approx 1{,}6 \cdot 10^{-19}\,\text{A s V} = 1{,}6 \cdot 10^{-19}\,\text{J}$.

Kathodenstrahlröhre

Technische Verwendung findet die Beschleunigung von Elektronen in einer *Kathodenstrahlröhre*. In einem Glaskolben, der evakuiert worden ist (es gibt noch Restgas unter stark vermindertem Druck), treten Elektronen aus einer beheizten Kathode aus und verbleiben als *Raumladung* zunächst in ihrer Nähe. Befindet sich in der Nähe eine Anode mit positivem Potential gegenüber der Kathode, so werden die Elektronen durch das elektrische Feld zu dieser hin beschleunigt (Abb. 6.2). Die Beschleunigungsspannung beträgt dabei typischerweise einige hundert oder tausend V. Das Heizen der

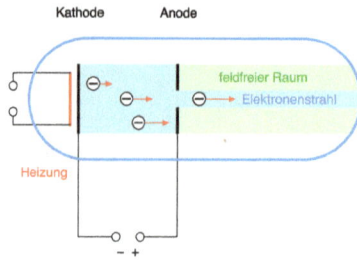

Abb. 6.2: Kathodenstrahlröhre.

Kathode ist erforderlich, um den Elektronen genügend Energie zu geben, da für das Verlassen der Kathode eine Austrittsarbeit notwendig ist. An der Anode erreichen die Elektronen ihre maximale Geschwindigkeit. Sie ist durchbohrt, so dass ein Teil der Elektronen nicht von ihr aufgefangen wird, sondern durch das Loch in den Raum hinter ihr eintritt und dort mit konstanter Geschwindigkeit weiterfliegt. Die Elektronen bilden dann ein dünnes Bündel, und man spricht von einem *Elektronenstrahl*. Durch einen *Wehnelt-Zylinder* kann der Elektronstrahl zusätzlich gebündelt werden. Die gesamte Anordnung wird auch *Elektronenkanone* genannt.

Die Bewegung der Elektronen endet schließlich, wenn sie auf die Glaswand der Röhre auftreffen. Diese kann mit einer Leuchtschicht belegt sein; der auftreffende Elektronenstrahl bewirkt dann einen Leuchtfleck. Der Elektronenstrahl kann auf seinem Weg durch ein elektrisches oder ein magnetisches Feld abgelenkt werden (Experiment 6.1, 6.2).

Experiment 6.1: In einer Kathodenstrahlröhre werden Elektronen beschleunigt und treffen anschließend auf einen Leuchtschirm. Der Auftreffort kann durch einen in die Nähe gehaltenen durch Reibung geladenen Stab beeinflusst werden.

Experiment 6.2: Mit *Cinderella* kann das Experiment modelliert werden. Hierfür werden sowohl für die Kathode als auch für die Anode Ladungen dicht nebeneinander angeordnet. Die zusätzlich eingebrachte freie Ladung wird beim Start der Animation beschleunigt (Abb. 6.3).

In dieser einfachen Modellierung ist allerdings der Raum hinter der Anode nicht vollständig feldfrei.

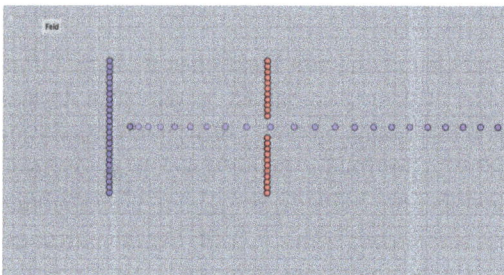

Abb. 6.3: Beschleunigung von Elektronen in einer Elektronenröhre, dargestellt mit der Geometriesoftware *Cinderella* [29].

Die Geschwindigkeit, die die Elektronen infolge der Beschleunigung erreichen, kann durch Gleichsetzen der Energie, die die Elektronen im elektrischen Feld erhalten (Gl. (6.6)), mit der kinetischen Energie berechnet werden:

$$E_{\text{Elektron}} = E_{\text{kin}} \tag{6.7}$$

$$\Rightarrow eU = \frac{1}{2} m_e v^2 \tag{6.8}$$

$$\Rightarrow v = \sqrt{2 \frac{eU}{m_e}}. \tag{6.9}$$

Hierbei ist $m_e \approx 9{,}1 \cdot 10^{-31}$ kg die Masse eines Elektrons.

Elektronenröhre: Elektronen, die in einem elektrischen Feld mit der Spannung U beschleunigt werden, erhalten die Geschwindigkeit mit dem Betrag

$$v = \sqrt{2 \frac{eU}{m_e}}. \tag{6.10}$$

Dieser Zusammenhang gilt auch für die Beschleunigung anderer Ladungsträger, wenn deren Ladung q und Masse m bei der Berechnung verwendet wird.

Feldfreier Raum. Verbreitet ist die Vorstellung, dass die Elektronen im Raum hinter der Anode wieder umkehren müssten, da die Anode ja positiv geladen ist und die Elektronen wieder anzieht. Dies ist jedoch nicht richtig.

Hier bewährt sich die Beschreibung mit der Feldvorstellung: Das Feld nämlich ist nur zwischen Kathode und Anode aufgespannt. Der Raum hinter der Anode ist feldfrei, daher erfahren die Elektronen dort keine Kraft.

Für die Argumentation stellt man sich vor, das Feld würde durch zwei Platten gebildet, die unendlich weit in der y/z-Ebene aufgespannt sind und den Abstand x voneinander haben. Befindet sich die positive Platte zunächst allein im Raum, so gehen von ihr parallele Feldlinien aus, die unendlich weit in x und $-x$-Richtung reichen. Diese Platte besitzt ein homogenes Feld. Auf der negativ geladenen Platte allein im Raum enden dagegen die Feldlinien ihres homogenen Feldes. Werden die beiden Platten parallel zueinander aufgestellt, so addieren sich beide Felder im Innern, da die Feldlinien dieselbe Richtung aufweisen. Im Außenraum ist die resultierende Feldstärke dagegen 0, da die beiden Felder entgegengesetzt sind (vgl. S. 91).

Geschwindigkeit eines Elektrons in der Kathodenstrahlröhre. Die Geschwindigkeit, die ein Elektron in der Kathodenstrahlröhre erhält, wächst mit der angelegten Beschleunigungsspannung. Einfache Hochspannungsnetzgeräte stellen Spannungen im Bereich von einigen kV bereit. Bei einer Beschleunigungsspannung von $U = 3\,000$ V ergibt sich so eine Geschwindigkeit von

$$v = \sqrt{\frac{2 \cdot 1{,}6 \cdot 10^{-19}\, \text{As} \cdot 3\,000\, \text{V}}{9{,}1 \cdot 10^{-31}\, \text{kg}}} \approx 2{,}3 \cdot 10^7\, \text{m/s}, \tag{6.11}$$

also bereits etwa 10 % der Lichtgeschwindigkeit. Der Vorgang muss dann *relativistisch* betrachtet werden: Die Vergrößerung der Beschleunigungsspannung und damit der aufgewendeten Energie führt zunehmend zu einer nicht mehr entsprechend stark wachsenden Geschwindigkeit, sondern zu einer Erhöhung der Masse der Elektronen.

In einem elektrischen Feld lassen sich auch Protonen oder ionisierte Atome beschleunigen, dann in Richtung der Kathode. Da die Masse dieser Teilchen viel größer ist, muss auch die Beschleunigungsspannung entsprechend größer sein, um auf eine vergleichbare Geschwindigkeit zu kommen. Dies erreicht man, indem die Teilchen mehrfach ein elektrisches Feld durchlaufen.

Bei einem solchen *Linearbeschleuniger* werden mehrere hintereinanderliegende Röhren (*Driftröhren*) mit Wechselspannung versorgt. So wird z. B. ein Proton aus der ersten Röhre in Richtung der zweiten beschleunigt, wenn zu Beginn das elektrische Feld zwischen diesen beiden von links nach rechts weist (Abb. 6.4). Während das Proton dann den feldfreien Raum innerhalb der zweiten Röhre durchläuft, wird die Spannung umgepolt, so dass das Proton nach Verlassen der zweiten Röhre weiter nach rechts beschleunigt wird. Da eine Wechselspannung konstanter Frequenz angelegt wird, die beschleunigten Teilchen aber immer schneller werden, während die zum Umpolen benötigte Zeit gleich bleibt, müssen die einzelnen Röhren immer länger werden.

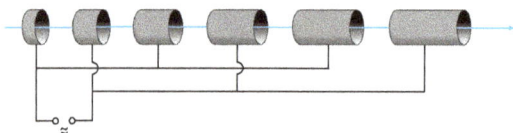

Abb. 6.4: Linearbeschleuniger.

Abb. 6.5: Driftröhren-Linearbeschleuniger zur Verwendung in der Tumortherapie (Bildausschnitt etwa 15 cm, Modell im Maßstab 1:2).

Ladungstransport in Gasen

In einer mit Luft gefüllten Röhre wird zwischen der ungeheizten Kathode und der Anode eine Spannung von mehreren kV angelegt (Exp. 6.3). Die Röhre wird dann evakuiert. Dabei ist zunächst ein bläuliches Leuchten in der Nähe der Kathode zu erkennen. Bei weiterer Verringerung des Drucks leuchtet nahezu die gesamte Röhre in einer orangeroten Säule, die anschließend in mehrere Scheiben zerfällt. Grund für diese Leuchterscheinungen ist, dass bei hinreichend großer Spannung auch ohne Beheizen Elektronen aus der Kathode austreten können (*Feldemission*). Die beschleunigten Elektronen stoßen mit Gasatomen und regen diese an oder ionisieren sie (*Stoßionisation*). Beim Rekombinieren und beim Rückkehren in den Grundzustand sendet das Atom Licht aus. Bei einer Stoßionisation können auch mehrere Elektronen frei werden, die dann selbst wieder beschleunigt werden und stoßen können. Auch durch zur Kathode beschleunigte Ionen können dort weitere Elektronen ausgelöst werden. Die Erscheinungen bei einer solchen Gasentladungen sind sehr vielfältig und hängen von der angelegten Spannung, dem Gasdruck und vom Gas selbst ab. Anwendungen sind:

- *Glimmlampen* sind meist mit dem Edelgas Neon gefüllt; sie werden oft als Anzeigelampen, z. B. in Steckdosenleisten benutzt. Die Elektroden sind mit einem Metall mit niedriger Austrittsarbeit überzogen und eng benachbart, so dass die Gasentladung bei einer Spannung von etwa 100 V beginnt. Auch in einem Phasenprüfer für den Außenleiter (vgl. Abschnitt 2.6) wird eine Glimmlampe benutzt.
- Früher waren die Buchstaben einer Leuchtreklame oft direkt aus Gasentladungsröhren geformt. Für einen roten Schriftzug kann dafür eine klare, nicht gefärbte Glasröhre benutzt werden, die – wie die Glimmlampe – mit Neon gefüllt ist. Daher stammt der Begriff *Neonröhre*, der oft, aber unzutreffend auch für andere Gasentladungslampen benutzt wird.
- Eine *Leuchtstofflampe* enthält eine geringe Menge Quecksilber, das zum Teil gasförmig vorliegt. Mit den Quecksilberatomen findet eine Gasentladung statt, wobei ultraviolettes Licht entsteht. Dieses regt die Leuchtschicht auf der Glasröhre zum Emittieren von sichtbarem Licht an.
- Zwischen zwei Elektroden kann eine *Bogenentladung* gezündet werden. Dies geschieht gegebenenfalls auch unbeabsichtigt, wenn in Luft unter Normaldruck zwei Elektroden dicht benachbart sind und eine ausreichend hohe Spannung anliegt. Die Durchschlagfestigkeit der trockenen Luft bei Normaldruck liegt für Gleichspannung bei etwa 2–3 kV/mm, bei Wechselspannung darunter. Wird eine Entladung gezündet, wird durch den dabei fließenden hohen Strom die Kathode so stark erhitzt, dass neue Elektronen durch Glühemission frei werden. Dann können die Elektroden auseinandergezogen werden, ohne dass die Entladung sofort abreißt. Funkenentladungen sind kurzzeitige Bogenentladungen. Auch ein Gewitterblitz ist eine solche Funkenentladung.

Wird der Druck in der in Experiment 6.3 verwendeten Röhre weiter verringert, so steigt die *freie Weglänge* an: Die Elektronen legen einen weiteren Weg zurück, ohne ein Gasatom zu stoßen. Dies ist der Grund dafür, dass aus der orangefarbenen Säule einzelne leuchtende Scheiben entstehen, deren Abstand zueinander anwächst. Bei noch geringerem Druck finden nahezu keine Stöße mit den Gasatomen statt, und die Elektro-

Abb. 6.6: Gasentladungsröhre, an deren Auslass eine Vakuumpumpe angeschlossen ist. An die Elektroden wird eine Spannung von mehreren kV angelegt.

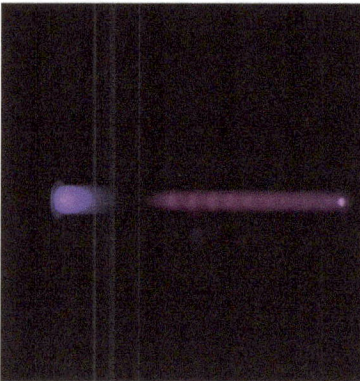

Abb. 6.7: Gasentladungsröhre aus Abb. 6.6 in Betrieb. Erkennbar sind die Zonen, in denen Elektronen inelastisch mit den Gasmolekülen stoßen.

nen erreichen ungestört die Anode. In manchen Röhren für physikalische Experimente sind die Elektroden durchbohrt. Die Elektronen erreichen dann die Glaswand und bringen den aufgebrachten Leuchtstoff zum Leuchten.

Experiment 6.3: An die beiden Elektroden einer Gasentladungsröhre (Abb. 6.6) wird eine Hochspannung angelegt. Die Röhre wird evakuiert, wobei sich nacheinander verschiedene Zustände einer Gasentladung einstellen (Abb. 6.7).

6.3 Elektrisches Querfeld

Ablenkung durch ein elektrisches Feld

Einmal in x-Richtung beschleunigte Elektronen behalten in einer evakuierten Röhre Betrag und Richtung ihrer Geschwindigkeit bei; ohne eine weitere Kraft bewegen sie sich geradlinig gleichförmig weiter. Durchfliegen sie dann das in y-Richtung stehende elektrische Feld eines Plattenkondensators, werden sie abgelenkt (Experiment 6.4).

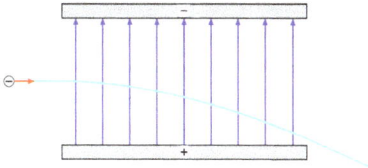

Abb. 6.8: Ein Elektron tritt in das elektrische Feld eines Kondensators ein, das senkrecht zu seiner Ausbreitungsrichtung steht. Das Feld ist im Wesentlichen homogen.

Experiment 6.4: In einer speziellen Elektronenröhre werden Elektronen beschleunigt und durchlaufen dann das quer zu ihrer Bewegungsrichtung verlaufende elektrische Feld eines Kondensators. Die Abbildung zu Beginn dieses Kapitels zeigt eine solche Röhre. Die Elektronen werden im linken Teil der Röhre nach rechts in das senkrechte Feld eines Kondensators beschleunigt. Im Kondensator ist ein Leuchtschirm aufgespannt, auf den die Elektronen streifend auftreffen.

Die in das Feld des Kondensators eintretenden Elektronen erfahren eine Kraft, die unabhängig davon ist, wo im Kondensator sie sich befinden. Diese Kraft weist bei der in Abb. 6.8 gewählten Orientierung des Feldes nach unten. Die Elektronen verhalten sich daher wie eine Kugel beim horizontalen Wurf. In Tab. 6.1 sind die Bewegungsgleichungen für das Elektron analog zu denen einer Kugel beim Wurf aufgeführt. Hierbei ist e die Elementarladung und m_e die Masse des Elektrons. Die folgenden Überlegungen gelten aber auch, wenn andere Ladungsträger, wie z. B. Ionen beschleunigt werden. Es muss dann deren Masse und Ladung eingesetzt werden. Einsetzen von (1) in (2) aus Tab. 6.1 ergibt

$$y = \frac{1}{2} \frac{a_y \, x^2}{v_x^2} \tag{6.12}$$

und mit (3) aus Tab. 6.1

$$y = \frac{1}{2} \frac{U_y \, e}{m_e \, d \, v_x^2} x^2, \tag{6.13}$$

also eine Funktion $y \sim x^2$, deren Graph eine Parabel ist. Dies entspricht der Wurfparabel beim horizontalen Wurf.

Bevor es in den Kondensator eintritt, wurde das Elektron in x-Richtung durch die Spannung U_x beschleunigt, wodurch es die Geschwindigkeit

$$v_x = \sqrt{2 \frac{e U_x}{m_e}},$$

Tab. 6.1: Bewegungsgleichungen für ein Elektron im Querfeld.

	x-Richtung	y-Richtung
Beschleunigung	$a_x = 0$	$a_y = \frac{F}{m_e} = \frac{Ee}{m_e} = \frac{U_y e}{m_e d}$ (3)
Geschwindigkeit	$v_x = v_{x0}$	$v_y = a_y t; v_{y0} = 0$
Weg	$x = v_x t$ (1)	$y = \frac{1}{2} a_y t^2$ (2)

erhielt (vgl. Gl. (6.10)). Einsetzen in Gl. (6.12) liefert schließlich

$$y = \frac{1}{2}\frac{eU_y}{m_e\,d}\frac{m_e}{2\,eU_x}x^2 \qquad\qquad (6.14)$$

$$= \frac{1}{4}\frac{U_y}{U_x}\frac{x^2}{d}. \qquad\qquad (6.15)$$

Die Bahnkurve ist unabhängig von e und m_e; diese Größen können also in diesem Experiment nicht bestimmt werden.

Kathodenstrahloszilloskop

Die Ablenkung der Elektronen in y-Richtung ist zur angelegten Spannung U_y proportional. Dies wird in einem herkömmlichen, analogen (Kathodenstrahl-) *Oszilloskop* genutzt (Abb. 6.9). Dabei werden Elektronen in x-Richtung beschleunigt und treffen auf einen Leuchtschirm in der y/z-Ebene. Durch eine wiederkehrend ansteigende und dann plötzlich auf null fallende Spannung an einem Kondensator in z-Richtung, die *Kippspannung*, beschreiben die Elektronen wiederkehrend eine waagerechte Linie auf dem Leuchtschirm. Ein weiterer Kondensator ist so eingebaut, dass sein Feld in y-Richtung weist. An ihn wird das zu untersuchende Spannungssignal angelegt, das zu einer entsprechenden Ablenkung in y-Richtung führt. Da der Elektronenstrahl praktisch trägheitslos reagiert, können so auch schnell veränderliche elektrische Signale dargestellt werden.

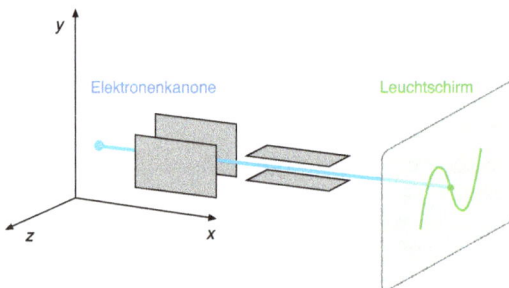

Abb. 6.9: Anordnung der Ablenkkondensatoren in einem Oszilloskop.

Oszilloskope spielen auch heute noch eine wichtige Rolle zur Untersuchung des Verhaltens von elektronischen Bauteilen und Schaltungen. Allerdings ist das Kathodenstrahloszilloskop nahezu vollständig durch elektronische Oszilloskope verdrängt worden, bei denen das Signal kurzzeitig aufgenommen und auf einem Monitor ausgegeben wird.

6.4 Aufgaben

1. Beim *Franck-Hertz-Versuch*, einem wichtigen Experiment zur Entwicklung unserer Atomvorstellung, werden Elektronen mit einer Spannung U_x beschleunigt, bewegen sich dann durch Quecksilberdampf und führen Stöße mit den Quecksilberatomen durch. Für die Durchführung des Experiments erhielten *James Franck* (1882–1964) und *Gustav Hertz* (1887–1975) im Jahr 1925 den Nobelpreis für Physik. Die Interpretation des Ergebnisses wurde von *Niels Bohr* (1885–1962) gegeben; heute liegt eine ausführlichere Beschreibung für die Stoßvorgänge vor. Die Elektronen führen zunächst elastische Stöße durch. Erst bei einer Beschleunigungsspannung von rund 5 V kommt es zu unelastischen Stößen, bei denen die Elektronen ihre Energie an die Quecksilberatome abgeben, um diese anzuregen. Dies ist ein Zeichen dafür, dass ein Atom Energie nur in ganz bestimmten Portionen aufnehmen kann. Welche Geschwindigkeit haben die Elektronen, wenn sie eine Beschleunigungsspannung von diesem Betrag durchlaufen haben? – Nach Gl. (6.10) ist die Geschwindigkeit der Elektronen

$$v = \sqrt{2\frac{eU_x}{m_e}} \approx \sqrt{2 \cdot \frac{1{,}602 \cdot 10^{-19}\,\text{C} \cdot 5\,\text{V}}{9{,}109 \cdot 10^{-31}\,\text{kg}}} \approx 1{,}33 \cdot 10^6\,\text{m/s}.$$

2. In einem Oszilloskop durchläuft ein Elektron, das mit einer Spannung von U_x = 150 V beschleunigt worden ist, einen Ablenkkondensator der Länge l = 1 cm und dem Plattenabstand d = 0,5 cm. An dem Ablenkkondensator liegt eine Spannung von U_y = 25 V an (Abb. 6.10). In welchem Abstand y trifft der Elektronenstrahl auf dem Schirm auf, der sich x = 12 cm hinter dem Ablenkkondensator befindet? (Die periodische Ablenkung durch die Kippspannung soll hier nicht betrachtet werden.) – Im Kondensator ergibt sich gemäß Gl. (6.15) eine Verschiebung des Austrittsortes der Elektronen um

$$y_1 = \frac{1}{4}\frac{U_y}{U_x}\frac{l^2}{d}. \tag{6.16}$$

Die Elektronen benötigen zum Durchfliegen des Kondensators die Zeit

$$t = \frac{l}{v_x}. \tag{6.17}$$

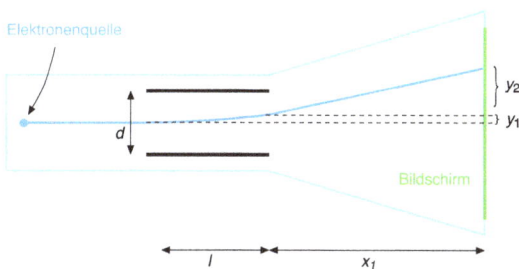

Abb. 6.10: Ablenkung des Elektronenstrahls in einem Oszilloskop.

In der Zeit t erreichen die Elektronen die Geschwindigkeit (vgl. Tab. 6.1)

$$v_y = at = \frac{U_y\,e}{m_e\,d}t = \frac{U_y\,e}{m_e\,d}\frac{l}{v_x}. \tag{6.18}$$

Hinter dem Ablenkkondensator bewegen sich die Elektronen sowohl in x-Richtung als auch in y-Richtung mit konstanter Geschwindigkeit. Daher gilt mit Gl. (6.10):

$$\frac{v_y}{v_x} = \frac{y_2}{x_1} = \frac{U_y\,e}{m_e\,d}\frac{l}{2eU_x/m_e} = \frac{U_y}{U_x}\frac{l}{2d}. \tag{6.19}$$

Damit ist die Gesamtablenkung

$$y_1 + y_2 = \frac{U_y}{U_x}\frac{l^2}{4d} + \frac{U_y}{U_x}\frac{lx_1}{2d} = \frac{U_y}{U_x}\frac{l^2 + 2lx}{4d} \tag{6.20}$$

$$= \frac{25\,\text{V}}{150\,\text{V}} \cdot \frac{1\cdot 10^{-4}\,\text{m}^2 + 2\cdot 10^{-2}\,\text{m}\cdot 12\cdot 10^{-2}\,\text{m}}{4\cdot 10^{-2}\,\text{m}} \tag{6.21}$$

$$\approx 1\,\text{cm}. \tag{6.22}$$

7 Das magnetische Feld

Ein Graphitblättchen schwebt über einer Anordnung von vier würfelförmigen Magneten.

7.1 Phänomene

Magnete sind Alltagsgegenstände, man befestigt mit ihnen Notizen an einer Blechwand, oder sie dienen dazu, eine Spielzeuglokomotive mit ihren Wagen zu koppeln. Das gelingt, weil schon kleine Magnete eine relativ starke, dauerhafte Kraft auf bestimmte Metalle und andere Magnete ausüben. Auch die Anzeigenadel in einem Kompass ist ein Magnet. Sie richtet sich längs der Feldlinien des *magnetischen Feldes* der Erde aus (Abb. 7.1).

Abb. 7.1: Magnetnadel in einem Kompass.

Im Jahr 1820 verfasste der dänische Naturforscher Hans Christian Øersted (1777–1851) eine Arbeit mit dem Titel „Experimente zur Wirkung des elektrischen Stroms auf ein Magnetfeld" (Original in lateinischer Sprache) und brachte Elektrizität und Magnetismus in einen Zusammenhang, der zu einer sehr bedeutsamen Weiterentwicklung der bis dahin als getrennt betrachteten Gebiete führte und dabei auch den Begriff „Elektromagnetismus" begründete.

7.2 Magnetismus

Magnete

Jeder Magnet besitzt Bereiche, in denen die anziehende Kraft etwa auf eine Büroklammer besonders stark ist. Diese werden *Magnetpole* genannt. Ein einfacher Magnet hat zwei solcher Pole, er ist ein *Dipol*. Durch Experimente mit zwei Magneten stellt man fest, dass es je nach Orientierung der Magnete zu einer abstoßenden oder anziehenden Kraft zwischen diesen Bereichen kommen kann. Daraus folgert man, dass es zwei unterschiedliche Pole gibt. Diese werden *Nordpol* und *Südpol* genannt. Für manche Zwecke werden Magnete eingefärbt, in der Regel ist dann der Südpol grün und der Nordpol rot.

Magnete ziehen bestimmte Stoffe an, im Wesentlichen sind dies Eisen (Fe), Nickel (Ni) und Kobalt (Co). Diese werden als *ferromagnetisch* bezeichnet. Solche Stoffe kön-

https://doi.org/10.1515/9783110495768-007

nen *magnetisiert* werden, was bedeutet, dass sie in der Nähe eines Magneten selbst zum Magneten werden.

Umgekehrt bestehen die meisten einfachen Magnete aus diesen Materialien. Besonders starke Permanentmagnete können dagegen aus Metallen hergestellt werden, die zur Gruppe der *seltenen Erden* gehören (*Lanthanoide*); wegen der sehr hohen Anziehungskräfte muss mit ihnen vorsichtig umgegangen werden.

Magnetpole. Zwischen den Polen von Magneten gibt es anziehende und abstoßende Kräfte. Mit drei Stabmagneten kann man beweisen, dass sich ungleichnamige Pole anziehen und nicht etwa gleichnamige. – Die sechs Pole der drei Magnete werden mit a-b, c-d und e-f bezeichnet. Man stellt beispielsweise fest, dass sich a-c und b-d anziehen. Dann stoßen sich a-d und b-c ab. Wenn sich weiter a-e anziehen, müssten sich auch e-c anziehen, falls sich gleichnamige Pole anziehen. Das Experiment zeigt, dass dies nicht der Fall ist.

Elementarmagnetemodell

Erklärt wird dieses Verhalten im *Elementarmagnetemodell*. Danach beinhaltet ein ferromagnetischer Stoff Elementarmagnete, die man sich wie kleine Stabmagnete vorstellen darf (Abb. 7.2). Befindet sich ein Magnet in der Nähe, so richten sich die Elementarmagnete aus, wodurch der magnetisierte Körper selbst Magnetpole ausbildet. Die Elementarmagnete finden sich in der Kristallstruktur des Materials wieder. Sie sind Bestandteile der *Domänen* oder *Weiss'schen Bezirke*, die jeweils eine Größe von etwa $1\,mm^2$ haben. Sie sind selbst magnetisiert und ändern in der Nähe eines genügend starken Magneten ihre Polung. Die Magnetisierung der Bezirke geht auf das intrinsische magnetische Moment der Elektronen im Material, den *Spin*, zurück.

Mit dem Elementarmagnetemodell kann man erklären, weshalb die beiden Teile eines in der Mitte durchgebrochenen Stabmagneten selbst wieder zwei vollständige Magnete ergeben (Abb. 7.2) und nicht etwa zwei Monopole.

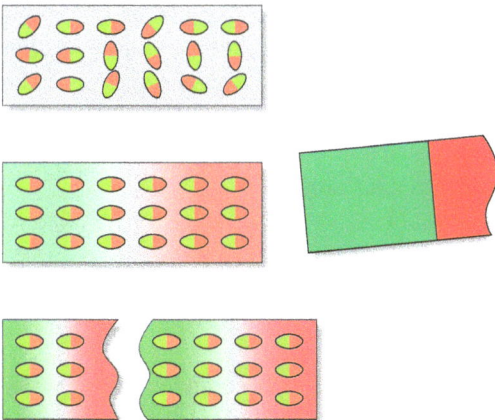

Abb. 7.2: Oben: Die Elementarmagnete in einem nicht magnetisierten, ferromagnetischen Körper sind ungeordnet (die Anordnung der Elementarmagnete in Domänen ist nicht berücksichtigt, siehe hierzu Abb. 7.3). Mitte: Bei Annäherung eines Magneten richten sich die Elementarmagnete aus. Unten: Wird der magnetisierte Körper geteilt, so erhält man zwei vollständige Magnete.

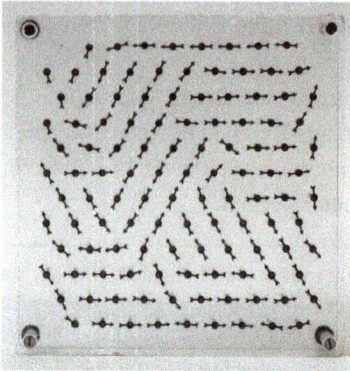

Abb. 7.3: Regelmäßig angeordnete Magnetnadeln veranschaulichen die Elementarmagnete eines magnetisierbaren Körpers. Die Magnetnadeln richten sich nicht willkürlich aus, sondern bilden durch ihre gegenseitigen Anziehungskräfte Bereiche aus, in denen sie gleichartig ausgerichtet sind. Diese Bereiche sind ein Modell für die *Domänen* (Weiss'schen Bezirke). Beim Annähern eines Magneten richten sich die Magnetnadeln nach dem äußeren Feld aus. (Manche der Magnetnadeln in dieser Anordnung sind nicht mehr vollständig.)

Magnete: Magnete besitzen stets mindestens je einen Nord- und einen Südpol. Es gibt keine magnetischen Monopole.

Durch das Ordnen der Elementarmagnete wird ein Körper zu einem Permanentmagneten. Dieser behält seine Magnetisierung eine gewisse Zeit bei. Diese *Remanenz* (*Restmagnetisierung*) ist abhängig vom Material. Durch Erschütterung oder Erhitzen kehren die Elementarmagnete in den ungeordneten Zustand zurück. Die Remanenz ist auch der Hintergrund der Funktionsweise magnetischer Datenträger, wie Computerfestplatten oder Tonbänder. Gemäß dem zu speichernden Signal werden Bereiche des Materials unterschiedlich stark magnetisiert. Diese Magnetisierung bleibt erhalten, auch wenn das äußere Magnetfeld durch den Schreibkopf nicht mehr vorhanden ist, und kann so zu einem späteren Zeitpunkt ausgelesen werden.

Stoffe, die nicht ferromagnetisch sind, sind meist entweder *paramagnetisch* oder aber *diamagnetisch*. In der Darstellung des Elementarmagnetemodells bedeutet dies: Paramagnetische Materialien besitzen Elementarmagnete, diese ordnen sich aber nicht in Domänen (Weiss'schen Bezirken) an. Paramagnetische Materialien werden ebenfalls in der Nähe eines Magneten magnetisiert, aber die Wirkung ist so schwach, dass sie im Alltag nicht bemerkt wird. Diamagnetische Stoffe dagegen werden von einem Magneten immer abgestoßen. Ein solches diamagnetisches Material ist Graphit. Das Graphitblättchen in der Abbildung am Anfang dieses Kapitels schwebt daher über den würfelförmigen Magneten. Weiter gibt es noch *antiferromagnetische* und *ferrimagnetische* Stoffe. Die Stoffe werden hinsichtlich ihrer Magnetisierbarkeit durch eine eigene Größe, die magnetische *Suszeptibilität* χ, beschrieben.

7.3 Magnetfeld

Magnetfeldlinien

Wie das elektrische Feld zeigt auch das magnetische Feld die Veränderung des Raums durch Körper, die eine Kraft hervorrufen. Zur Darstellung des Magnetfeldes zeichnet

man Feldlinien; diese geben die Richtung der Kraft auf einen magnetischen Probekörper an. In Experimenten zur Veranschaulichung des Magnetfeldes sind diese Probekörper magnetische Dipole, wie z. B. kleine Kompassnadeln, oder oft auch lediglich
Eisenfeilspäne, die erst im Magnetfeld zu Dipolen werden. Die Feldlinien stellen ähnlich wie im elektrischen Fall den magnetischen Fluss dar (vgl. 5.10), die Dichte der
Feldlinien gibt die Stärke des Magnetfeldes wieder (siehe Abb. 7.5). Sie werden so gezeichnet, dass sie im Außenbereich vom Nordpol des Magneten zum Südpol weisen.

Magnetische Dipole

Stärke und Richtung der anziehenden und abstoßenden Kraft eines Magneten im
Raum kann durch das Magnetfeld beschrieben werden (Experiment 7.1). Die meisten
gebräuchlichen Magnete sind Dipole, aber es gibt für bestimmte Zwecke auch Magnete mit einer größeren Zahl von Polen (vgl. Abb. 8.26). Für Experimente werden oft
Stabmagnete verwendet; auch eine Kompassnadel (Abb. 7.1) ist ein Stabmagnet.

Das magnetische Feld eines Hufeisenmagneten zeigt Abb. 7.6. Zwischen den beiden Schenkeln ist es einigermaßen homogen.

Experiment 7.1: Auf einen Stabmagneten wird eine Glasscheibe oder ein Blatt Papier gelegt. Darauf
werden Eisenfeilspäne gestreut. Diese werden im Feld magnetisiert, richten sich aus und bilden dabei
Ketten, die die Richtung des Feldes und damit die Feldlinien anzeigen (Abb. 7.4).

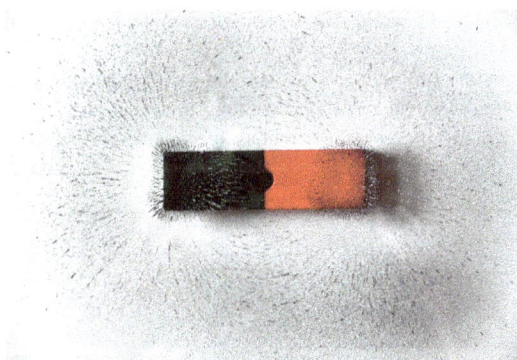

Abb. 7.4: Mit Eisenfeilspänen wird das Feld eines Stabmagneten angezeigt. Zwischen dem Magneten und den Eisenfeilspänen befindet sich eine Glasplatte.

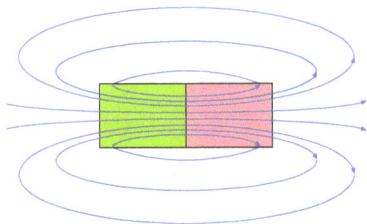

Abb. 7.5: Feld eines Stabmagneten. Magnetische Feld-
linien enden im allgemeinen nicht senkrecht auf der Oberfläche des Magneten.

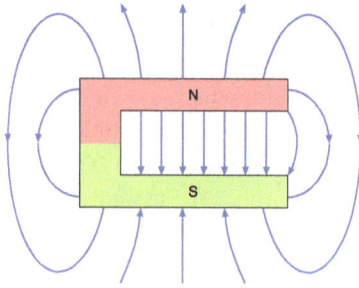

Abb. 7.6: Feld eines Hufeisenmagneten. Das Feld ist zwischen den beiden Schenkeln annähernd homogen.

Magnetisches Schweben

Die Kraft zwischen den beiden gleichnamigen Polen zweier Magnete kann ausreichend groß sein, um einen Körper in der Schwebe zu halten. Hierfür ist allerdings eine Führung notwendig (Experiment 7.2).

Experiment 7.2: Magnetisches Schweben
– Zwei oder mehr ringförmige Magnete, die durch einen Führungsstift daran gehindert werden, seitlich auszuweichen, schweben übereinander.
– Eine ferromagnetische Kugel schwebt unter einem Elektromagneten. (Dessen Wirkungsweise wird im folgenden Abschnitt 7.4 besprochen.) Die Kugel wird bei diesem Anschauungsobjekt nicht bis zum Elektromagneten herangezogen, da eine Steuerelektronik diesen geeignet ein- und ausschaltet. Die Führung besteht darin, dass die anziehende Kraft immer zurück zum Elektromagneten zeigt.
– Ein magnetischer Kreisel schwebt über einem Ringmagneten, da ein seitliches Wegkippen durch den Drehimpuls verhindert wird (Abb. 7.7).
– Ein Plättchen aus Graphit schwebt über einer Anordnung von würfelförmigen Permanentmagneten. Graphit ist diamagnetisch, d. h., es wird von jedem Magneten abgestoßen. Da sich das induzierte Magnetfeld immer entgegen dem äußeren Feld ausrichtet, ist hier keine weitere Stabilisierung notwendig (Abb. zu Beginn des Kapitels).

Abb. 7.7: Ein magnetischer Kreisel schwebt über einer Grundplatte, die einen Ringmagneten enthält. Der sich drehende Kreisel schwebt für eine Zeitdauer von bis zu einer Minute stabil, weil sein Drehimpuls ein seitliches Ausbrechen verhindert.

7.4 Magnetfeld stromdurchflossener Leiter

Anwendungen von Elektromagneten

Ein elektrischer Strom ruft ein Magnetfeld hervor, wie bereits Experiment 2.10 gezeigt hat. Dieses Magnetfeld wird zu verschiedenen Zwecken in Alltag und Technik genutzt. Die magnetische Wirkung tritt schon bei einem einzelnen Leiter auf, aber sie ist größer, wenn der Leiter zu einer Spule gewickelt wird (Experiment 7.3), und nochmals, wenn diese Spule einen Kern aus ferromagnetischem Material besitzt. Ein solcher Elektromagnet wird in der notwendigen Größe z. B. verwendet, um Metallschrott mit einem Kran zu verladen, denn im Gegensatz zu einem Permanentmagneten kann der Elektromagnet ein- und ausgeschaltet werden.

Experiment 7.3: Schon in Experiment 2.10 war zu sehen, dass ein isolierter Kupferdraht, der um einen Eisennagel gewickelt wurde, zu einem Elektromagneten wird, wenn er vom Strom durchflossen wird. Um einen stärkeren Elektromagneten zu erhalten, muss man möglichst viele Windungen um den Kern legen. Dafür verwendet man Draht, der lackisoliert ist. Die Lackschicht muss an den Enden für den Anschluss der Elektrizitätsquelle entfernt werden. Einen starken Elektromagneten erhält man auch, wenn man zwei Spulen mit entgegengesetzter Polung am oberen Ende mit einem Eisenstück magnetisch verbindet (Abb. 7.8). Für die magnetische Polung der Spule ist die Wicklungsrichtung und die Stromrichtung entscheidend (vgl. Abb. 7.13).

Auch ein Lautsprecher enthält eine stromdurchflossene Spule. Der Spulenkern ist mit dem Lautsprechergehäuse verbunden, die Spule selbst mit der Lautsprechermembran. Wird sie von einem Strom durchflossen, der mit dem Signal moduliert ist, so bewegt sie sich mit diesem Signal, und die Membran gibt die Schwingung als Schall ab.

Auf der magnetischen Wirkung beruht auch die Funktionsweise einer herkömmlichen elektromechanischen Türklingel. Ein kleiner Elektromagnet zieht bei geschlossenem Stromkreis den *Anker* der Türklingel an, der daraufhin gegen die Glocke schlägt. Dabei wird der Stromkreis geöffnet, der Elektromagnet lässt den Anker elastisch in seine Ruhelage zurückkehren (Abb. 7.9). Dadurch schließt sich erneut der Stromkreis. Diese Verwendung des Ankers als Rückkopplungsmechanismus heißt *Wagner'scher Hammer*.

Abb. 7.8: Ein Elektromagnet, bestehend aus zwei Spulen.

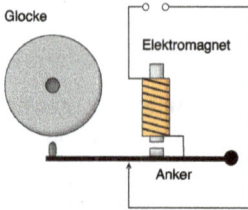

Abb. 7.9: Elektromechanische Türklingel.

Magnetfeld eines geraden Leiters

Die magnetische Wirkung des stromdurchflossenen Leiters wird in vielfältigen technischen Zusammenhängen eingesetzt. Jetzt soll es darum gehen, das Magnetfeld genauer zu untersuchen.

Experiment 7.4: Ein elektrischer Leiter durchstößt senkrecht eine Kunststofffläche. Auf die Fläche werden Eisenfeilspäne gestreut. Diese richten sich kreisförmig aus, wenn der Leiter vom Strom durchflossen wird. Anstelle der Eisenfeilspäne können auch Magnetnadeln verwendet werden, die um den Leiter herum aufgestellt werden (Abb. 7.10).

Experiment 7.4 zeigt, dass sich Eisenfeilspäne kreisförmig um einen stromdurchflossenen Leiter anordnen. Dieses Ergebnis kann (wie bei Permanentmagneten) als Veranschaulichung der Feldlinien angesehen werden: Die Feldlinien des magnetischen Feldes sind konzentrische Kreise um den Leiter. Solche geschlossenen Feldlinien kennzeichnen ein *Wirbelfeld*. Es gilt die

Rechte-Hand-Regel für die Richtung des Magnetfeldes eines geraden Leiters: Weist der Daumen der rechten Hand in die Richtung der fließenden positiven Ladung, so geben die gekrümmten Finger die Richtung des Magnetfeldes an.

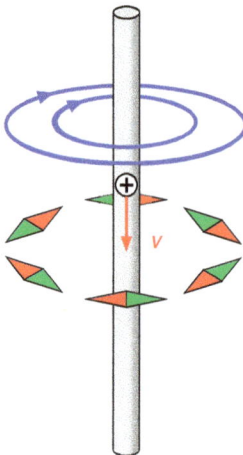

Abb. 7.10: Magnetfeld eines geraden Leiters.

Rechte-Hand-Regel und Linke-Hand-Regel. Welche Richtung hat der Strom? Die Richtung des elektrischen Stroms gibt die Stromdichte an, und als wesentlicher Ausgangspunkt dient der Zusammenhang zwischen Stromdichte $\vec{j}$ und Elektrischer Feldstärke $\vec{E}$ (siehe Gl. (2.19)). Die Stromdichte gibt die Fließrichtung der positiven Ladung an, dies ist die so genannte *technische Stromrichtung*. Damit im Einklang sind auch alle anderen Gesetze, bei denen die Richtung eine Rollen spielt.

Allerdings ist in den meisten praktischen Fällen der Strom in metallischen Leitern gemeint, und dort wird er von Elektronen getragen. Dies wird dann als *physikalische Stromrichtung* bezeichnet, und im Physikunterricht wird oft diese Richtung als maßgeblich angesehen. Es gilt dann stattdessen jeweils ein *Linke-Hand-Regel*.

Magnetische Feldstärke

Die Stärke und Richtung der magnetischen Kraft an einer bestimmten Stelle im Raum gibt die *magnetische Feldstärke* $\vec{B}$ mit der Einheit 1 Tesla an (1 T, siehe Abschnitt 7.7, nach *Nikola Tesla*, 1856–1943). Diese Größe kann auf verschiedene Weise in Experimenten gemessen werden. Die *magnetische Erregung* $\vec{H}$ gibt dagegen direkt die Stärke des Magnetfeldes eines stromdurchflossenen Leiters an. Beide Größen unterscheiden sich im Vakuum und wenn keine ferromagnetischen Stoffe im Spiel sind, nur durch eine Proportionalitätskonstante μ_0:

$$\vec{B} = \mu_0 \vec{H}. \tag{7.1}$$

Die Konstante μ_0 ist eine universelle Naturkonstante. Sie heißt *magnetische Feldkonstante* und hat den Wert

$$\mu_0 = 1{,}256\,637\,062\,12\,(19) \cdot 10^{-6}\,\mathrm{N\,A^{-2}} \approx 4\pi \cdot 10^{-7}\,\mathrm{N\,A^{-2}}. \tag{7.2}$$

Die magnetische Feldkonstante war bis zum Jahr 2019 exakt auf den Wert

$$\mu_0 = 4\pi \cdot 10^{-7}\,\mathrm{N\,A^{-2}} \tag{7.3}$$

festgelegt. Nach der Neudefinition der Einheit Ampere ist μ_0 nicht mehr eine Größe, deren Wert exakt feststeht, sondern ist mit einer Messunsicherheit behaftet. Daher hat sie nun einen ähnlichen, aber nicht exakt denselben Wert wie vor dem Jahr 2019. Bei Anwesenheit eines ferromagnetischen Stoffes unterscheiden sich $\vec{B}$ und $\vec{H}$ zusätzlich. Dies wird durch eine Materialkonstante, die *relative Permeabilität* μ_r ausgedrückt.

Die magnetische Feldstärke ist – wie die elektrische Feldstärke – eine vektorielle Größe. In vielen Fällen aber interessiert nur der Betrag und eine vektorielle Schreibweise ist nicht nötig. So wird auch im Folgenden oft nur der Betrag von $\vec{B}$ verwendet.

Stärke des magnetischen Feldes. Wie die Stärke des magnetischen Feldes anzugeben ist, ist leider nicht ganz eindeutig geregelt. In Experimenten wird die Größe mit dem Symbol $\vec{B}$ gemessen, die aber eigentlich selbst erst durch die Induktion definiert wird (vgl. Kapitel 8). Sie wird traditionell als *Induktionsflussdichte* oder *magnetische Flussdichte* bezeichnet. Weiter gibt es die Größe mit dem Symbol

$\vec{H}$, die meist *magnetische Feldstärke* genannt wird. Wie beim elektrischen Feld ist die Dichte des Flusses, ausgedrückt durch die Zahl der Feldlinien, aber in allen einfachen Fällen direkt ein Maß für die Feldstärke – beide Größen sind also eng verwandt.

Da $\vec{B}$ die in Experimenten relevante Größe ist, wird sie zunehmend auch mit dem grundsätzlicheren Namen *magnetische Feldstärke* bezeichnet; so halten wir es auch in diesem Buch. $\vec{H}$ heißt dann *magnetische Erregung*.

Durchflutungsgesetz

Für konservative Kraftfelder (vgl. Abschnitt 5.6) wie das Radialfeld einer Ladung ist die längs eines Weges verrichtete Arbeit gleich 0, und die Potentialdifferenz und daher die Spannung ist auf einem geschlossenen Weg gleich 0. Das magnetische Feld liegt dagegen ringförmig um einen stromdurchflossenen Leiter. Wandert man auf einem geschlossenen Weg entlang einer solchen Feldlinie ist das entsprechende Integral nicht 0. Stattdessen hängt sein Wert von der Stromstärke im Leiter ab. Es gilt das

> **Ampere'sche Durchflutungsgesetz:** Das Integral der magnetischen Feldstärke auf einem geschlossenen Weg $\vec{s}$ um einen Strom I ist:
>
> $$\oint \vec{B} \cdot d\vec{s} = \mu_0 I. \tag{7.4}$$

Die magnetische Feldstärke $\vec{B}$ des geraden Leiters wächst demnach mit der Stromstärke I.

Das hier verwendete spezielle Integralzeichen drückt aus, dass der Integrationsweg *geschlossen* um eine Fläche verläuft. Das Gesetz kann experimentell verifiziert werden, indem man $\vec{B}$ in einem bestimmten Abstand R vom Leiter misst und als Weg $\oint d\vec{s}$ den Umfang des entsprechenden geschlossenen Kreises $2\pi R$ verwendet. Dann liegt $\vec{B}$ immer tangential an diesem Kreis und der Betrag von $\vec{B}$ ist an jedem Punkt gleich. Damit kann auf die vektorielle Schreibweise verzichtet werden, und B kann vor das Integral gezogen werden. Aus

$$\oint \vec{B} \cdot d\vec{s} = \mu_0 I$$

wird dann

$$B \oint_{0}^{2\pi R} ds = \mu_0 I \Rightarrow B\,2\pi R = \mu_0 I. \tag{7.5}$$

> **Magnetfeld eines geraden Leiters:** Der Betrag der Magnetfeldstärke um eine geraden Leiter, der von einem Strom der Stärke I durchflossen wird, ist im Abstand R:
>
> $$B = \frac{\mu_0 I}{2\pi R}. \tag{7.6}$$

Mit zunehmendem Abstand R vom Leiter wird das Feld schwächer. Anschaulich formuliert: Weil das magnetische Feld um den geraden Leiter so wie Zylinderflächen aussieht, nimmt die Stärke ab, wie sich die Fläche eines Zylinders vergrößert.

Der magnetische Fluss

Die Überlegung zum elektrischen Fluss Φ_e (vgl. Gl. (5.52)) kann man auf das magnetische Feld übertragen und dann den magnetischen Fluss Φ_m untersuchen. Auch der magnetische Fluss beschreibt natürlich keine fließende Materie, aber man kann sich zu seiner Veranschaulichung die Zahl der Feldlinien des Magnetfeldes vorstellen.

Magnetischer Fluss: Der magnetische Fluss Φ_m ist das Skalarprodukt aus der magnetischen Feldstärke $\vec{B}$ und der mit dieser Feldstärke durchsetzten Fläche $\vec{A}$:

$$\Phi_m = \vec{B} \cdot \vec{A}. \tag{7.7}$$

Dies gilt für ein homogenes Magnetfeld, das die Fläche $\vec{A}$ durchsetzt. Natürlich steigt der Fluss, wenn die magnetische Feldstärke $\vec{B}$ steigt oder wenn die durchsetzte Fläche $\vec{A}$ größer wird. Hier wird noch einmal deutlich, weshalb $\vec{B}$ auch magnetische Flussdichte heißt, denn eine Dichte ist immer der Quotient aus einer *mengenartigen* Größe und einem Volumen oder einer Fläche (Flussdichte = Fluss/Fläche, Massendichte = Masse/Volumen).

Anders als beim elektrischen Feld, wo es einzelne negative und positive Ladungen gibt, aber auch Dipole, z. B. infolge der Influenz, gibt es beim Magnetfeld nichts, das nur ein Nordpol oder nur ein Südpol ist. Es gibt niemals einzelne Magnetpole, sondern immer (mindestens) Dipole. Daher ist das Magnetfeld, anders als das elektrische Feld, *quellenfrei*. Dies kann man sich z. B. an einem Stabmagneten veranschaulichen, wenn man den magnetischen Fluss durch ein Volumen betrachtet, das nicht einen Teil des Magneten beinhaltet. Es gilt aber auch – nur nicht so leicht erkennbar – in dem Fall, dass der Magnet selbst in das Volumen hineinragt, denn das Magnetfeld ist auch im Innern eines Magneten vorhanden (Abb. 7.11).

Magnetfelder sind quellenfrei: In jedem magnetischen Feld ist der magnetische Fluss durch eine geschlossene Oberfläche gleich Null. Magnetfelder haben keine Quellen; es gibt keine magnetischen Monopole.

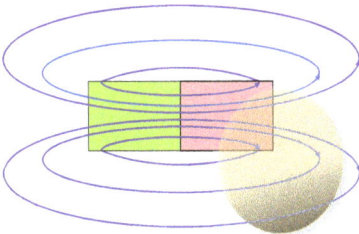

Abb. 7.11: Durch die geschlossene Oberfläche eines Volumens treten genau so viele magnetische Feldlinien ein wie aus.

Magnetfeld einer Spule

Aus der Überlegung zum Magnetfeld eines stromdurchflossenen Leiters lässt sich auch das Magnetfeld eines Elektromagneten, wie er schon zu Beginn dieses Abschnittes verwendet worden ist, ableiten: In einer Spule addiert sich die magnetische Wirkung der einzelnen Wicklungen, wie Abb. 7.13 veranschaulicht. Dieses Feld kann mit Experiment 7.5 dargestellt werden.

Experiment 7.5: Das Feld einer stromdurchflossenen Spule wird mit Eisenfeilspänen untersucht (Abb. 7.12). Hierfür wird eine Spule mit nur wenigen Windungen benutzt, die in einer Plexiglasplatte liegt.

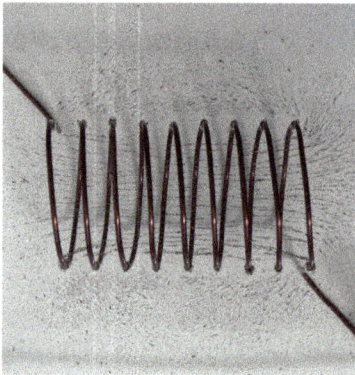

Abb. 7.12: Das Magnetfeld einer stromdurchflossenen Spule wird mit Eisenfeilspänen untersucht.

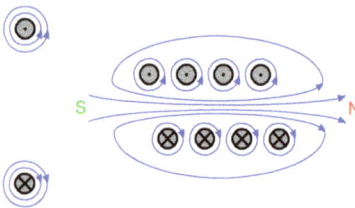

Abb. 7.13: Links: Magnetfeld zweier einzelner stromdurchflossener Leiter. Rechts: Schnitt durch eine stromdurchflossene Spule und ihr Magnetfeld. Ein Kreis mit einem Punkt (Pfeilspitze) zeigt an, dass der Strom aus der Zeichenebene herausfließt, ein Kreis mit einem Kreuz (Pfeilende), das der Strom in die Zeichenebene hineinfließt.

Es zeigt sich, dass das Magnetfeld im Außenbereich der stromdurchflossenen Spule dem Magnetfeld eines Stabmagneten, also eines magnetischen Dipols, entspricht. Die Richtung des Magnetfeldes lässt sich mit einer Merkregel bestimmen.

Rechte-Hand-Regel für die Richtung des Magnetfeldes einer Spule:
Krümmt man die Finger der rechten Hand wie die Stromrichtung (Fließrichtung der positiven Ladung) durch die Spule, so zeigt der Daumen die Richtung der aus dem Nordpol kommenden Feldlinien im Außenbereich an.

Im Innern der Spule ist das Feld dagegen annähernd homogen.

Die Stärke des Magnetfeldes hängt von der *Windungsdichte* ab: Je mehr Windungen n auf der Länge l der Spule aufgewickelt sind, um so stärker ist B (Experiment 7.6). Eine Spule mit n Windungen und der Länge l, die von einem Strom der Stärke I durchflossen wird, besitzt in ihrem Innern ein magnetisches Feld mit dem Betrag der Feldstärke

$$B = \mu_0 I \frac{n}{l}. \tag{7.8}$$

Im Außenbereich nimmt die Stärke des Magnetfeldes mit der dritten Potenz des Abstandes, also mit r^3 ab.

Experiment 7.6: Zwei Spulen a und b mit je 600 Windungen werden dicht hintereinander aufgestellt, daneben eine Spule c mit 1 200 Windungen. Alle drei Spulen haben dieselbe Länge und werden in Reihe geschaltet. Das Magnetfeld wird mit einer Hallsonde (Abschnitt 7.8) vermessen. Es zeigt sich, dass B in Spule c doppelt so groß ist wie in Spule a und b, die gemeinsam ebenfalls ein Spule mit 1 200 Windungen, aber mit doppelter Länge bilden (Abb. 7.14).

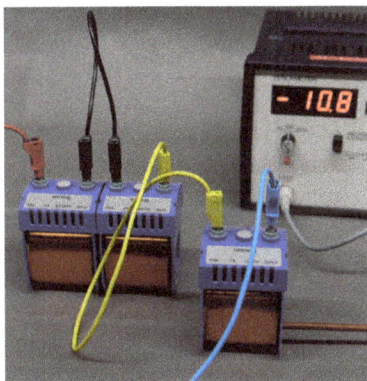

Abb. 7.14: Das Magnetfeld einer Spule mit 1 200 Windungen wird verglichen mit dem Magnetfeld zweier nebeneinanderstehender Spulen zu je 600 Windungen. Rechts unten ist ein Teil der in die Spule eingeführten Hallsonde zu sehen.

Spule mit Eisenkern

Soll eine stromdurchflossene Spule als Elektromagnet verwendet werden, so wird das Spuleninnere meistens mit einem Eisenkern gefüllt. Durch das Einbringen des Eisenkerns lässt sich das Feld einer Spule wesentlich verstärken (Experiment 7.7). Der Unterschied wird durch die Materialkonstante μ_r, die *relative Permeabilität*, ausgedrückt:

Magnetfeld einer stromdurchflossenen Spule: Das Magnetfeld im Innern einer Spule mit n Windungen und der Länge l, die von einem Strom der Stärke I durchflossen wird, hat die Stärke:

$$B = \mu_0 \mu_r I \frac{n}{l}. \tag{7.9}$$

In Luft ist die relative Permeabilität $\mu_r \approx 1$, in Eisen dagegen hat μ_r einen Wert zwischen 500 und 10 000. Um eine möglichst große magnetische Feldstärke zu erhalten, wird ein geschlossener Kern benutzt. Der Elektromagnet in Abb. 7.8 z. B. besteht aus zwei Spulen, die entgegengesetzt gepolt und an ihrem oberen Ende mit einem Stahlstück magnetisch verbunden sind. Wenn der Elektromagnet dann ein Eisenstück anzieht, das die beiden unteren Spulenenden überbrückt, so hat sich ein geschlossener Kern gebildet.

Die oben berechnete Feldstärke ist *im* Eisenkern vorhanden. Will man sie irgendwie messen oder auf einen anderen Körper wirken lassen, so muss der der Kern eine kleine Öffnung haben. In einer solchen Öffnung ist B noch etwa so groß wie im Kern selbst. In der Nähe eines einfachen, d. h. nicht geschlossenen Kerns ist B geringer, aber immer noch sehr viel höher im Vergleich zu einer Spule ohne Kern.

Experiment 7.7: Die Stärke des magnetischen Feldes einer stromdurchflossenen Spule mit und ohne Eisenkern wird qualitativ durch das Anhängen von Büroklammern oder quantitativ mit einer Hallsonde untersucht (vgl. Abschnitt 7.8).

Stärke des magnetischen Feldes (2). Anstelle der magnetischen Feldstärke lässt sich auch die magnetische Erregung zur Beschreibung des Feldes verwenden (vgl. Gl. (7.1)). Damit wird Gl. (7.9) zu

$$H = I\frac{n}{l}. \tag{7.10}$$

Dabei wird aber lediglich das Magnetfeld beschrieben, das allein der elektrische Strom hervorruft; die Magnetisierung eines Kerns aus ferromagnetischem Material bleibt unberücksichtigt.

Ist die Spule mit Materie gefüllt, so wird diese durch H magnetisiert. Diese Magnetisierung ist

$$M = \chi H, \tag{7.11}$$

wobei χ die *magnetische Suszeptibilität* ist. Die Stärke des magnetischen Feldes B ergibt sich dann als Summe des magnetisierenden Feldes (der Erregung) H und der Magnetisierung

$$B = \mu_0(H + M) = \mu_0(H + \chi H) = \mu_0\mu_r H, \tag{7.12}$$

mit $\mu_r = (1 + \chi)$.

Das Magnetfeld der Erde

Die Erde besitzt ein Magnetfeld, welches ähnlich dem eines Stabmagneten ist. Dabei befindet sich der magnetische Südpol am geographischen Nordpol und umgekehrt (Abb. 7.15). Allerdings liegen die magnetischen Pole nicht genau bei den geographischen, sondern sind um ca. 15° versetzt. Das Magnetfeld der Erde ist die Ursache dafür, dass man sich mit einem Kompass auf der Erde orientieren kann. Dieser weist nach Norden, zugleich aber besitzt das magnetische Feld auch eine Vertikalkomponente. Eine um eine waagerechte Achse drehbare Magnetnadel weist daher mit einem bestimmten Winkel, dem *Inklinationswinkel*, nach unten. Dieser beträgt an den magnetischen Polen 90°, am Äquator 0° und in Mitteleuropa etwa 65°.

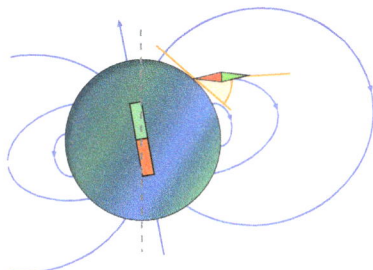

Abb. 7.15: Orientierung des Erdmagnetfeldes. Der orangefarbene Winkel ist die Inklination.

Es stellt sich damit die Frage, ob ein Teil des Erdinneren einen Stabmagneten darstellt. Doch dies kann nicht die Ursache für das Magnetfeld der Erde sein, denn die feste Erdkruste ist nur schwach magnetisiert und schon in 30 km Tiefe ist die Temperatur so hoch, dass eine dauerhafte Magnetisierung nicht mehr möglich ist. Die genaue Ursache des Magnetfeldes ist nicht bekannt; man geht aber davon aus, dass es durch einen Kreisstrom bewirkt wird, der selbst wiederum durch einen Materiestrom im Erdinnern verursacht wird. Nach dieser *Dynamotheorie* (vgl. Abschnitt 8.8) entsteht der Strom und damit das Magnetfeld durch den Materiestrom im schwachen permanentmagnetischen Feld der Erdkruste.

Obwohl das Magnetfeld der Erde bereits seit langer Zeit zur Navigation mit Hilfe des Kompasses genutzt wird, ist es doch zeitlich nicht völlig konstant, sondern Schwankungen unterworfen, bis hin zu einer vollständigen Umkehrung. Eine solche Umpolung findet im Mittel alle $2 \cdot 10^5$ Jahre statt. Während dieser Zeit wandern die geomagnetischen Pole, derzeit liegt der magnetische Südpol einige hundert Kilometer vom geografischen Nordpol entfernt. Zudem ist das Magnetfeld der Erde nur in etwa so gestaltet wie das Feld eines einfachen Dipols. Beides führt zu einer Missweisung des Kompasses, der magnetischen *Deklination*.

In einigem Abstand von der Erdoberfläche wird das Magnetfeld stark durch die Strömung geladener Teilchen von der Sonne, den *Sonnenwind*, beeinflusst.

Vergleich der Stärke von Magnetfeldern

- In Gleichstromkreisen treten typischerweise Stromstärken von einigen Ampere auf. In der Zuleitung einer Glühlampe mit einer Leistung von $P = 60\,\text{W}$, die von einer Autobatterie mit der Spannung $U = 12\,\text{V}$ betrieben wird, fließt z. B. ein Strom der Stärke $I = 5\,\text{A}$. Dessen Magnetfeld in einem Abstand von $R = 5\,\text{cm}$ ist:

$$B = \mu_0 \frac{I}{2\pi R} = 4\pi \cdot 10^{-7}\,\text{N}\,\text{A}^{-2} \frac{5\,\text{A}}{2\pi \cdot 0{,}05\,\text{m}} = 2 \cdot 10^{-5}\,\text{N}(\text{A}\,\text{m})^{-1} = 2 \cdot 10^{-5}\,\text{T}. \qquad (7.13)$$

- Die Stärke des Erdmagnetfeldes hängt vom Ort auf der Erde ab. In Mitteleuropa ist die Feldstärke etwa $B_{\text{Erde}} = 5 \cdot 10^{-5}\,\text{T}$.
- Herkömmliche Permanentmagnete besitzen eine Feldstärke von etwa 0,1 T.
- Neodym-Magnete besitzen auf ihrer Oberfläche an den Polen eine Feldstärke von etwa 1 T bis 1,5 T.
- Die Elektromagnete in Kernspintomographen und in Beschleunigeranlagen haben Feldstärken im Bereich von mehreren T.

7.5 Kraft auf ruhende Ladung im Magnetfeld

Elektrische und magnetische Felder werden gerne verwechselt – aber sie sind nicht dasselbe: Ein Magnet übt keine Kraft auf ruhende elektrische Ladung aus.

Experiment 7.8: Ein durch Reiben mit einem Wolltuch elektrisch geladener Kunststoffstab wird einer Magnetnadel genähert, worauf sich diese zum Stab hindreht. Dieses Ergebnis scheint der (falschen) Alltagsvorstellung zu entsprechen, wonach magnetische und elektrostatische Kräfte dasselbe sind.

Allerdings verhält sich auch eine nicht magnetisierte Metallnadel genauso – der Grund hierfür ist daher nicht im Zusammenwirken von Magnetismus und elektrischer Ladung zu suchen. Verantwortlich ist vielmehr die elektrische *Influenz* in der (metallischen) Magnetnadel.

Tatsächlich besteht ein Zusammenhang zwischen magnetischen und elektrischen Kräften auf einer übergeordneten Ebene. Dies äußert sich darin, dass elektrische Ladungen im Magnetfeld ein Kraft erfahren, wenn sie sich bewegen (Abschnitt 7.6). Umgekehrt besitzen – wie bereits oben deutlich wurde – bewegte Ladungen ein Magnetfeld. Und schließlich lassen sich magnetische Kräfte auch direkt auf elektrostatische Kräfte zurückführen, wenn man den Sachverhalt relativistisch betrachtet (siehe Abschnitt 8.2).

Plus und Minus – Nord und Süd. Auch wenn man im Physikunterricht darauf hinweist, dass Magnetismus und Elektrostatik unterschiedliche Sachverhalte beschreiben, zeigt die Argumentation von Schülerinnen und Schülern häufig Verwechslungen. Für eine stärkere Problematisierung kann Experiment 7.8 hilfreich sein, da es den Blick zunächst in die *falsche Richtung* lenkt, die Fehlvorstellung also zu bestätigen scheint.

7.6 Kraft auf einen stromdurchflossenen Leiter im Magnetfeld

Im Folgenden soll die Kraftwirkung eines Magneten auf bewegte Ladungen untersucht werden. Da aber ein Magnet leichter beweglich zu montieren ist, als ein stromdurchflossenes Kabel, wird der experimentelle Aufbau umgekehrt. Dies ist im Hinblick auf das Ergebnis unbedeutend, da jeweils beide Körper Kräfte aufeinander ausüben – falls sie es überhaupt tun.

Experiment 7.9: Eine Magnetnadel wird in der Nähe eines Kabels aufgestellt oder angebracht. Das Kabel wird dabei parallel zur Magnetnadel ausgerichtet. Anschließend wird an das Kabel eine Spannung angelegt. Durch den entstehenden Strom wird die Magnetnadel ausgelenkt (Abb. 7.16), sie erfährt eine Kraft. (Genau genommen handelt es sich hierbei um ein Drehmoment, was aber für die Argumentation in diesem Fall keine Rolle spielt.)

Das nach *Hans Christian Ørsted* benannte Experiment 7.9 zeigt, dass bewegte Ladungen und ein Magnet miteinander wechselwirken. Dies kann auf zwei Arten formuliert werden:

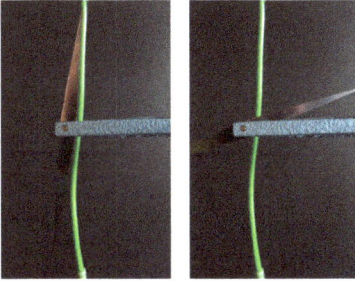

Abb. 7.16: Fließt ein Strom durch den grün umman-
telten Leiter, so wird die Magnetnadel ausgelenkt
(rechts).

- Ein elektrischer Strom ist von einem Magnetfeld umgeben. Durch dieses Magnetfeld wird eine Magnetnadel ausgelenkt.
- Ein stromdurchflossener Leiter erfährt in einem Magnetfeld eine Kraft. (Da in Experiment 7.9 der Leiter kaum beweglich ist, wird stattdessen die Magnetnadel ausgelenkt.)

7.7 Lorentzkraft

Im Ørsted-Experiment wird deutlich, dass eine Magnetnadel und ein stromdurchflossener Leiter eine Kraft aufeinander ausüben. In Experiment 7.10 wird nun ein beweg-
licher Leiter im Magnetfeld eines ruhenden Hufeisenmagneten untersucht.

Experiment 7.10: Ein Leiter wird beweglich zwischen den Schenkeln eines Hufeisenmagneten aufgehängt (*Leiterschaukel*, Abb. 7.17). Sobald durch den Leiter ein Strom fließt, erfährt dieser im Magnetfeld eine Kraft senkrecht zur Richtung des Stroms.

Im Magnetfeld des Hufeisenmagneten (das zwischen den beiden Armen etwa homogen ist) wird die stromdurchflossene Leiterschaukel ausgelenkt. Diese Kraft wirkt
senkrecht zur Stromrichtung. Die Ladungen werden damit zwar beschleunigt, es än-

Abb. 7.17: Anordnung zur Untersuchung der Kraftwirkung auf eine stromdurchflossene Leiterschaukel.

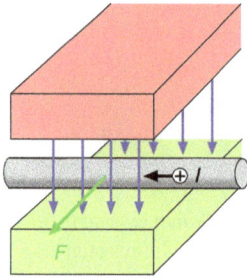

Abb. 7.18: Richtung der Kraft auf eine stromdurchflossene Leiterschaukel.

dert sich aber nicht der Betrag ihrer Geschwindigkeit. Im elektrischen Feld dagegen werden die elektrischen Ladungen schneller (oder langsamer), auch wenn das Feld wie in Experiment 6.4 anfangs (!) senkrecht zur Bewegungsrichtung der Ladungen steht. Die ablenkende Kraft im Magnetfeld wirkt außerdem senkrecht zum Magnetfeld selbst. Die Richtung der Kraft kehrt sich um, wenn die Stromrichtung oder die Richtung des Magnetfeldes umgekehrt wird.

Zur Ermittlung der Kraftrichtung dient die *Dreifingerregel* oder U-V-W-Regel der rechten Hand:
- U̲rsache: Richtung des Daumens ≡ Stromrichtung bzw. Richtung der fließenden positiven Ladung
- V̲ermittlung: Richtung des Zeigefingers ≡ Richtung des Magnetfeldes (von Nord nach Süd)
- W̲irkung: Richtung des Mittelfingers ≡ Richtung der resultierenden Kraft (vgl. Abb. 7.18)

Diese Kraft ist die *Lorentzkraft*, benannt nach *Hendrik Antoon Lorentz* (1853–1928). Ihr Zusammenhang mit der Stromstärke und der Stärke des Magnetfeldes und damit ihr Betrag kann im Experiment bestimmt werden. Hier wird dieser Zusammenhang zunächst nur plausibel gemacht. Die Richtigkeit des Zusammenhangs wird später in Experiment 7.11 überprüft. (Manchmal wird auch die Wirkung des elektrischen Feldes als Teil der Lorentzkraft angesehen; in diesem Buch ist aber nur der Einfluss des magnetischen Feldes gemeint.)

Qualitativ kann man dem Experiment entnehmen, dass der Betrag der Lorentzkraft F_L größer ist, wenn die Stromstärke I im Leiter größer ist. Plausibel ist zudem, dass auch die Länge l des Leiterstücks, das sich im Magnetfeld befindet, einen Einfluss hat. Es gilt:

$$F_L \sim I\, l. \tag{7.14}$$

Auch die magnetische Feldstärke B beeinflusst natürlich die Größe der Lorentzkraft. Sie wird schließlich in Gl. (7.14) als Proportionalitätskonstante (da sie während des Experiments nicht verändert wird) eingesetzt, und dadurch definiert:

Lorentzkraft (1): Ein Leiter der Länge l, der sich in einem Magnetfeld der Feldstärke B befindet und von einem Strom der Stärke I durchflossen wird, erfährt die Lorentzkraft

$$F_L = I\,l\,B, \tag{7.15}$$

wenn die Feldlinien des Magnetfeldes senkrecht zur Richtung des Leiters stehen.

Stehen die Richtung des Magnetfeldes und die Richtung des Leiters nicht senkrecht aufeinander, sondern bilden den Winkel α, so gilt:

$$F_L = I\,l\,B\sin(\alpha). \tag{7.16}$$

Aus der Definition ergibt sich die Einheit Tesla (T) der magnetischen Feldstärke B. Es gilt $1\,T = 1\,\frac{N}{A\,m}$. Genau genommen wirkt die Lorentzkraft nicht auf das Leitermaterial, sondern auf die bewegten Ladungsträger selbst. Bewegen sich in der Zeit t n Ladungen jeweils mit dem Betrag der Elementarladung e durch ein Leiterstück, so gilt mit $I = \frac{\Delta Q}{\Delta t} = \frac{ne}{\Delta t}$:

$$F_L = IlB \tag{7.17}$$

$$= ne\frac{l}{\Delta t}B. \tag{7.18}$$

Die Leiterlänge l ist das Wegstück, welches die Ladungen in der Zeit Δt zurücklegen. Daher ist $v = l/\Delta t$ die Geschwindigkeit der Ladungen, so dass sich für die Lorenzkraft auf eine *einzelne* Ladung e ergibt:

$$F_L = evB. \tag{7.19}$$

Für Ladungsträger mit der Ladung q gilt allgemein:

$$F_L = qvB. \tag{7.20}$$

Auch hier gilt dies nur für den Fall, dass die Geschwindigkeit der Ladung senkrecht zur Richtung des Magnetfeldes steht. Eine allgemeine Formulierung berücksichtigt den Vektorcharakter der verwendeten Größen:

Lorentzkraft (2): Eine Ladung q, die sich mit der Geschwindigkeit $\vec{v}$ durch ein Magnetfeld mit der Feldstärke $\vec{B}$ bewegt, erfährt die Kraft

$$\vec{F}_L = q\vec{v} \times \vec{B}. \tag{7.21}$$

Die Formulierung als Vektorprodukt beinhaltet die Aussage über die Richtung der Lorentzkraft, wie sie oben mit der *Dreifingerregel* beschrieben worden ist. Für positive Ladungsträger verwendet man die rechte Hand, für Elektronen oder andere negative Ladungen die linke. Der Betrag der Kraft kann berechnet werden, wenn man den Winkel α, der von $\vec{v}$ und $\vec{B}$ eingeschlossen wird, kennt. Es gilt:

$$F_L = qvB\sin(\alpha). \tag{7.22}$$

Als Extremfälle ergeben sich: Die Lorentzkraft ist null, wenn der Winkel α zwischen Leiter und Magnetfeld null ist, und sie ist maximal für $\alpha = 90°$.

---

i **Messung und Definition.** Der Erfolg der Physik ist darin begründet, dass ein Gesamtbild der Erscheinungen der Natur entsteht, das in sich schlüssig ist. Die einzelnen Zusammenhänge können dabei in Form eines Axioms, eines Gesetzes oder einer Definition verankert sein. Allerdings ist diese Zuschreibung nicht immer klar, selbst bei einem zentralen Sachverhalt wie der Newton'schen Fassung der Dynamik.

Die Lorentzkraft zeigt einen Zusammenhang zwischen Elektrizität und Magnetismus auf. Um diesen Zusammenhang richtig darzustellen, wird sie zur *Definition* der Stärke des Magnetfeldes B verwendet. B ist damit durch die Kraftwirkung auf bewegte Ladungen definiert, wie E durch die Kraftwirkung der Ladungen untereinander.

7.8 Kraft auf freie bewegte Ladungen im Magnetfeld

Fadenstrahlröhre

Nicht nur bewegte Ladungsträger in einem Leiter, sondern auch freie Elektronen erfahren in einem Magnetfeld eine Lorentzkraft, die proportional zu ihrer Geschwindigkeit ist. In Experiment 7.11 wird eine solche Röhre von einem annähernd homogenen Magnetfeld durchsetzt.

Q **Experiment 7.11:** In einer *Fadenstrahlröhre* befindet sich eine Elektronenkanone zur Beschleunigung von Elektronen. Die Elektronen bewegen sich anschließend in einem homogenen Magnetfeld, das durch eine besondere Spulenanordnung, das *Helmholtz-Spulenpaar*, bewirkt wird. Im Aufbau nach Abb. 7.19 weist das Magnetfeld in die Zeichenebene hinein, wodurch die Elektronen in und unmittelbar nach Verlassen der Elektronenkanone eine Lorentzkraft nach rechts erfahren. Im weiteren Verlauf bewegen sich die Elektronen nicht direkt nach oben, sondern auch etwas nach rechts – die Lorentzkraft wirkt dann nicht mehr genau nach rechts, sondern nach rechts unten. Allgemein steht die Lorentzkraft immer senkrecht zur Ausbreitungsrichtung; sie hat damit die Funktion einer Zentralkraft, die die Elektronen nicht beschleunigt, sondern auf eine Kreisbahn zwingt. Diese wird in der Röhre sichtbar, da diese mit einem Gas unter geringem Druck gefüllt ist, das durch die Elektronen zum Leuchten angeregt wird (Abb. 7.20). Für eine Beschleunigungsspannung $U = 250\,\text{V}$ und eine magnetische Flussdichte $B = 1{,}2 \cdot 10^{-3}\,\text{T}$ errechnet sich ein Radius $R \approx 4{,}5\,\text{cm}$. Dieser Wert lässt sich im Experiment verifizieren und bestätigt damit die Definition der magnetischen Feldstärke.

Die Lorentzkraft F_L wirkt damit als Zentralkraft F_Z, d. h. als Kraft, die einen Körper auf eine Kreisbahn mit dem Radius R zwingt. Für die Zentralkraft gilt:

$$F_\text{Z} = \frac{mv^2}{R},\qquad\qquad (7.23)$$

wobei m die Masse der Ladungsträger, hier also die Masse der Elektronen m_e ist. Damit ist

$$F_\text{L} = F_\text{Z} \qquad\qquad (7.24)$$

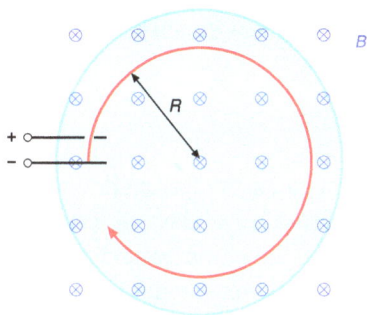

Abb. 7.19: Zur Berechnung des Bahnradius der Elektronen in einer Fadenstrahlröhre. Das Magnetfeld weist in die Zeichenebene hinein (die Kreise mit Kreuz veranschaulichen das hintere Ende eines Pfeils) und ist homogen.

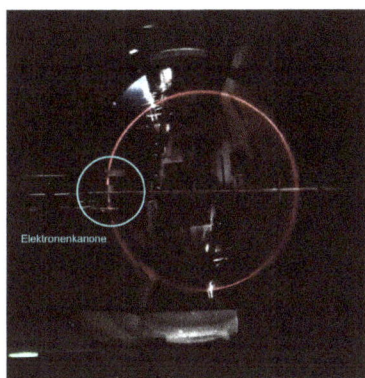

Abb. 7.20: Kreisbahn der Elektronen in einer Fadenstrahlröhre. Die Elektronen treten aus der Elektronenkanone nach links aus und bringen das Gas zum Leuchten.

$$\Rightarrow evB = \frac{m_e v^2}{R} \tag{7.25}$$

$$\Rightarrow R = \frac{m_e v}{eB}. \tag{7.26}$$

Die Geschwindigkeit v haben die Elektronen zuvor in der Elektronenkanone durch die Beschleunigung mit der Spannung U erhalten. Sie ist

$$v = \sqrt{2\frac{eU}{m_e}}$$

(Gl. (6.10)) und wird eingesetzt in Gl. (7.26), wodurch sich ergibt:

$$R = \frac{m_e \sqrt{2\frac{eU}{m_e}}}{eB} \tag{7.27}$$

$$= \frac{\sqrt{2\frac{Um_e}{e}}}{B}. \tag{7.28}$$

Um diesen Zusammenhang zu überprüfen, muss die magnetische Feldstärke B bekannt sein. Sie kann im Experiment gemessen werden (siehe *Hall-Effekt*, S. 162) oder nach Angabe des Geräteherstellers aus der Stromstärke in dem Spulenpaar bestimmt werden. Umgekehrt könnte durch Messen von R bei bekanntem B auch das Verhältnis e/m_e bestimmt werden, nicht aber e oder m_e alleine.

Zyklotron

Die Lorentzkraft wird in einem *Zyklotron* genutzt, um Ladungsträger mehrfach eine Beschleunigungsspannung durchlaufen zu lassen (Abb. 7.21), so dass sie nach und nach eine immer höhere Geschwindigkeit erhalten. Das Zyklotron besteht aus zwei D-förmigen Dosenelektroden, in deren Mitte sich eine Elektronen- oder Ionenquelle befindet. Durch die an den Elektroden anliegende Spannung werden die Ladungsträger beschleunigt, solange sie sich im Spalt zwischen den Elektroden befinden. Im Hohlraum der Elektroden selbst existiert dagegen kein elektrisches Feld (vgl. Abschnitt 5.11). Senkrecht auf den Elektrodenflächen steht ein homogenes Magnetfeld, das die bewegten Ladungen auf eine Kreisbahn zwingt. Während sich die Ladungen in den Elektroden befinden, wird die Spannung umgepolt, so dass sie jedes Mal beschleunigt werden, wenn sie den Spalt durchlaufen. Wegen der zunehmenden Geschwindigkeit wächst nach Gl. (7.26) auch der Bahnradius, bis die Ladungsträger aus dem Zyklotron austreten und schließlich auf ihr Ziel treffen.

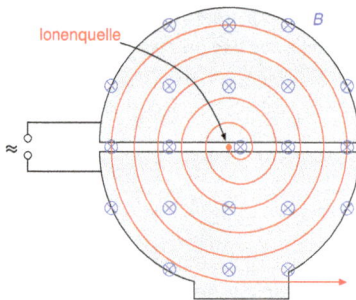

Abb. 7.21: Zyklotron.

Wie bei der Fadenstrahlröhre gilt der Zusammenhang nach Gl. (7.28):

$$qvB = \frac{mv^2}{R}. \tag{7.29}$$

Mit dem Zusammenhang zwischen Kreisfrequenz ω und Bahngeschwindigkeit v

$$v = \omega R \tag{7.30}$$

wird hieraus

$$qB = m\omega \tag{7.31}$$

$$\Rightarrow \omega = \frac{qB}{m}. \tag{7.32}$$

Wir sehen hier, dass die Frequenz nur von Größen abhängt, die bei dem Vorgang konstant sind. Die Beschleunigungsspannung kann also beim Betrieb des Zyklotrons mit dieser konstanten Frequenz umgepolt werden. Das gilt allerdings nur so lange, wie die Bewegung als nicht relativistisch betrachtet werden kann, also bis ca. $0{,}1c$. Mit weiter zunehmender Geschwindigkeit wächst die Masse der Ladungsträger, so dass ω nicht mehr konstant ist. Dank ihrer kleinen Masse erreichen Elektronen schon bei einer Beschleunigungsspannung von 3 kV diesen Geschwindigkeitsbereich (vgl. Abschnitt 6.2). Ein Zyklotron ist daher zur Beschleunigung von Elektronen kaum geeignet, sondern nur von massereichen Teilchen, wie Ionen.

Hall-Effekt

Eine Anwendung im (technischen) Alltag findet die Lorentzkraft durch den *Hall-Effekt* (benannt nach *Edwin Hall*, 1855–1938). An ein flaches Leiterstück wird eine Spannung angelegt, die einen Strom bewirkt (Abb. 7.22). Wird das Leiterstück von einem Magnetfeld durchsetzt, so werden die Ladungen durch die Lorentzkraft abgelenkt (die negativen Ladungen in Abb. 7.22 nach unten). Hierdurch entsteht ein Ladungsüberschuss auf einer Seite und ein Ladungsmangel auf der anderen und daher ein elektrisches Feld, was der Ablenkung weiterer Ladungen durch die Lorentzkraft entgegenwirkt. Ist die elektrische Kraft qE in diesem Feld schließlich genau so groß wie die Lorentzkraft qvB, fließen die Ladungen ohne weitere Ablenkung durch das Leiterstück. Dann gilt für die Beträge

$$qE = qvB, \tag{7.33}$$

wobei hier angenommen wurde, dass das Magnetfeld senkrecht zur Bewegung der Ladungen ausgerichtet ist. In einem Leiterstück der Länge l, Dicke d und der Breite b entsteht dann längs b die Hall-Spannung (vgl. Gl. (5.36))

$$U_{\mathrm{H}} = Eb \tag{7.34}$$
$$= bvB. \tag{7.35}$$

Zur Messung können auch Halbleiter eingesetzt werden (siehe Kapitel 12). Je nach Material gibt es unterschiedlich viele bewegliche Ladungsträger pro Volumeneinheit,

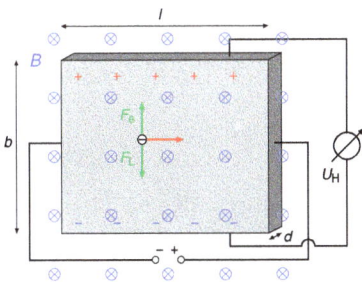

Abb. 7.22: Dünnes Plättchen zur Messung der Hall-Spannung in einem Magnetfeld.

die für den elektrischen Strom durch das Material zur Verfügung stehen. Diese Ladungsträgerdichte n ist

$$n = \frac{N}{V}, \tag{7.36}$$

mit N, der Zahl der Ladungsträger im Volumen; sie hat die Einheit $1/m^3$. (Die Ladungsträgerdichte ist eine andere Größe als die ebenfalls gebräuchliche Ladungsdichte (Ladung pro Volumen), die die Einheit $1\,C/m^3$ besitzt.) Liegen die beweglichen Ladungen im Volumen des Leiterstücks $V = dbl$ mit der Ladungsdichte n in Form von Elektronen vor, so ist die Gesamtladung

$$Q = n\,e\,d\,b\,l. \tag{7.37}$$

Die gesamte Länge l des Leiterstücks legen diese Ladungen mit der Geschwindigkeit v in der Zeit t zurück:

$$v = \frac{l}{t}. \tag{7.38}$$

Damit gilt für die Stromstärke I

$$I = \frac{Q}{t} \tag{7.39}$$

$$= \frac{n\,e\,d\,b\,l}{t} \tag{7.40}$$

$$= n\,e\,d\,b\,v \tag{7.41}$$

und für die Hall-Spannung mit Gl. (7.35) schließlich

$$U_H = bvB \tag{7.42}$$

$$= \frac{IB}{d\,n\,e}. \tag{7.43}$$

Die Hall-Spannung ist somit bei geringerer Ladungsdichte, d. h. in schlechten Leitern größer. Da die Hall-Spannung von B abhängt, wird sie für die Messung von Magnetfeldern in *Hall-Sensoren* eingesetzt (vgl. Experiment 7.7). Die Hall-Spannung entsteht dabei in dünnen Halbleiterplättchen. Solche Sensoren werden beispielsweise in manchen Smartphones benutzt, um die Orientierung des Geräts im Erdmagnetfeld zu erkennen und mit einer Kompassdarstellung anzuzeigen.

Massenspektrometer

Die Ablenkung elektrisch geladener Teilchen in einem magnetischen Feld hängt zugleich von ihrer Masse (genauer: q/m) und ihrer Geschwindigkeit ab (Gl. (7.26)); dasselbe gilt für die Ablenkung in einem elektrischen Feld (Gl. (6.12)). Es ist also nicht

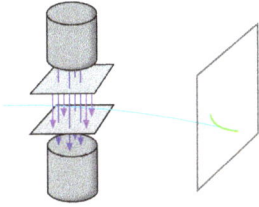

Abb. 7.23: Massenspektrometer nach *Joseph John Thomson* (1856–1940): Geladene Teilchen werden in der Kombination aus einem elektrischen Feld (violett) und einem magnetischen Feld (blau) abgelenkt.

möglich, in einem Strahl von unbekannten Teilchen mit unbekannter Geschwindigkeit aus einer Ionenquelle diese Teilchen nach q/m zu ordnen. (In der Fadenstrahlröhre, Experiment 7.11, ist dagegen sowohl bekannt, dass es sich um Elektronen handelt, als auch, welche Geschwindigkeit diese besitzen.) Da die Ablenkung der geladenen Teilchen im magnetischen Feld von v abhängt, in einem elektrischen Feld aber von v^2, kann eine Kombination der beiden Felder zu einer Messung von q/m verwendet werden.

Dies wird in einem *Massenspektrometer* genutzt. In einer frühen, einfachen Version werden ein senkrecht orientiertes elektrisches Feld und ein senkrecht orientiertes Magnetfeld verwendet (Abb. 7.23). Hierdurch ergibt sich eine horizontale Ablenkung des Teilchenstrahls, die von $1/v^2$ abhängt, und eine vertikale in Abhängigkeit von $1/v$. Alle Teilchen mit demselben q/m landen also – abhängig von ihrer Geschwindigkeit – an unterschiedlichen Stellen derselben Parabel; Teilchen mit einem anderen q/m zeichnen eine andere Parabel. Schnelle Teilchen treffen dabei näher am Ursprung auf, und die Parabel ist umso enger, je kleiner q/m ist. Hierdurch lassen sich unbekannte Gemische von Teilchen, wie etwa verschiedene Isotope, trennen. Unbekannte Stoffgemische werden hierfür in die gasförmige Phase überführt, ionisiert und in einem elektrischen Feld beschleunigt, bevor sie in das Massenspektrometer eintreten.

7.9 Aufgaben

1. Von zwei stabförmigen Metallstücken ist eines ein Magnet, das andere aus (nicht magnetisiertem) Eisen. Wie kann man feststellen, welches der beiden aus welchem Material besteht, wenn keine weiteren Gegenstände zur Verfügung stehen? – Der Stabmagnet besitzt zwei Pole, an denen die magnetische Kraft besonders stark ist. Hält man nun ein Ende eines der beiden Stäbe an den anderen Stab und bewegt es hin und her, so gibt es zwei mögliche Beobachtungen: a) Die Anziehungskraft ist an jeder Stelle gleich groß. In diesem Fall hält man den Pol eines Magneten an den unmagnetisierten Stab. b) Die Anziehungskraft ist besonders groß, wenn man in die Nähe der Enden des Stabes kommt. Dabei hält man den unmagnetisierten Eisenstab an den Magneten.
2. Es gibt mehrere Bauarten von Massenspektrometern. In manchen wird ein *Wien-Filter* benutzt, um aus einem Strahl von Ionen nur diejenigen mit einer bestimm-

ten Geschwindigkeit hindurch zu lassen. Hierbei durchfliegen die Ionen zunächst eine Anordnung aus einem gekreuzten E- und B- Feld. Hinter einer Blende treten alle Teilchen mit derselben Geschwindigkeit in ein B-Feld ein, in dem sie von der Lorentzkraft auf eine Kreisbahn mit einem bestimmten Radius R gezwungen werden.

Ein Ionenstrahl aus ^{35}Cl- und ^{37}Cl-Ionen (Chlor) wird auf diese Weise analysiert. Es handelt sich um *Isotope*: Die Ionen haben dieselbe Zahl von Protonen (bei Chlor 17), aber unterschiedlich viele Neutronen. Links oben wird die Summe der Zahl der Protonen und Neutronen notiert. Die Bahnkurve der ^{35}Cl-Ionen hat bei dieser Untersuchung einen Durchmesser von 15 cm. Welchen Durchmesser hat diejenige der ^{37}Cl-Ionen? – Der Bahnradius ergibt sich wie in der Fadenstrahlröhre nach Gl. (7.26)

$$R = \frac{mv}{qB},\qquad(7.44)$$

wobei die Masse des Elektrons m_e durch die des Ions m ersetzt wird und die Ladung des Elektrons durch die (positive) Ladung q. Außer m sind alle Größen konstant, so dass gilt:

$$\frac{R_{35}}{R_{37}} = \frac{m_{35}}{m_{37}} \Rightarrow R_{37} = R_{35}\frac{37}{35} \approx 0{,}15\,\text{m} \cdot 1{,}06 \approx 0{,}16\,\text{m}.\qquad(7.45)$$

3. In einem gekreuzten E- und B-Feld, die beide ausgedehnt sind, machen geladene Teilchen eine Bewegung, die $E \times B$-Drift heißt (E kreuz B-Drift). Veranschaulichen Sie sich eine solche Bewegung durch eine Modellierung mit Cinderella [29]. – Die Bewegung zeigt Abb. 7.24. Für die Modellierung wurden links positive Ladungen und rechts negative ortsfeste Ladungen angebracht. Senkrecht dazu und zur Zeichenebene ist ein magnetisches Feld vorhanden. Eine weitere Ladung ist beweglich in diesen Feldern und führt dann die angezeigte Driftbewegung durch.

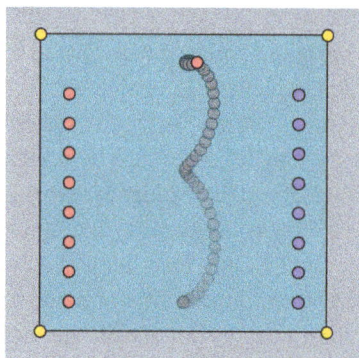

Abb. 7.24: Driftbewegung einer Ladung in gekreuzten elektrischen und magnetischen Feldern (erstellt mit *Cinderella* [29]).

8 Elektrodynamik

An der Sekundärseite eines Transformators kann eine Spannung entstehen, die groß genug ist, um eine Entladung in Luft zu zünden.

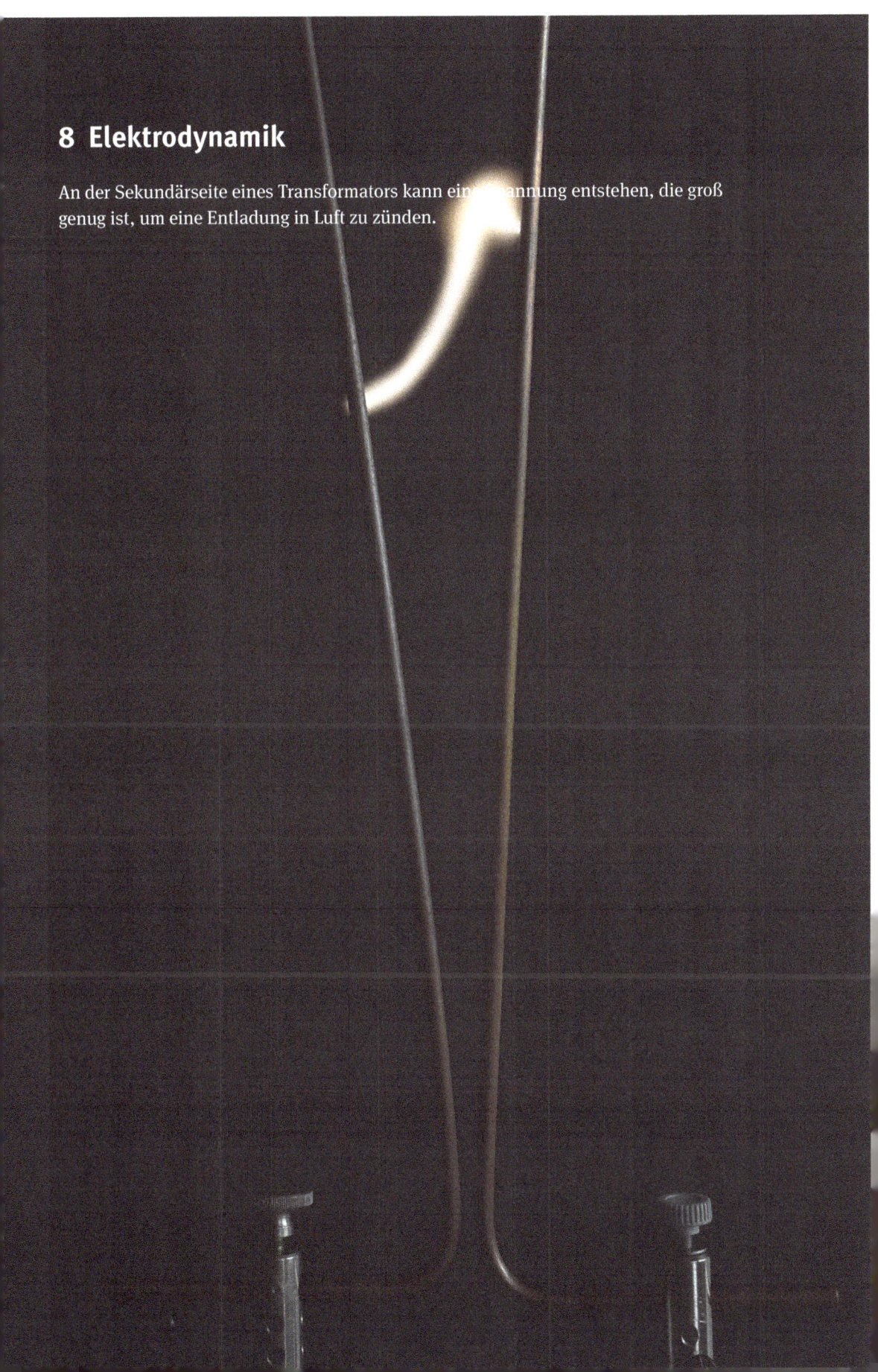

8.1 Phänomene

Der weitaus größte Teil der elektrischen Energie, ohne die unser heutiger Alltag kaum mehr vorstellbar ist, wird von elektrischen *Generatoren* zur Verfügung gestellt – ihr zunehmender Einsatz seit Ende des 19. Jahrhunderts hat die Elektrifizierung eingeleitet, Stadt und Land sind an ein Stromnetz angeschlossen, so dass der „Strom aus der Steckdose kommt". Nur ein Teil dieser Energie stammt nicht aus einem Generator, sondern wird von Solarzellen in das Netz eingespeist oder lokal von Batterien zur Verfügung gestellt.

Ein Generator ist eine Maschine, die Bewegungsenergie in elektrische Energie umwandelt. Auch ein *Fahrraddynamo* oder eine *Lichtmaschine* im Kraftfahrzeug ist ein solcher Generator. Mit *Transformatoren* kann die im Generator entstehende Wechselspannung auf eine andere Spannung gebracht werden, die die jeweilige Anwendung erfordert.

Die wesentlichen Grundlagen für diese Entwicklung lieferte *Michael Faraday* (1791–1867). Dass Magnetismus und Elektrizität miteinander verwandt sind, war spätestens seit den Experimenten von *Hans Christian Ørsted* (vgl. Abschnitt 7.6) bekannt. *Faraday* aber hatte das erklärte Ziel, Magnetismus und Elektrizität ineinander umzuwandeln. Dabei war er beeinflusst durch Ideen der romantischen Naturphilosophie, die eine innere Einheit aller Naturkräfte anstrebte [18].

8.2 Elektromagnetische Induktion

Induktionsgesetz

In den voranstehenden Kapiteln wurden elektrische und magnetische Felder untersucht, die sich während der Betrachtung des Phänomens oder des Experiments nicht verändert haben. In der *Elektrodynamik* wird diese Einschränkung aufgehoben.

Den Anfang macht ein sehr einfaches, aber grundsätzliches Experiment: Wenn man ein Kabel zu einer Schleife zusammenlegt und in die Schleifenöffnung einen Pol eines Permanentmagneten zügig einführt, so misst man kurzzeitig eine Spannung (Experiment 8.1).

Experiment 8.1: Ein Experimentierkabel wird zu einer Schleife mit einigen wenigen Wicklungen geformt. An das Kabel wird ein empfindliches Spannungsmessgerät angeschlossen. Führt man einen Pol eines Stabmagneten oder eines Hufeisenmagneten in die Schleife ein, so wird kurzzeitig eine Spannung angezeigt. Auch beim Herausführen entsteht eine Spannung, dann mit umgekehrter Polung.

Dieser Vorgang heißt *Induktion*. Die induzierte Spannung ist größer, wenn die Zahl n der Schleifenwindungen größer ist (Experiment 8.2). Induktion tritt auch auf, wenn die Fläche A der Schleife, die vom Magnetfeld B durchsetzt wird, geändert wird (Experiment 8.3). Und schließlich wird eine Spannung auch dann induziert, wenn anstel-

https://doi.org/10.1515/9783110495768-008

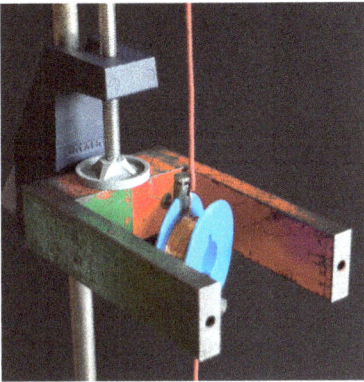

Abb. 8.1: In einer sich in einem Magnetfeld drehenden Spule wird eine Wechselspannung induziert.

le der Bewegung des Magneten das Magnetfeld ein- oder ausgeschaltet wird (Experiment 8.4).

Experiment 8.2: Experiment 8.1 wird wiederholt, dabei wird aber statt des zu einer Schleife geformten Kabels eine Spule verwendet. Die dabei gemessene Spannung ist größer als bei Verwendung der mit dem Kabel geformten Schleife.

Experiment 8.3: Eine kleine Spule wird drehbar im Feld eines Hufeisenmagneten aufgehängt (Abb. 8.1). Zur trägheitslosen Messung der Induktionsspannung wird ein Oszilloskop verwendet. Wird die Spule im Magnetfeld gedreht (man kann sie durch Drehen gegen die gespannten Aufhängedrähte aufziehen und anschließend loslassen), so entsteht eine Induktionsspannung mit wechselnder Polung.

Experiment 8.4: An eine Spule wird ein Spannungsmessgerät angeschlossen. In Verlängerung der Spulenachse wird eine zweite Spule aufgestellt und an eine Elektrizitätsquelle angeschlossen (Abb. 8.2). Beim Ein- oder Ausschalten des Stroms durch die zweite Spule wird in der ersten eine Spannung induziert.

Die Induktion ist ein für den technischen Alltag außergewöhnlich wichtiges Phänomen, denn mit der Induktionsspannung kann ein Strom angetrieben werden. Generatoren in Elektrizitätswerken, die einen Großteil der in Alltag und Technik benötigten elektrischen Energie bereitstellen, nutzen auf effiziente Weise die Induktion.

Mit der Untersuchung der Induktion ist eng der Name *Michael Faraday* verbunden; *Faraday* fand das nach ihm benannte Induktionsgesetz. Dieses beschreibt das Entstehen der Induktionsspannung, wenn sich das Magnetfeld, das eine Leiterschleife durchsetzt, ändert. Besonders wichtig ist, dass nicht das Magnetfeld selbst die entscheidende Rolle spielt, sondern seine zeitliche Änderung. Das Gesetz lautet in einer einfachen Form wie folgt (vgl. Gl. (7.7)):

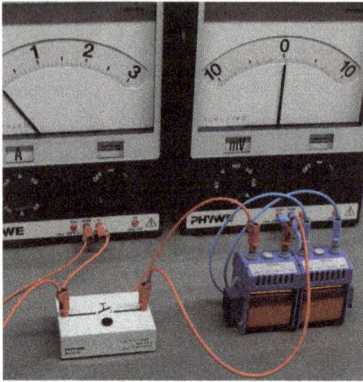

Abb. 8.2: Durch das Ändern der Stromstärke in einer Spule wird in einer benachbarten Spule eine Spannung induziert.

Faraday'sches Induktionsgesetz (1): Ändert sich der magnetische Fluss Φ_m, der eine Spule durchsetzt, so wird eine Induktionsspannung U_i induziert:

$$U_i = -\frac{d\Phi_m}{dt} \tag{8.1}$$

$$= -\dot{\Phi}_m. \tag{8.2}$$

(Zum Minuszeichen siehe S. 173.)

Induktion und Lorentzkraft

Das Entstehen einer Induktionsspannung ist ein sehr grundlegendes Phänomen. In einer speziellen Situation lässt es sich mit der bereits eingeführten Lorentzkraft verstehen. Dieser Zusammenhang soll im Folgenden dargestellt werden, um einige quantitative Zusammenhänge für das Faraday'sche Induktionsgesetz abzuleiten. Allerdings ist zu beachten, dass das Induktionsgesetz – obwohl es so abgeleitet werden kann – die im Vergleich zur Lorentzkraft allgemeinere Beschreibung der Verbindung zwischen Elektrizität und Magnetismus darstellt. So ist für die Lorentzkraft immer eine Relativbewegung zwischen Leiter und Magnetfeld notwendig, während Induktion auch durch die Änderung der Stärke des Magnetfeldes hervorgerufen wird (Experiment 8.4).

Wird der Ablauf von Experiment 7.10, in dem eine Leiterschaukel in einem Magnetfeld eine Kraft erfährt und sich in Bewegung setzt, sofern sie stromdurchflossen ist, umgekehrt, so entsteht an den Enden der Schaukel eine Induktionsspannung (Experiment 8.5).

🔍 **Experiment 8.5:** An eine Leiterschaukel wird ein empfindliches Spannungsmessgerät angeschlossen. Wird die Leiterschaukel durch das homogene Feld eines Hufeisenmagneten bewegt, so wird eine Induktiosspannung gemessen.

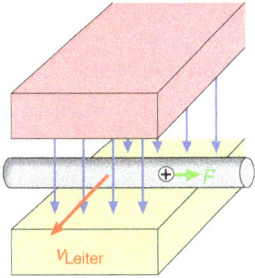

Abb. 8.3: Richtung der Kraft auf eine positive Ladung in der bewegten Leiterschaukel (vgl. Abb. 7.18).

Das Entstehen der Induktionsspannung kann in diesem Fall mit der Lorentzkraft verstanden werden. Hierbei ist:
- die Ursache die Bewegung des Leiters im Feld,
- die Vermittlung das Magnetfeld und
- die Wirkung die resultierende Kraft auf eine positive Ladung.

Die positive Ladung wird dabei längs des Schaukelstabes angetrieben. Die Richtung der Kraft auf die Ladung wird mit der Dreifingerregel der rechten Hand ermittelt (Abb. 8.3, vgl. Abschnitt 7.7), für eine Diskussion der Elektronen verwendet man stattdessen die linke Hand.

Wenn praktisch kein Stromfluss möglich ist (das verwendete Spannungsmessgerät also sehr hochohmig ist), so kommt die durch die Lorentzkraft F_L hervorgerufene Ladungsbewegung zum Erliegen, wenn die durch die Ansammlung der Ladung q am einen Ende und den Mangel am anderen Ende des Leiters hervorgerufene elektrostatische Kraft ebenso groß wie die Lorentzkraft ist:

$$F_L = -F_{elektrostatisch}.\tag{8.3}$$

Einsetzen von Gl. 5.9 und 7.20 liefert

$$qv_{Leiter}B = -qE\tag{8.4}$$
$$= -q\frac{U_i}{d},\tag{8.5}$$

wobei Gl. (5.36) verwendet worden ist, um die Induktionsspannung U_i zu erhalten; d ist die Länge des Leiterstücks, das sich im Magnetfeld befindet. Löst man dies nach U_i auf, so erhält man die Induktionsspannung auf einen bewegten Leiter:

Induktionsspannung in einem bewegten Leiter: Wird ein Leiter der Länge d in mit einer Geschwindigkeit v_{Leiter} durch ein Magnetfeld der Feldstärke B bewegt, so entsteht eine Induktionsspannung

$$U_i = -dv_{Leiter}B.\tag{8.6}$$

Bei dieser vereinfachten Darstellung wird davon ausgegangen, dass das Magnetfeld homogen ist und die Bewegungsrichtung des Leiters und das Magnetfeld orthogonal zueinander stehen.

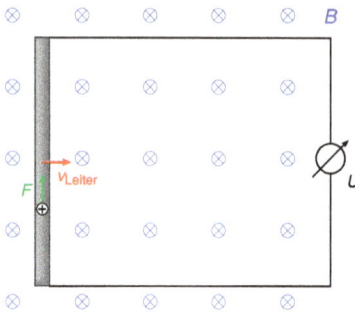

Abb. 8.4: Induktion beim Bewegen eines Leiterstücks durch ein homogenes Magnetfeld. Die Lorentzkraft wirkt auf die mit dem Leiter bewegten Ladungen, bewegt sie längs des Leiters und führt so zu der Induktionsspannung. Man kann aber auch sagen, dass sich die Fläche der Leiterschleife, die aus dem Leiterstück und den Anschlusskabeln gebildet wird, ändert und damit auch der magnetische Fluss (repräsentiert durch die Zahl der Feldlinien) durch diese Fläche. Die magnetische Feldstärke (= Flussdichte) dagegen bleibt hier konstant. Zur Orientierung des Magnetfeldes vgl. Abb. 7.19.

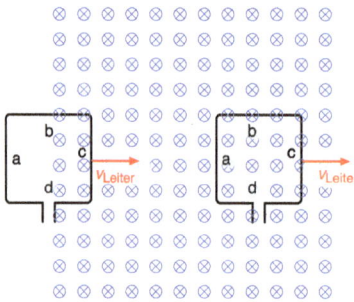

Abb. 8.5: Links: In der Leiterschleife wird eine Spannung induziert, solange sie sich in das Magnetfeld hinein- (oder heraus-) bewegt. Rechts: Bewegt sich die Leiterschleife *innerhalb* des homogenen Magnetfeldes, wird keine Spannung induziert.

Die so gefundene Beziehung kann auf eine Leiterschleife angewendet werden, deren Größe sich ändert, wie in Abb. 8.4 erklärt wird. Und sie kann auch angewendet werden auf eine Leiterschleife, die sich in ein Magnetfeld hineinbewegt (Abb. 8.5, links). Dann wird gemäß der eben diskutierten Erklärung eine Spannung U_c in Abschnitt c induziert. Abschnitt a befindet sich dagegen noch nicht im Magnetfeld. In den Leiterstücken b und d wird (in einem Teil) zwar eine Spannung induziert, jedoch nicht längs des Leiters, sondern quer zu ihm, was lediglich zu einer Verschiebung im Leiterquerschnitt führt. Im Ergebnis kann die in Abschnitt c induzierte Spannung an den offenen Enden der Schleife gemessen werden.

Befindet sich die Leiterschleife vollständig innerhalb des Magnetfeldes (Abb. 8.5, rechts), so wird in Abschnitt c dieselbe Spannung U_c wie während des Eintauchens in das Magnetfeld induziert. In Abschnitt a wird nun eine Spannung U_a induziert. Diese ist aber von gleichem Betrag wie U_c und gleichgerichtet zu dieser, so dass insgesamt keine Spannung an den Schleifenenden resultiert. Die beiden Abschnitte b und d verursachen keine Spannung, wie bereits oben diskutiert.

Beim Herausbewegen der Schleife aus dem Magnetfeld tritt die gleiche Situation ein wie beim Hineinbewegen, allerdings wird die Spannung nun ausschließlich in Abschnitt *a* induziert, weshalb die resultierende Spannung an den Schleifenenden das umgekehrte Vorzeichen im Vergleich zur Situation beim Hineinbewegen besitzt.

Insgesamt wird also nur beim Hinein- und Hinausbewegen der Schleife eine Spannung induziert. Dies ist im Einklang mit dem oben formulierten Faraday'schen Induktionsgesetz, nach dem eine Spannung U_i induziert wird, wenn sich der magnetische Fluss in der Schleife ändert – dies ist während des Hinein- und Hinausbewegens der Fall, nicht aber während der Bewegung innerhalb des Magnetfelds.

Bei einer größeren magnetischen Feldstärke B ist auch die induzierte Spannung U_i größer (vgl. Gl. (8.6)). Bei einer größeren Geschwindigkeit v_{Leiter}, mit der die Schleife in das Magnetfeld bewegt wird, ist die auf die Elektronen wirkende Lorentzkraft und daher die entstehende Spannung größer. Es wird aber auch die Zeit Δt zwischen dem Eintreten von Abschnitt c und dem Eintreten von Abschnitt a in das Magnetfeld kürzer. Dies bedeutet, dass sich der Fluss, der die Schleife durchsetzt, schneller ändert. Daher ist auch in dieser Sichtweise die entstehende Induktionsspannung größer, dies ist ebenfalls im Einklang mit Gl. (8.6).

Lorentzkraft und Induktionsgesetz lassen sich ineinander überführen und werden meist je nach besserer Passung zu der betrachteten Situation benutzt. Tatsächlich war dieser Unterschied in der Herangehensweise ein entscheidender Grund für die Entwicklung der *Speziellen Relativitätstheorie* durch *Albert Einstein* (1879–1955), die er in der Fortführung der Elektrodynamik nach *Maxwell* (vgl. Abschnitt 11.3) sieht:

> Dass die Elektrodynamik Maxwells – wie dieselbe gegenwärtig aufgefasst zu werden pflegt – in ihrer Anwendung auf bewegte Körper zu Asymmetrien führt, welche den Phänomenen nicht anzuhaften scheint, ist bekannt. Man denke z. B. an die elektrodynamische Wechselwirkung zwischen einem Magneten und einem Leiter. Das beobachtbare Phänomen hängt hier nur ab von der Relativbewegung von Leiter und Magnet, während nach der üblichen Auffassung die beiden Fälle, dass der eine oder der andere dieser Körper der bewegte sei, streng voneinander zu trennen sind. Bewegt sich nämlich der Magnet und ruht der Leiter, so entsteht in der Umgebung des Magneten ein elektrisches Feld von gewissem Energiewerte, welches an den Orten, wo sich Teile des Leiters befinden, einen Strom erzeugt. Ruht aber der Magnet und bewegt sich der Leiter, so entsteht in der Umgebung des Magneten kein elektrisches Feld, dagegen im Leiter eine elektromotorische Kraft, welcher an sich keine Energie entspricht, die aber – Gleichheit der Relativbewegung bei den beiden ins Auge gefassten Fällen vorausgesetzt – zu elektrischen Strömen von derselben Größe und demselben Verlaufe Veranlassung gibt, wie im ersten Falle die elektrischen Kräfte [7].

Im ersten Fall entsteht eine Induktionsspannung („elektrisches Feld von gewissem Energiewerte"), im zweiten aber eine („elektromotorische") Kraft, die beide denselben Strom bewirken. Diese Asymmetrie, so die Argumentation, ist künstlich, es darf keinen Unterschied machen, welches der beiden Objekte man bewegt. In der speziellen Relativitätstheorie wird dieser Unterschied aufgehoben, es zählt nur die Relativbewegung. Magnetische Felder werden dabei auf wegen einer vorhandenen Relativbewegung veränderte elektrostatische Felder zurückgeführt (vgl. [27]).

Induktion eines elektrischen Wirbelfeldes

Eine noch allgemeinere Formulierung des Induktionsgesetzes beschreibt statt der induzierten Spannung das entstehende elektrische Feld längs der geschlossenen Schleife. Diese Variante ist auch verwendbar, wenn die Schleife selbst gar nicht vorhanden ist und das elektrische Feld frei im Raum entsteht. Dabei handelt es sich um ein *Wirbelfeld*. Die Existenz dieses Wirbelfelds auch ohne Leiterschleife wird später noch in einem Experiment gezeigt (Abb. 11.8).

Faraday'sches Induktionsgesetz (2): Ein sich änderndes magnetisches Feld erzeugt ein elektrisches Wirbelfeld.

$$\oint \vec{E} \cdot \mathrm{d}\vec{s} = -\frac{\mathrm{d}\Phi_m}{\mathrm{d}t}. \tag{8.7}$$

Das hier verwendete, spezielle Integrationszeichen bedeutet, dass die Integration über den geschlossenen Weg entlang der Leiterschleife oder auch einfach entlang eines geschlossenen Wegs durchgeführt wird. In einem konservativen *elektrischen* Feld ist die längs eines geschlossenen Weges aufaddierte elektrische Feldstärke 0. Ist die Schleife von einem sich ändernden *magnetischen* Feld durchsetzt, ist das anders: Das elektrische Wirbelfeld ist umso größer, je größer die eingeschlossene magnetische Flussänderung ist. Dabei bleibt das Produkt aus elektrischer Feldstärke und Gesamtweg konstant, wenn jeweils derselbe Quotient aus eingeschlossenem Fluss pro Zeit wirkt (Abb. 8.6).

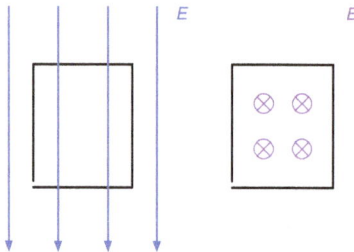

Abb. 8.6: Links: Befindet sich die (fast) geschlossene Leiterschleife in einem *elektrischen* Feld, so ist die Summe aller „aufgesammelter Spannungshäppchen" $\vec{E} \cdot \mathrm{d}\vec{s}$ gleich 0; die beiden Enden der Schleife liegen auf demselben Potential. Rechts: Ändert sich dagegen im Inneren der Schleife der magnetische Fluss, so summiert sich $\vec{E} \cdot \mathrm{d}\vec{s}$ auf, und zwischen den Enden entsteht eine Spannung.

In den meisten Fällen ist es nicht notwendig, den allgemeinen Zusammenhang aus Gl. (8.7) zu verwenden. Wir verwenden für eine einfachere Herleitung zunächst Gl. (7.7):

$$\Phi_m = \vec{B} \cdot \vec{A}. \tag{8.8}$$

Das Skalarprodukt kann mit Hilfe des eingeschlossenen Winkels φ berechnet werden:

$$\Phi_m = BA \cos(\varphi). \tag{8.9}$$

Wenn die Feldlinien die Fläche A senkrecht durchsetzen (mathematisch wird die Fläche durch ihren Normalenvektor $\vec{A}$ repräsentiert, also $\vec{B} \| \vec{A}$), so gilt:

$$\Phi_m = BA. \tag{8.10}$$

Besitzt die Schleife, in der die Spannung induziert wird, n Windungen, so erhält man – im Einklang mit Gl. (8.2) – eine weitere Formulierung des Induktionsgesetzes:

Faraday'sches Induktionsgesetz (3): Eine zeitliche Änderung des magnetischen Flusses durch eine Schleife mit n Windungen bewirkt eine Induktionsspannung vom Betrag

$$U_i = -n\frac{d\Phi_m}{dt} \tag{8.11}$$

$$= -n\frac{d(BA)}{dt}. \tag{8.12}$$

Es wird hier besonders gut deutlich, dass in einer Leiterschleife eine Spannung induziert wird, wenn sich die Fläche der Schleife oder das sie durchsetzende Magnetfeld (oder beides) ändert.

Die Beschreibung ist im Einklang mit Gl. (8.6), die aus der Berechnung der Lorentzkraft hervorgegangen ist. Die Leiterschaukel bildet mit ihrer Aufhängung und ggf. weiteren Kabeln die Leiterschleife (siehe Abb. 8.4). Das Produkt dv_{Leiter} beschreibt dann die zeitliche Änderung der Fläche dieser Schleife: $dA/dt = dv_{Leiter}$. Eine mögliche Änderung von B wird dabei allerdings nicht berücksichtigt, wie bereits oben erwähnt.

Zum Minuszeichen im Induktionsgesetz. In einer Spule mit dem Widerstand R fließt ein Strom I, der durch eine Spannung U hervorgerufen wird. Wird nun in diese Spule ein Eisenkern eingeschoben, so wird dadurch der magnetische Fluss in der Spule größer, d. h., es gilt $\Delta\Phi_m > 0$. Ein Experiment zeigt, dass die Stromstärke in der Spule hierbei abnimmt, woraus gefolgert wird, dass die ursprüngliche Spannung und die Induktionsspannung entgegengesetzte Vorzeichen haben.

Eine strenge Betrachtung des Induktionsgesetzes müsste jedoch darüber hinaus ein Vorzeichen für $\frac{d\Phi_m}{dt}$ erfassen. Dies ist nur mit großem Aufwand möglich und unterbleibt in diesem Lehrbuch. Daher kann über die Richtung der Induktionsspannung eigentlich keine Aussage gemacht werden. Dennoch ist der Gebrauch des Minuszeichens im Induktionsgesetz üblich und wird verstanden als ein Hinweis auf die *Lenz'sche Regel* (8.4). In den allermeisten Fragestellungen ist nur der Betrag der Induktionsspannung von Bedeutung und nicht ihre Richtung, insofern entsteht durch die nicht erfolgende Bestimmung des Vorzeichens kein Mangel.

8.3 Wechselspannung

Verlauf der Spannung mit der Zeit

Bisher haben wir vorrangig Gleichströme betrachtet, d. h., die Fließrichtung der Ladung im elektrischen Stromkreis änderte sich im Laufe der Zeit nicht. Hervorgerufen wird ein solcher Strom durch eine Gleichspannung.

Allerdings hat Experiment 8.3 bereits die Induktion einer *Wechselspannung* gezeigt. Auch im Haushaltsstromnetz haben wir es mit Wechselspannung zu tun. Dies bedeutet, dass die Pole der Elektrizitätsquelle mit einer bestimmten *Frequenz* wechseln (Polrichtungswechsel). Diese Frequenz beträgt im deutschen Stromnetz $f = 50\,s^{-1} = 50\,Hz$, entsprechend ändert die Ladung 100 mal pro Sekunde ihre Fließrichtung.

Bei der Einführung der elektrischen Versorgung Ende des 19. Jahrhunderts wurde diskutiert und gestritten, ob ein Gleichstromnetz oder ein Wechselstromnetz die bessere Wahl ist (vgl. S. 189). Für Gleichstrom spricht, dass er für den menschlichen Körper weniger gefährlich ist und keine elektromagnetischen Störfelder ausstrahlt (vgl. Kapitel 11). Für Wechselstrom spricht, dass seine Spannung *transformiert* werden kann, d. h., der Betrag der Spannung kann relativ leicht verändert werden (vgl. Abschnitt 8.7).

Gleich- und Wechselstrom. Einfache elektrische Geräte, wie eine Glühlampe, können gleichermaßen mit Gleichstrom und Wechselstrom betrieben werden. Messgeräte verwenden meist einen Gleichrichter (vgl. Abb. 12.11), um Wechselstrom anzeigen zu können, so dass auch hierbei der Polwechsel nicht sichtbar wird.

Im Physikanfangsunterricht kann daher auf die differenzierte Betrachtung verzichtet werden. Netzgeräte erscheinen dann als Geräte, die aus einer Eingangsspannung in einer bestimmten Höhe eine Ausgangsspannung in einer anderen machen. Ihre Funktionsweise wird dabei jedoch nicht näher betrachtet.

Zum Vergleich wird mit dem Oszilloskop der zeitliche Verlauf des Wechselspannungssignals eines Netzgeräts untersucht (Experiment 8.6). Diese Wechselspannung hat einen sinus- bzw. cosinusförmigen Verlauf des Momentanwertes $U(t)$ (Abb. 8.7).

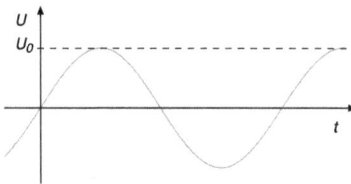

Abb. 8.7: Zeitlicher Verlauf der Spannung bei einer typischen Wechselspannung.

Experiment 8.6: Mit einem Oszilloskop wird der zeitliche Verlauf der Spannung an einem Netzgerät dargestellt. Erwartet wird ein Spannungsverlauf gemäß einer Sinus- bzw. Cosinusfunktion. In der Regel ist das Signal des Netzgeräts dem ähnlich, aber weniger glatt.

Spannungssignal an einem Generator

Das Oszilloskopbild zeigt, dass die von einem Netzgerät abgegebene Spannung einen etwa sinusförmigen Verlauf hat. Dies ist bei allen Energieversorgungsnetzen der Fall und hat mit der Erzeugung des Stroms in Generatoren zu tun (vgl. Abschnitt 8.8). Moderne Solarkraftwerke stellen dagegen Gleichspannung zur Verfügung, und auch für manche Stromtransportlösungen ist Gleichstrom erforderlich. Konventionelle Elektrizitätswerke verwenden jedoch Generatoren. Das einfachste Beispiel für einen solchen Generator ist die sich im Magnetfeld drehende Leiterschleife oder Spule.

In Experiment 8.3 dreht sich eine flache Spule in dem (einigermaßen) homogenen, zeitlich konstanten Magnetfeld eines Hufeisenmagneten hin und her. In diesem einfachen Experiment ändert sich die *Winkelgeschwindigkeit* ω der Spule fortwährend. In einem Generator dagegen wird die Spule von außen angetrieben und ihre Winkelgeschwindigkeit ist (zumindest über einen gewissen Zeitraum) konstant. Diese Winkelgeschwindigkeit ω ist der Quotient aus dem überstrichenen Winkel $\Delta\varphi$ und der dafür benötigten Zeit Δt. In der folgenden Herleitung gehen wir vereinfachend davon aus, dass die Drehung zum Zeitpunkt $t = 0$ beim Drehwinkel $\varphi = 0$ beginnt:

$$\omega = \frac{\varphi}{t}. \tag{8.13}$$

Dies ist zugleich die *Kreisfrequenz*, die mit der Frequenz f eines periodischen Vorgangs wie folgt zusammenhängt:

$$\omega = 2\pi f. \tag{8.14}$$

Die Induktionsspannung U_i ist mit Gl. (8.11)

$$U_i = -n\frac{\mathrm{d}(BA)}{\mathrm{d}t},$$

wenn Magnetfeld $\vec{B}$ und Flächenvektor $\vec{A}$ parallel sind. Für die weitere Herleitung stellen wir uns die Spule flach oder als einzelne Leiterschleife vor. Magnetfeld $\vec{B}$ und Flächenvektor $\vec{A}$ nehmen dann während der Drehung den sich mit der Zeit ändernden Winkel $\varphi(t)$ ein (Abb. 8.8), und wir erhalten mit Gl. (9.9):

$$U_i(t) = -n\frac{\mathrm{d}(BA\cos(\varphi))}{\mathrm{d}t} \tag{8.15}$$

$$= -n\frac{\mathrm{d}(BA\cos(\omega t))}{\mathrm{d}t}. \tag{8.16}$$

Die Ableitung kann ausgeführt werden, und mit der Kettenregel ergibt sich für die Induktionsspannung an einer sich drehenden Spule ein sinusförmiger Verlauf von $U_i(t)$, wie bereits im Experiment beobachtet.

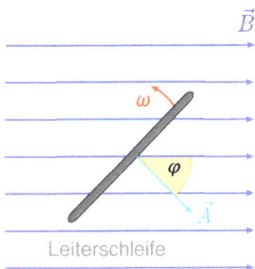

Abb. 8.8: Zur Herleitung des zeitlichen Verlaufs der in einer sich drehenden Schleife induzierten Spannung.

> **Rotierende Spule:** Dreht sich eine Spule mit n Windungen und der Fläche A mit der Kreisfrequenz ω in einem homogenen Magnetfeld B, so wird eine Wechselspannung U_i induziert:
>
> $$U_i(t) = n\omega BA \sin(\omega t). \tag{8.17}$$

Der Maximalwert der Spannung tritt auf, wenn $\sin(\omega t) = 1$. Er wird Scheitelspannung U_0 genannt. Damit gilt:

$$U_0 = n\omega BA \tag{8.18}$$

und weiter

$$U_i(t) = U_0 \sin(\omega t). \tag{8.19}$$

Ensprechend ist für den Wechselstrom

$$I(t) = I_0 \sin(\omega t). \tag{8.20}$$

8.4 Lenz'sche Regel

Berührungsloses Bremsen

Die *Lenz'sche Regel* beschreibt die Rückwirkung des Induktionsstroms auf die Induktionsursache. Als einführendes Phänomen bietet sich das – zunächst überraschende Ergebnis – von Experiment 8.7 an.

Experiment 8.7: Eine Magnetkugel wird durch ein Kupferrohr fallen gelassen. Diese Kugel fällt im Vergleich zu einer Stahlkugel deutlich verzögert, so als müsste sie eine zähe Flüssigkeit durchdringen (Abb. 8.9).

Das Ergebnis lässt sich mit Hilfe eines anderen Experiment verstehen: Lässt man einen Stabmagneten in einer kurzgeschlossenen Spule schwingen, so wird die Schwingung stark gedämpft (Experiment 8.8).

Abb. 8.9: Eine Magnetkugel fällt durch ein Kupferrohr stark verzögert.

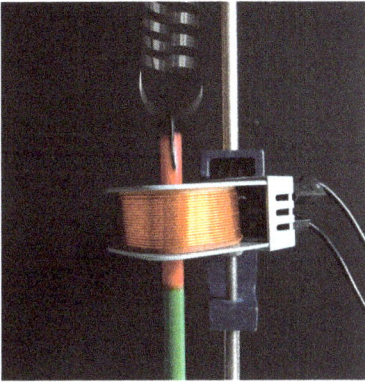

Abb. 8.10: Lenz'sche Regel: Die Schwingung des Magneten wird gebremst, wenn die Spule kurzgeschlossen wird.

Experiment 8.8: Ein Stabmagnet wird an einer Schraubenfeder so aufgehängt, dass er in eine Spule hineinschwingen kann. Das Experiment wird sowohl mit nicht verbundenen Spulenenden, als auch mit kurzgeschlossener Spule durchgeführt (Abb. 8.10). Man stellt fest, dass im zweiten Fall die Schwingung stark gedämpft ist. Das Experiment wird ein weiteres Mal durchgeführt, nun aber mit einem an die Spulenenden angeschlossenen Voltmeter. Dies zeigt während der Bewegung des Magneten eine Induktionsspannung an.

Beim Schwingen des Magneten wird die Spule von einem sich ändernden Magnetfeld durchsetzt. Daher ist zu erwarten, dass eine Spannung in der Spule induziert wird, was sich im dritten Teil von Experiment 8.8 bestätigt.

Im ersten Teil (offene Spulenenden) wird durch die Induktionsspannung kein Strom hervorgerufen, im dritten Teil (angeschlossenes Voltmeter) nur ein sehr geringer. Werden die beiden Spulenenden jedoch kurzgeschlossen, so wird durch die Spannung auch ein merklicher elektrischer Strom in der Spule in Gang gebracht. Die stromdurchflossene Spule bekommt hierdurch selbst ein Magnetfeld – und dieses ist offenbar so gerichtet, dass die Schwingung des Stabmagneten gehemmt wird. Dies wird durch die Lenz'sche Regel ausgedrückt.

Lenz'sche Regel: Eine Induktionsspannung ist stets so gerichtet, dass sie ihre Ursache zu hemmen sucht.

Der Befund wird nun noch einmal in einer geordneten Darstellung zusammengefasst:
1. Ändert sich das Magnetfeld in einer Spule, so wird eine Spannung U_i induziert.
2. Falls die Spule Teil eines geschlossenen Stromkreises ist, fließt daraufhin ein Strom.
3. Dieser Strom bewirkt ein Magnetfeld in dieser Spule.
4. Dieses Magnetfeld ist so gerichtet, dass es der Ursache entgegenwirkt.

Da die Lenz'sche Regel die Richtung des induzierten Stroms lediglich beschreibt, aber nicht erklärt, muss dies noch auf andere Weise geschehen.

Theorie–Gesetz–Regel–Modell. In den Naturwissenschaften ist eine Theorie ein größerer Komplex miteinander zusammenhängender Aussagen. Diese Aussagen gelten aktuell als bestätigt oder zumindest als in der Diskussion begriffen. Ein Beispiel ist die *kinetische Theorie der Wärme*. Im Alltagssprachgebrauch dagegen ist eine Theorie eine noch sehr vorläufige, spekulative Annahme.

Die Aussagen der Theorie sind meist Gesetze. So sind beispielsweise die *Gasgesetze* Bestandteile der *kinetischen Gastheorie*. Diese und damit die gesamte Theorie müssen sich fortwährend empirisch bewähren.

Ein *Modell* ist ein vereinfachtes Abbild der Wirklichkeit. Es besteht aus einer kleineren Struktur von Zusammenhängen und erfüllt die Gesetze einer Theorie. Hierzu zählt z. B. das Modell des *idealen Gases*. Im Vergleich zu einem realen Gas wird die Wirklichkeit vereinfacht dargestellt, denn in diesem Modell haben die Teilchen keine Ausdehnung und üben keine Kräfte aufeinander aus, außer beim direkten Stoß. Dennoch wird das Verhalten eines realen Gases annähernd abgebildet, und die Gesetze der kinetischen Gastheorie werden erfüllt.

Eine *Regel* oder auch ein *Prinzip* dagegen ist eine kurz gefasste Formulierung eines Zusammenhangs oder Sachverhaltes, die mit einer Theorie im Einklang ist, ohne dass dabei der Grund für das Eintreten des Zusammenhangs aufgelöst wird.

Erklärungsvarianten

Zum einen kann zur Erklärung der Energiesatz herangezogen werden. Würde der in die Spule hineinschwingende Magnet in der Spule kein abstoßendes, sondern ein anziehendes Magnetfeld hervorrufen, so würde die Schwingung des Magneten nicht gedämpft, sondern verstärkt. Das aber würde die Schwingungsenergie vergrößern, ohne dass ersichtlich wäre, woher diese Energie kommt. Bei der Dämpfung jedoch wird der Schwingung Energie entzogen und durch den Ohm'schen Widerstand der Spule in Wärme umgewandelt.

Eine wirklich befriedigende Erklärung müsste allerdings die Richtung des durch die Induktion hervorgerufenen Stroms und das aus ihm resultierende Magnetfeld vorhersagen. Allerdings ist in diesem Lehrbuch die Richtung der induzierten Spannung nur plausibel gemacht worden, nicht aber streng im Zusammenhang mit der Richtung des sich ändernden Magnetfeldes formuliert worden (vgl. den Kommentar zum Minuszeichen im Induktionsgesetz, S. 173). Daher unterbleibt hier die Erklärung auf diesem Niveau.

Die Auswirkung des Induktionsstroms kann auch mit dem *Thomson'schen Ringversuch* gezeigt werden (nach *Elihu Thomson*, 1853–1937; Experiment 8.9, 8.10).

Experiment 8.9: *Thomson'scher Ringversuch* (1): Ein Aluminiumring wird an zwei Fäden aufgehängt. Stößt man einen Stabmagneten in den Ring, so weicht dieser nach hinten aus.

Experiment 8.10: *Thomson'scher Ringversuch* (2) oder magnetische Schleuder: Eine Spule mit einem Kern, der aus ihr hinausragt, wird auf einen Tisch gestellt. Über den Kern wird ein Aluminium- oder Kupferring gelegt. Schaltet man einen Strom durch die Spule ein, so wird der Ring abgestoßen (Abb. 8.11).

Ein zu großer Strom erhitzt die Spule aufgrund ihres Leitungswiderstandes stark, so dass sie zerstört werden kann. Kurzzeitig kann eine Spule jedoch einen sehr viel größeren als den angegebenen

Nennstrom verkraften. In einer drastischen und gefährlichen Variante des Experiments kann man das dazu ausnutzen, den Ring bis an die Decke des Raums zu schleudern. Als Elektrizitätsquelle wird dabei ein Hochspannungskondensator verwendet, der sich über die Spule entlädt. Als Schalter dient ein Drahtstück, das an einem langen Isolator befestigt ist und den Stromkreis zwischen zwei Isolierständern schließt. Diese Variation des Experiments ist jedoch gefährlich und wird nicht zur Durchführung empfohlen!

Das Experiment lässt sich auch mit Wechselspannung durchführen. Hinweise zu der in diesem Fall komplizierteren Erklärung und ein Vorschlag für einen ungefährlichen Aufbau liefert [35].

Abb. 8.11: Start des Rings beim Thomson'schen Ringversuch.

Ein Induktionsstrom kann nicht nur in einer Spule oder einer Leiterschleife, sondern auch in einer Metallscheibe fließen. Dabei dient jeweils der Bereich der Scheibe, der momentan das sich ändernde Magnetfeld umschließt, als Schleife; der so in der Fläche fließende Strom wird *Wirbelstrom* genannt.

Das *Waltenhofen'sche Pendel* (Experiment 8.11) wird beim Schwingen durch ein Magnetfeld gebremst, weil immer neue Bereiche der Scheibe aus leitfähigem, aber nicht ferromagnetischem Material von einem Magnetfeld durchsetzt werden. Durch diese Magnetfeldänderung wird lokal ein Wirbelstrom induziert, welcher wiederum ein Magnetfeld zur Folge hat. Gemäß der Lenz'schen Regel wirkt der Induktionsstrom seiner Ursache entgegen; die Schwingung wird gebremst (Experiment 8.11). Eine unterbrochene Scheibe wird dagegen nicht gebremst, da um das Magnetfeld kein geschlossener (Wirbel-)Stromkreis entstehen kann.

Die bei diesem Pendel sichtbare Bremswirkung wird als verschleißfrei arbeitende Wirbelstrombremse z. B. in Straßenfahrzeugen, in Fitnessgeräten und als Linearbremse auch im Schienenverkehr eingesetzt. Auch die fallende Magnetkugel bewirkt in Experiment 8.7 Wirbelströme und zwar in der Wand des Kupferrohrs. Wie auch immer das Magnetfeld der Kugel orientiert ist: Das mit den Wirbelströmen entstehende Magnetfeld hemmt die Fallbewegung.

Abb. 8.12: Waltenhofen'sches Pendel.

Experiment 8.11: *Waltenhofen'sches Pendel*: Ein Aluminiumscheibe pendelt durch ein Magnetfeld, das von einem starken Elektromagneten hervorgerufen wird. Nach dem Auslenken wird die Bewegung stark gebremst (Abb. 8.12). Ist die Scheibe dagegen wie ein Kamm mehrfach unterbrochen, so wird die Pendelbewegung nicht gebremst.

8.5 Selbstinduktion

Magnetfeld und Induktion in derselben Spule

In einem Stromkreis, in dem sich ein Magnetfeld aufbaut, beginnt der Strom verzögert zu fließen (Experiment 8.12). Erkennbar ist dies an einer Glühlampe, die mit einer Spule mit Eisenkern in Reihe geschaltet ist.

Mit der *Lenz'schen Regel* ist dieses Verhalten zu verstehen:

1. Beginnt in einer Spule ein Strom zu fließen, so baut sich in ihr ein Magnetfeld auf.
2. Durch dieses sich ändernde Magnetfeld wird in der Spule selbst eine Spannung U_i induziert.
3. Diese ist der Induktionsursache, hier der äußeren Spannung entgegengerichtet; das Anwachsen des Stroms wird gehemmt.

Die Lampe als Indikator für den Strom leuchtet daher erst verspätet auf. Dieselbe Argumentation kann so geführt werden, dass der Induktionsstrom explizit erwähnt wird: Durch die Induktionsspannung beginnt ein Induktionsstrom im Stromkreis zu fließen, der dem durch die äußere Spannung verursachten Strom entgegengerichtet ist.

Da die Spannung in derselben Spule induziert wird, die auch das Magnetfeld aufbaut, heißt dieser Vorgang *Selbstinduktion*. Selbstinduktion zeigt sich besonders auffällig in Spulen. Sie tritt aber grundsätzlich in jedem stromdurchflossenen Leiter auf.

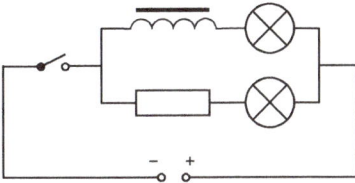

Abb. 8.13: Eine Spule mit Kern und ein Ohm'scher Widerstand sind jeweils mit einer Glühlampe in Reihe geschaltet. Wird der Stromkreis geschlossen, leuchtet die Glühlampe in Reihe mit der Spule verzögert auf.

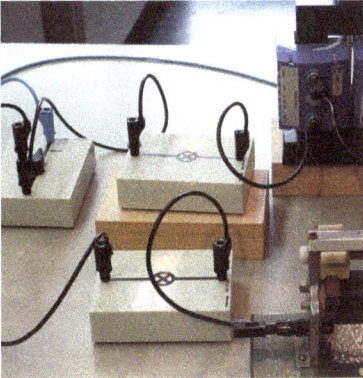

Abb. 8.14: Aufbau des Experimentes nach Schaltbild 8.13. Vorne ein veränderlicher Widerstand, hinten eine Spule mit Kern.

Selbstinduktion (1): Jeden Strom umgibt ein Magnetfeld, das von ihm selbst verursacht ist. Eine Änderung der Stromstärke führt zu einer Änderung des Magnetfeldes, die im Stromkreis eine Induktionsspannung hervorruft.

Experiment 8.12: Eine Spule mit Kern und ein veränderlicher technischer Widerstand werden parallel geschaltet. Zu jedem Bauteil wird eine Glühlampe in Reihe geschaltet (Abb. 8.14). An die Schaltung wird eine (geglättete) Gleichspannung angelegt. Der veränderliche Widerstand wird so eingestellt, dass beide Glühlampen gleich hell leuchten. Anschließend wird der Schalter geöffnet und wieder geschlossen. Man erkennt, dass beim Einschalten die Lampe, die mit der Spule in Reihe geschaltet ist, später aufleuchtet.

Die umgekehrte Situation ergibt sich beim Ausschalten. In Experiment 8.13 beginnt die zur Spule parallel geschaltete Glimmlampe überhaupt erst beim Unterbrechen des Stromkreises zu leuchten. An der Spule und an der Glimmlampe liegt zu Beginn eine Spannung an, die einen Strom durch die Spule verursacht (Abb. 8.15, rote Stromrichtung). Die Spannung ist aber geringer als die Zündspannung, bei der die Glimmlampe zu leuchten beginnt (vgl. Abschnitt 6.2). Erst beim Ausschalten des Stroms leuchtet die Lampe kurzzeitig auf.

Auch hier ist für die Erklärung die Lenz'sche Regel hilfreich: Beim Ausschalten des Stroms (rote Stromrichtung) ändert sich das Magnetfeld in der Spule, so dass in derselben Spule eine Spannung induziert wird. Diese ist so gerichtet, dass sie der Induktionsursache entgegenwirkt. Da die Induktionsursache das Abnehmen des durch

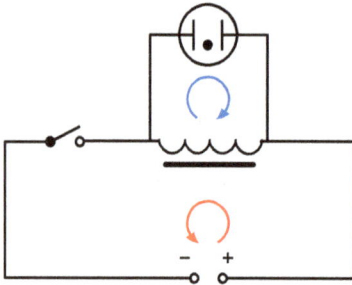

Abb. 8.15: Zu einer Spule mit Kern ist eine Glimmlampe parallel geschaltet. Diese leuchtet bei geschlossenem Schalter nicht, da die Spannung, die anliegt, nicht ausreicht. Dagegen leuchtet die Lampe beim Öffnen des Schalters kurzzeitig auf.

die äußere Spannung verursachten Strom ist, ist die Induktionsspannung so gerichtet, dass sie den Strom (eine kurze Zeitdauer) aufrecht erhält. Da der Schalter zu diesem Zeitpunkt bereits geöffnet ist, kann der Strom nicht durch den bisherigen Stromkreis fließen. Die Spannung reicht aber aus, um die Glimmlampe zu zünden, und der Strom fließt daher über diese (Abb. 8.15, blaue Stromrichtung). Die Selbstinduktionsspannung ist höher als die Versorgungsspannung, weil die Änderung der Stromstärke sehr schnell verläuft.

Experiment 8.13: Zu einer Spule mit Eisenkern wird eine Glimmlampe parallel geschaltet (Abb. 8.15). Durch die Spule fließt bei geschlossenem Schalter ein Strom, der durch eine Spannung verursacht wird, die kleiner als die Zündspannung der Glimmlampe ist. Beim Öffnen des Schalters leuchtet die Glimmlampe dagegen kurzzeitig auf.

Sequenzielle Argumentation. In vielen Fällen muss bei einer physikalischen Klärung der gesamte zu betrachtende Gegenstand gleichzeitig im Blick sein. Dies ist zum Beispiel der Fall bei der Analyse von Stromkreisen.

Bei der Erklärung des Vorgangs der Selbstinduktion ist es anders: Hier ist die gesamte Argumentation durchaus etwas komplex, sie besteht aber aus einzelnen, für sich jeweils einfachen Schritten. Diese müssen dann lediglich in die richtige Reihenfolge gebracht werden, die sequenziell abgearbeitet wird.

Anwendungen der Selbstinduktion

Die Selbstinduktion kann genutzt werden, um auf einfache Weise kurzzeitig eine hohe Spannung bereitzustellen. Dies kommt bei verschiedenen elektromagnetischen Geräten zum Einsatz, die allerdings in jüngerer Zeit zunehmend durch elektronische Varianten ersetzt werden.

In einer *Leuchtstofflampe* (Abschnitt 6.2) wird eine Gasentladung gezündet, die mit ihrem ultravioletten Licht einen Leuchtstoff auf der Glasröhre zum Leuchten im sichtbaren Bereich anregt. Um die Entladung zu zünden, ist eine höhere Spannung erforderlich, als sie zum Betrieb benötigt wird. Im *Starter* wird hierzu mit Hilfe eines Bimetallschalters der Stromkreis durch ein kleine Spule (*Drossel*), die im Dauerbetrieb

Abb. 8.16: Elektrozaun.

die Stromstärke begrenzt (siehe Abschnitt 9.2), schlagartig geöffnet. Durch die Selbstinduktion wird eine ausreichend hohe Spannung erreicht.

Ein *Weidezaungerät* sorgt periodisch kurzzeitig für eine hohe Spannung zwischen Zaun und Erde (Abb. 8.16). Das Gerät wird mit einer Batterie mit einer Spannung von $U = 12\,\mathrm{V}$ betrieben. Die sehr viel höhere Spannung zwischen Zaun und Erde wird durch Selbstinduktion erreicht, indem wiederkehrend ein Stromkreis durch eine Spule geöffnet wird. Dies ist als Ticken zu hören.

Um das Treibstoffgemisch in einem Verbrennungsmotor zu zünden, springt ein Funke zwischen den beiden Elektroden einer Zündkerze über. Die hierfür erforderliche Spannung ist $10 – 30\,\mathrm{kV}$, während die Versorgungsspannung im Kraftfahrzeug nur $12\,\mathrm{V}$ beträgt. Die Spannung in der benötigten Höhe wird in älteren Fahrzeugen durch die Selbstinduktion in einer *Zündspule* bewirkt. Der durch sie fließende Strom wird im jeweils richtigen Zeitpunkt von einem *Unterbrecher* ausgeschaltet.

Induktivität

Für die Größe der bei der Selbstinduktion entstehenden Spannung ist entscheidend, wie schnell sich die Stromstärke ändert. Aber auch die Eigenschaften der Spule spielen eine Rolle. Die magnetische Feldstärke in einer stromdurchflossenen Spule ist nach Gl. (7.9):

$$B = \mu_0 \mu_\mathrm{r} I \frac{n}{l}.$$

Beim Ändern dieser Feldstärke wird in derselben Spule eine Spannung U_i induziert. Es gilt daher mit Gl. (8.11):

$$U_\mathrm{i} = -n \frac{\mathrm{d}(\Phi_\mathrm{m})}{\mathrm{d}t} \tag{8.21}$$

$$= -nA \frac{\mathrm{d}(B)}{\mathrm{d}t} \tag{8.22}$$

$$= -nA\mu_0\mu_r \frac{\mathrm{d}I}{\mathrm{d}t}\frac{n}{l} \tag{8.23}$$

$$= -\mu_0\mu_r \frac{n^2}{l}A\dot{I}. \tag{8.24}$$

Die Eigenschaften der Spule selbst werden zusammengefasst und als *Induktivität L* bezeichnet.

> **Induktivität:** Die Induktivität L einer Spule mit der Windungszahl n, der Querschnittsfläche A und der Länge l ist:
>
> $$L = \mu_0\mu_r \frac{n^2}{l}A. \tag{8.25}$$

Die Induktivität hat die Einheit Henry (H): $1\,\mathrm{H} = 1\,\mathrm{T\,m^2\,A^{-1}}$. Ihr Wert ist neben dem Ohm'schen Widerstand R und der Windungszahl n auf Spulen für Lehrzwecke aufgedruckt. Aus Gl. (8.24) wird dann kurzgefasst die folgende Formulierung:

> **Selbstinduktion (2):** Die bei der Selbstinduktion in einer Spule der Länge l und der Querschnittsfläche A mit n Windungen hervorgerufene Induktionsspannung U_i ist
>
> $$U_i = -L\dot{I}. \tag{8.26}$$

8.6 Energie des magnetischen Feldes

Woher kommt die Energie, die die Glimmlampe in Experiment 8.13 zum Leuchten bringt? Sie kann nur als Energie E_L im Magnetfeld der Spule gespeichert gewesen und während dessen Aufbau investiert worden sein. Es ist genau die Energie, die beim Einschalten des Stroms durch die Verzögerung zunächst nicht zum Leuchten der Lampe verwendet worden ist (Experiment 8.12).

Experiment 8.14: Zwei Spulen werden durch einen Eisenkern magnetisch gekoppelt. An eine der Spulen wird eine (Gleichstrom-)Elektrizitätsquelle angeschlossen, an die andere eine Glühlampe (Abb. 8.17). Dabei leuchtet die Lampe zunächst nicht. Dann wird die Elektrizitätsquelle von der Spule getrennt. Nach einiger Zeit wird das Joch des Eisenkerns abgehoben, worauf die Glühlampe kurz aufleuchtet. (Das Joch lässt sich nur schwer abheben – es genügt aber auch ein geringerer magnetischer Schluss durch ein nur teilweise aufgelegtes Joch.)

Wenn Strom durch die Spule fließt, besitzt diese ein Magnetfeld, wodurch auch der Eisenkern magnetisiert wird. Dessen Magnetisierung und damit dessen Feld bleiben zum Teil erhalten, wenn die Elektrizitätsquelle abgetrennt wird. Beim Anheben des Jochs wird das Magnetfeld (nahezu) zerstört, und durch diese Magnetfeldänderung wird in den Spulen eine Spannung induziert.

Die Leistung, die mit dem Induktionsstrom verbunden ist, ist mit Gl. (2.22)

$$P = \frac{\mathrm{d}E_L}{\mathrm{d}t} = U_i I \tag{8.27}$$

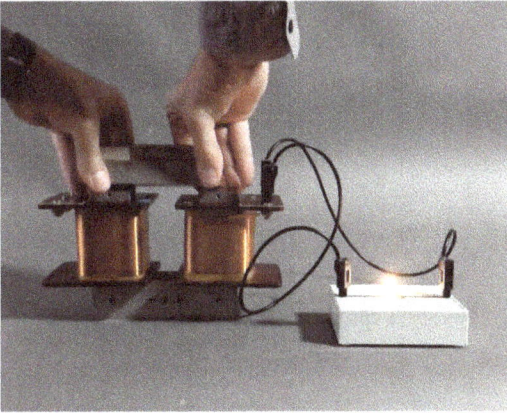

Abb. 8.17: Das Abheben des Jochs führt zum abrupten Abbau des Magnetfeldes im Eisenkern. Dadurch wird in den Spulen eine Spannung induziert.

und mit Gl. (8.26)

$$= -L\frac{\mathrm{d}I}{\mathrm{d}t}I. \tag{8.28}$$

Die magnetische Energie ist damit (vereinfacht ausgedrückt)

$$\mathrm{d}E_L = LI\,\mathrm{d}I, \tag{8.29}$$

wobei das Vorzeichen der Induktionsspannung nicht als relevant angesehen wird, so dass sowohl die Energie beim Aufbauen des Magnetfeldes als auch das Freiwerden der Energie beim Abbau gemeint sein kann. Integration liefert

$$E_L = \frac{1}{2}LI^2. \tag{8.30}$$

Energie des Magnetfeldes einer stromdurchflossenen Spule: Eine Spule mit der Induktivität L, die von einem Strom der Stärke I durchflossen wird, speichert die Energie E_L in ihrem Magnetfeld:

$$E_L = \frac{1}{2}LI^2. \tag{8.31}$$

8.7 Transformator

Mit einem *Transformator* kann die Amplitude einer Wechselspannung, die Scheitelspannung, verändert werden. Hierfür wird die Induktion genutzt.

Ein Transformator besteht aus zwei Spulen, die durch einen gemeinsamen Eisenkern magnetisch (aber nicht elektrisch) verbunden sind (Abb. 8.18). An der Primär- oder Feldspule mit n_1 Windungen wird eine Wechselspannung U_1 angelegt, die dadurch einen sich ändernden magnetischen Fluss erzeugt. Der Spannungsabfall in der

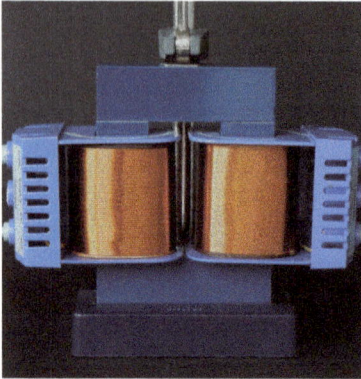

Abb. 8.18: Transformator mit 600 Windungen auf der Primärseite (Feldspule, links) und 1200 Windungen auf der Sekundärseite (Induktionsspule, rechts).

Abb. 8.19: Masttransformator (in Irland), oben Zuleitung, unten Leitung zum Haushalt.

Spule ist gleich der induzierten Spannung (vgl. Gl. (8.11)):

$$U_1 = -n_1 \frac{\mathrm{d}(\Phi_\mathrm{m})}{\mathrm{d}t}.$$

Hat die Sekundär- oder Induktionsspule ebenso viele Windungen n_2, so wird durch diese Flussänderung in ihr dieselbe Spannung $U_2 = U_1$ induziert. Für eine abweichende Windungszahl wird dagegen die n_2/n_1-fache Spannung U_2 induziert.

Spannungsübersetzung eines Transformators: Die Spannungsübersetzung eines Transformators mit den Windungen n_1 und n_2 ist:

$$\frac{U_1}{U_2} = -\frac{n_1}{n_2}. \tag{8.32}$$

Das Minuszeichen bedeutet hierbei, dass die Spannung U_2 um 180° gegenüber U_1 phasenverschoben ist. Dies gilt für den *unbelasteten* Transformator, bei dem auf der Sekundärseite keine Leistung entnommen wird. Es gilt auch noch ausreichend gut, wenn die entnommene Leistung nicht zu groß ist.

Wird an der Sekundärseite eine elektrische Leistung entnommen, so muss dieselbe Leistung auf der Primärseite bereitgestellt werden. Es gilt

$$P_1 = P_2$$
$$\Rightarrow U_1 I_1 = U_2 I_2$$

und mit Gl. (8.32)

$$\frac{I_1}{I_2} = -\frac{n_2}{n_1}.$$

Diese einfache Beziehung ist nur richtig, wenn Verluste im Transformator vernachlässigt werden. Verluste entstehen, weil die Spulen einen Leitungswiderstand haben.
Ein zweiter Grund ist, dass im Eisenkern Wirbelströme induziert werden können. Man
verringert dies, indem der Kern nicht aus massivem Material gefertigt wird, sondern
aus einzelnen Blechen, die den möglichen Stromweg unterbrechen, oder aus gering
leitfähigem *Ferrit*. Experiment 8.15 bestätigt das erwartete Verhältnis von Primär- und
Sekundärspannung.

Transformatoren werden im Haushalt eingesetzt, um die Netzspannung von 230 V
in eine Spannung zu wandeln, die vom angeschlossenen Gerät benötigt wird. Oft liegt
diese Spannung in einem Bereich von einigen Volt bis 20 V. Mobiltelefone werden beispielsweise mit einer Spannung von 5 V geladen. Die hierfür verwendeten Steckerla-
degeräte sind Transformatoren, die allerdings eine besondere Technik verwenden, um
den Eisenkern klein halten zu können. Nach dem Transformieren wird die Spannung
noch gleichgerichtet, d. h. von Wechselspannung in Gleichspannung umgewandelt.

Experiment 8.15: Zwei Spulen werden durch einen gemeinsamen Eisenkern verbunden; an eine der
Spulen wird eine Wechselspannung angelegt. Das Verhältnis von Primär- und Sekundärspannung wird
mit dem Windungszahlverhältnis verglichen.

Experiment 8.16: Ein Transformator mit einer Primärspule $n_1 = 500$ und einer Sekundärspule $n_2 = 5$
wird aufgebaut. Die Primärspule wird an Netzspannung angeschlossen; an der Sekundärspule werden
zwei Eisennägel befestigt (Abb. 8.20). Wenn sich diese berühren, fließt bei der kleinen Spannung von
2,3 V ein Strom hoher Stromstärke. Die beiden Eisennägel werden hierdurch zusammengeschweißt.

Experiment 8.17: Ein Transformator mit einer Primärspule $n_1 = 500$ und einer Sekundärspule $n_2 =$
10 000 wird aufgebaut. Die Primärspule wird an Netzspannung angeschlossen; an der Sekundärspule
werden zwei starke Drähte in einem Abstand von einigen Millimetern befestigt. Durch die hohe Spannung von $U_2 = 4\,600$ V wird eine Entladung gezündet, die wegen der Erwärmung der Luft nach oben
wandert (Abb. S. 165).

Abb. 8.20: Transformator, der bei niedriger Sekundärspannung eine hohe Stromstärke ermöglicht.

Elektrizitätsversorgung

Beim Transport elektrischer Energie von einem Elektrizitätswerk zu Haushalten oder Betrieben ist es erforderlich, den Verlust im Leitungsnetz möglichst gering zu halten. Dieser Verlust entsteht dadurch, dass die Leitungen einen Leitungswiderstand R haben und somit Energie in Form von Wärme verloren geht.

Die mit der Leitung übertragene Leistung P ist nach Gl. (2.22)

$$P = UI.$$

Die Verlustleistung P_V im Kabel ist mit der Spannung U_R, die an der Leitung abfällt,

$$P_V = U_R I. \tag{8.33}$$

Hieraus wird mit $U_R = RI$

$$P_V = RI^2. \tag{8.34}$$

Der relative Verlust ist somit

$$\frac{P_V}{P} = \frac{RI^2}{UI} \tag{8.35}$$

$$= \frac{RI}{U}. \tag{8.36}$$

Um den relativen Verlust bei einer gegebenen zu übertragenden Leistung zu betrachten, wird mit P erweitert:

$$\frac{P_V}{P} = \frac{RIP}{UP}$$

$$= \frac{RIP}{U^2 I}$$

$$= \frac{R}{U^2} P.$$

Der relative Verlust sinkt also mit dem Quadrat der Spannung. Dies ist der Grund dafür, dass für den Energietransport mit Überlandleitungen auf eine hohe Spannung transformiert wird. Die Spannung wird durch weitere Transformatoren nach der Übertragung auf die benötigte Spannung herabtransformiert (Abb. 8.19).

Beispiel zur Elektrizitätsversorgung: Eine Leistung von P = 200 kW soll von einem Elektrizitätswerk über eine Entfernung von l = 100 km übertragen werden. Die verwendete Leitung besteht aus Aluminium und Stahl und hat einen Durchmesser von r = 10 mm. Die zur Übertragung verwendete Spannung ist 230 kV. Für die Berechnung können Sie vereinfacht annehmen, dass die Leitung nur aus Aluminium besteht. Der spezifische Widerstand von Aluminium ist ρ = 0,028 · 10^{-6} Ω m = 0,028 Ω mm^2/m.

1. Welche Stromstärke hat der Strom, der diese Leistung transportiert?

    $P = UI \Rightarrow I = P/U = \frac{2 \cdot 10^5 \text{ W}}{2,3 \cdot 10^5 \text{ V}} \approx 0,9 \text{ A}$

2. Welchen Widerstand hat die Leitung?

    Die Energie wird in einem geschlossenen Stromkreis übertragen, daher ist die gesamte Leitungslänge $2l$. Damit ist $R = \rho 2l/A = 0,028 \text{ Ω mm}^2/\text{m} \cdot \frac{2 \cdot 10^5 \text{ m}}{\pi(10 \text{ mm})^2} \approx 18 \text{ Ω}$

3. Wie hoch wäre die Stromstärke in der Leitung, wenn sie nur durch deren Widerstand begrenzt würde?

    $U = RI_W \Rightarrow I_W = U/R = 2,3 \cdot 10^5 \text{ V}/18 \text{ Ω} \approx 13 \text{ kA}$. Tatsächlich wird die Stromstärke natürlich durch die Geräte („Verbraucher"), die nach der Leitung angeschlossen sind, begrenzt.

4. Wie hoch ist der Anteil der Spannung U_R, der erforderlich ist, um den Strom gegen den Widerstand der Leitung fließen zu lassen?

    $U_R = RI = 18 \text{ Ω} \cdot 0,9 \text{ A} \approx 16 \text{ V}$

5. Wie hoch ist die Verlustleistung?

    $P_V = U_R I = 16 \text{ Ω} \cdot 0,9 \text{ A} \approx 15 \text{ W} (= I^2 R = U_R^2/R)$

6. Wie hoch ist die relative Verlustleistung?

    $P_V/P = \frac{14 \text{ W}}{2 \cdot 10^5 \text{ W}} = 7 \cdot 10^{-5} (= RP/U^2)$

(Um den Fehler bei einer Berechnung klein zu halten, ist es eigentlich nicht sinnvoll, Zwischenergebnisse zu berechnen und weiterzuverwenden. Dies wurde hier jedoch nicht beachtet, damit die Einzelergebnisse miteinander verglichen werden können.)

Energieversorgungsnetze. In den Vereinigten Staaten von Amerika wurde der Streit um die Technik der Stromversorgung im 19. Jahrhundert intensiv ausgetragen. In diesem *Stromkrieg* konkurrierten bei der Versorgung mittels Gleichstrom oder Wechselstrom zwei Unternehmen, die *Edison General Electric* und *Westinghouse Electric*. Diese und ein drittes Unternehmen bauten ihre Netze parallel auf, was ineffizient und auch technisch nicht von Vorteil war. Schließlich setzte sich die Wechselstromversorgung durch, da sie transformierbar ist und mit ihr die für hohe Leistungen technisch besser optimierbaren Wechselstrommotoren betrieben werden können.

In Europa wird ein Dreiphasenwechselstromnetz mit einer Frequenz von f = 50 Hz betrieben. Der Vorteil solcher Mehrphasennetze liegt im geringeren Materialaufwand für die Leitungen bei gleicher übertragener Leistung. Elektroenergieanlagen werden geerdet (siehe Abb. 2.15), dennoch wird die leitende Verbindung durch die Erde zum Abnehmer nicht als Leitung genutzt, da die Erdverbindung hinreichend gut leitfähig sein müsste. Lediglich in dünn besiedelten Regionen wird so die Stromversorgung mit nur einer Leitung sichergestellt.

8.8 Motoren und Generatoren

In einem Elektromotor wird das Drehmoment genutzt, das ein magnetischer Dipol in einem äußeren Feld erfährt. Elektromotore haben eine technische Revolution ausgelöst, denn mit ihnen können mit vergleichsweise wenig Aufwand sowohl sehr kleine, als auch sehr große Geräte und Maschinen angetrieben werden.

Elektromotor. Der physikalische Hintergrund der Wirkungsweise eines Elektromotors ist recht leicht zu verstehen. Eine Schwierigkeit besteht jedoch darin, in einem funktionsfähigen Elektromotor die relevanten Bestandteile und ihre Bedeutung für die gesamte Wirkungsweise zu erkennen. Aus diesem Grund wird im Folgenden aus der Idee des Elektromotors sukzessive ein zunehmend funktionsfähiges Modell entwickelt.

Modellmotor

Mit einem schaltbaren Elektromagneten lässt sich ein Stabmagnet in Rotation versetzen, wenn der Taster im richtigen Moment geschlossen und wieder geöffnet wird (Experiment 8.18). Die erste Verbesserung besteht darin, dass dieser Schaltvorgang vom rotierenden Stabmagneten (*Rotor*) selbst gesteuert wird (Experiment 8.19). Bei geeigneter Position des Abgriffs an der Drehachse des Stabmagnets wird dieser so in schnelle Rotation versetzt. Dabei besteht während jedes Anziehungsvorgangs auch eine Kraft auf die Aufhängung des Stabmagneten hin zum Elektromagneten. Um dies zu vermeiden, kann der Aufbau durch eine zweite Spule, die der ersten gegenübersteht und mit dieser in Reihe geschaltet, aber umgekehrt gepolt ist, ergänzt werden.

Experiment 8.18: Ein Stabmagnet wird auf einer Spitze drehbar gelagert. Daneben wird eine Spule mit Kern aufgestellt. Durch Schließen und Öffnen des Stromkreises, der das Magnetfeld der Spule ein- bzw. ausschaltet, kann der Stabmagnet in Drehung versetzt werden (Abb. 8.21).

Experiment 8.19: Die Oberseite der Lagerbuchse (Abb. 8.22, weiß) des Stabmagneten aus Experiment 8.18 wird halbseitig mit Klebeband (grau) abgedeckt. Der so entstandene Schaltkontakt wird in den Stromkreis für den Spulenstrom eingefügt. Mit der zweiten Spule kann der Motor verbessert werden (hier noch nicht zugeschaltet).

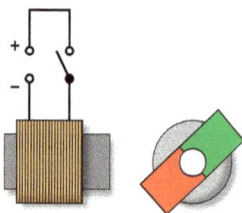

Abb. 8.21: Handgesteuerter Elektromotor mit Rotor aus einem Stabmagneten.

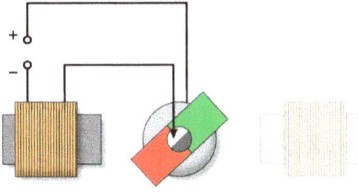

Abb. 8.22: Selbstschaltender Elektromotor: Der Elektromagnet wird durch einen Kontakt auf dem Rotor selbsttätig geschaltet.

Funktionsfähiger Elektromotor

Um das Drehmoment zu erhöhen, ist es notwendig, Permanentmagnet und Elektromagnet möglichst dicht aneinander vorbeizuführen. Wird der Elektromagnet bewegt (*Rotor*), während der Permanentmagnet ruht (*Stator*), so lässt sich mit dem Anschluss des Rotors über einen unterteilten Schleifring die Effizienz steigern. Abbildung 8.24 zeigt einen solchen Motor. Der Stator ist durch zwei Permanentmagnete realisiert. Der Strom wird über den unterbrochenen Schleifring zugeführt (Abb. 8.23), der die Stromrichtung im richtigen Moment umpolt. Der Ring heißt daher auch *Polwender* oder *Kommutator*. Dadurch entstehen je Umdrehung zwei Antriebsphasen.

Schleifring und Schleifkontakte müssen so angeordnet sein, dass die Umpolung in dem Moment stattfindet, in dem sich die Pole des Rotors und die Statormagnete direkt gegenüberstehen. Im Moment der Umpolung fließt kein Strom durch den Rotor. Befindet sich der Rotor vor dem Start in dieser Position, so kann er nicht starten. Er muss daher von Hand in Bewegung gebracht werden. In einem selbstanlaufenden Elektromotor sind dagegen mindestens drei (Teil-)Spulen angeordnet, die jeweils passend zusammengeschaltet werden.

Elektromotore gibt es in sehr unterschiedlichen technischen Ausführungen (vgl. [12]). Besonders leistungsfähige werden nicht mit Gleichstrom, sondern mit Wechselstrom betrieben. Große Elektromotore erreichen einen Wirkungsgrad von deutlich

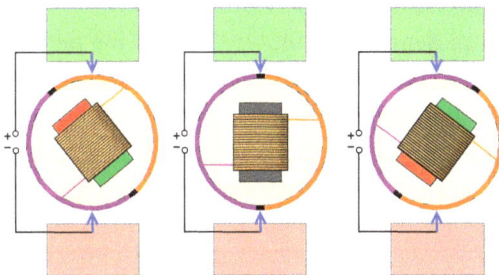

Abb. 8.23: Der Kommutator bzw. Polwender am Rotor einen Elektromotors besteht aus zwei halben Schleifringen (violett und orangefarben), die mit dem Elektromagneten verbunden sind. Die Anschlüsse von der Elektrizitätsquelle sind Schleifkontakte (*Bürsten*, blaue Pfeile), die auf den Schleifring gedrückt werden. In der hier gezeigten Folge dreht sich der Rotor im Uhrzeigersinn. Unmittelbar nachdem die Schleifkontakte zwischen den beiden Schleifringen stehen (Mitte), ist die Magnetfeldrichtung des Rotors umgepolt.

Abb. 8.24: Elektromotor mit Rotor aus einem Elektro-magneten. Zu erkennen sind die schwarz ummantel-ten Schleifkontakte (*Bürsten*), die den Strom auf einen unterbrochenen Schleifring (*Kommutator*) zuführen. Die Pole des Permanentmagneten (blau) schmiegen sich an den Rotor (Eisenkern der Spule, hellblau) an, ohne ihn zu berühren.

über 90 %, sie erbringen ihre Leistung bei niedriger oder hoher Drehzahl und sind wartungsarm. Dies hat dazu geführt, dass sie sehr verbreitet sind.

Generator

Wird an einen Elektromotor nicht eine Spannung angelegt, sondern stattdessen die Achse (bzw. Welle) von außen gedreht, so erhält man einen Generator: An den An-schlüssen des Generators entsteht eine Spannung, und es kann ein Strom fließen. Die-se Spannung wird induziert, weil die sich drehende Spule wiederkehrend von einem Magnetfeld durchsetzt wird (Abschnitt 8.3). Im einfachsten Fall ist dies eine Wechsel-spannung. Besitzt der Rotor einen Kommutator, so wird die Wechselspannung gleich-gerichtet, so dass man eine Gleichspannung erhält.

Besonders eindrucksvoll sind Experimente, bei denen ein solcher Generator mit Muskelkraft betrieben wird. In Experiment 8.20 wird der Generator zunächst ohne ein weiteres Gerät („Verbraucher") angetrieben und dann eine Glühlampe mit einer Leis-tung von 30 W zugeschaltet. Dies ist beim Kurbeln deutlich zu spüren, denn die Leis-tung, die in der Lampe umgesetzt wird, muss nun zusätzlich aufgebracht werden. Die Rückwirkung auf die Kurbel ist mit Hilfe der Lenz'schen Regel (vgl. Abschnitt 8.4) zu verstehen: Der induzierte Strom wirkt gegen seine Induktionsursache, was als hem-mende Kraft an der Kurbel zu spüren ist.

Dies gilt natürlich für alle Arten von Generatoren und ist im Einklang mit dem Prinzip der Energieerhaltung: Das, was an elektrischer Energie entnommen wird, muss an mechanischer Arbeit am Generator verrichtet werden.

Experiment 8.20: Mit einem Handgenerator wird eine Glühlampe zum Leuchten gebracht (Abb. 8.25). Die hierfür notwendige Leistung wird spürbar beim Kurbeln erbracht.

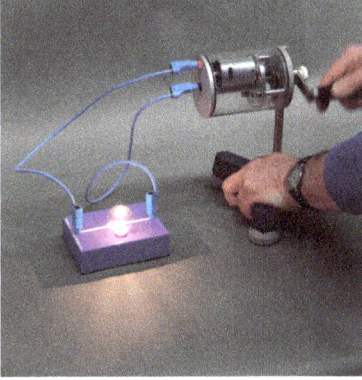

Abb. 8.25: Einfacher Generator, der über eine Handkurbel mit einem Getriebe betrieben wird.

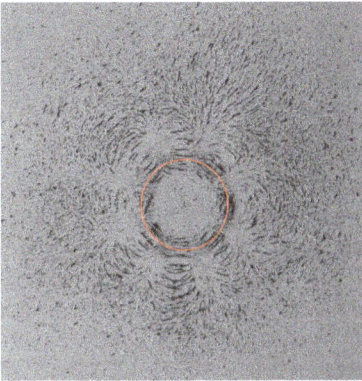

Abb. 8.26: Feld eines Magneten aus einem Fahrraddynamo. Der zylindrische Magnet hat einen Durchmesser von etwa 3 cm, ist 2 cm hoch und liegt hier unter einem weißen Blatt Papier. Den Durchmesser deutet der rot eingezeichnete Kreis an. An den Eisenfeilspänen ist erkennbar, dass der Magnet vier Nord- und vier Südpole besitzt.

Fahrraddynamo

Viele Fahrräder besitzen einen Generator, den *Fahrraddynamo*, um die Lichtanlage zu betreiben. Bei einem Seitenläuferdynamo dreht sich ein zylindrischer Magnet im Innern der Induktionsspule. Der Magnet besitzt mehrere Pole (Abb. 8.26). Zwischen Magnet und Spule befinden sich Metallzungen, die abwechselnd zum oberen und unteren Ende der Spule führen. Dadurch ändert sich beim Drehen des Magneten der magnetische Fluss in der Spule, obwohl sich der Magnet vollständig im Innern der Spule befindet. Bei dem heute üblicheren Nabendynamo dreht sich der Rotor aus Permanentmagneten um die feststehende Spule (Abb. 8.27).

8.9 Aufgaben

1. Welche Kraft erfährt das Kabel einer Hochspannungsleitung, durch das ein Strom der Stärke $I = 500$ A fließt, im Magnetfeld der Erde mit $B = 5 \cdot 10^{-5}$ T? Das Kabel ist von West nach Ost, also etwa senkrecht zur Richtung des Magnetfeldes aufgespannt. Vergleichen Sie mit der Gewichtskraft des Kabels! Für eine vereinfachte

Abb. 8.27: Blick ins Innere eines Nabendynamos. Gut erkennbar sind die silberfarbenen Neodym-Magnete (rote Pfeile) und die Metallzungen, die in die Spule greifen.

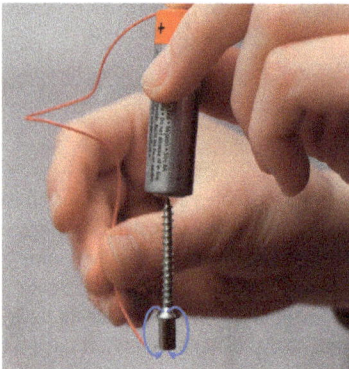

Abb. 8.28: Elektromotor aus einer Batterie, einer Schraube, einem Neodym-Magneten und einem Kabelstück. Blau eingezeichnet sind beispielhaft magnetische Feldlinien; wo diese das Kabel schneiden, wirkt die Lorentzkraft.

Betrachtung nehmen Sie an, dass das Kabel aus Aluminium besteht und einen Durchmesser von 1 cm hat. Die Dichte von Aluminium ist $\rho = 2,7 \cdot 10^3\ \text{kg/m}^3$. – Die Lorentzkraft ist für ein Meter Kabel $F_\text{L} = I\,l\,B = 500\ \text{A} \cdot 1\ \text{m} \cdot 5 \cdot 10^{-5}\ \text{T} = 25 \cdot 10^{-3}\ \text{N}$. Die Gewichtskraft des Kabels für einen Meter Länge ist $F_\text{G} = \rho\,A\,l\,g = 2,7 \cdot 10^3\ \text{kg/m}^3 \cdot \pi \cdot (0,005\ \text{m})^2 \cdot 1\ \text{m} \cdot 9,8\ \text{N/kg} \approx 2,1\ \text{N}$. Die Lorentzkraft beträgt also lediglich etwa 1/100 der Gewichtskraft.

2. Erklären Sie die Wirkungsweise des Elektromotors mit Neodym-Magnet (Abb. 8.28). Der Neodym-Magnet ist ein (kurzer) zylindrischer Magnet, dessen Pole die Stirnflächen des Zylinders sind. – Mit dem Kabel entsteht ein geschlossener Stromkreis durch Magnet und Schraube. In dem Teil des Kabels, das den Magneten berührt, fließt der Strom senkrecht zur Richtung des Magnetfeldes, so dass eine Lorentzkraft auf den Leiter entsteht. Da dieser festgehalten wird, beginnt der Magnet sich zu drehen.

9 Wechselstrom

Ein Lautsprecher wird mit Wechselstrom betrieben. Bei einem System aus mehreren
Lautsprechern wird das Signal zuvor in einer Frequenzweiche verarbeitet.

9.1 Phänomene

Wechselspannung und Wechselstrom spielten bereits in den voranstehenden Kapiteln eine Rolle: Viele Generatoren erzeugen Wechselspannung, und Wechselspannung lässt sich transformieren. Wechselspannung ändert mit einer bestimmten Frequenz periodisch ihre Polarität, Wechselstrom entsprechend seine Fließrichtung. Auch die Elektrizitätsversorgung im Haushalt verwendet Wechselstrom. Dessen Frequenz beträgt in Europa $f = 50\,\mathrm{s}^{-1}$. Schließt man eine Glimmlampe an die Wechselspannung an, so leuchten die beiden Elektroden abwechselnd mit dieser Frequenz (Abb. 9.1).

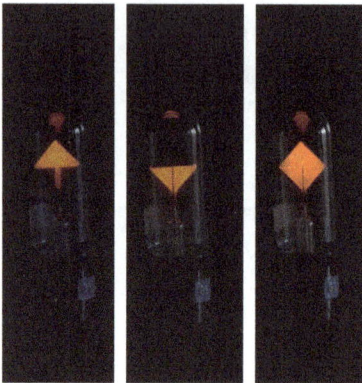

Abb. 9.1: Leuchten der beiden Elektroden einer Glimmlampe bei unterschiedlicher Polarität (links, Mitte) und bei Betrieb mit Wechselspannung (rechts).

Allerdings haben Wechselspannung und Wechselstrom eine darüber hinausgehende Bedeutung, denn Spulen und Kondensatoren zeigen ein Verhalten, das sich zu untersuchen lohnt, wenn sie mit Wechselstrom betrieben werden. Hochwertige Lautsprechersysteme verwenden verschiedene Lautsprecher für die unterschiedlichen Frequenzbereiche eines Musiksignals. Lautsprecher für tiefe Töne sind in der Regel größer, als solche für hohe Töne. Das *Wechselstromsignal* mit den Tonfrequenzen vom Musikverstärker wird dann idealerweise so aufgeteilt, dass jeder Lautsprecher nur denjenigen Teil erhält, für den seine Wiedergabe optimiert ist. Diese Aufteilung erledigt eine *Frequenzweiche*, eine Anordnung aus Kondensatoren und Spulen.

9.2 Wechselstromkreise

Parallelschaltung von Spule und Kondensator im Wechselstromkreis

Eine Spule und ein Kondensator werden parallel geschaltet. Zu jedem der Bauteile wird eine Glühlampe in Reihe eingebaut, und eine dritte Glühlampe wird in die gemeinsame Zuleitung geschaltet (Experiment 9.1). Alle drei Glühlampen sind von derselben Bauart. Die Schaltung wird mit Wechselspannung betrieben. Bei Verwendung der richtigen Bauteile leuchten bei einer bestimmten Frequenz der Wechselspannung

https://doi.org/10.1515/9783110495768-009

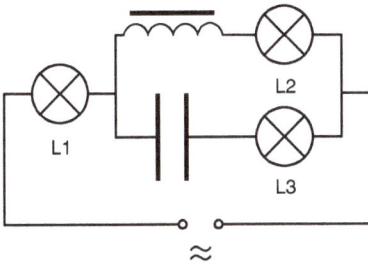

Abb. 9.2: Schaltbild für eine Parallelschaltung von Spule und Kondensator.

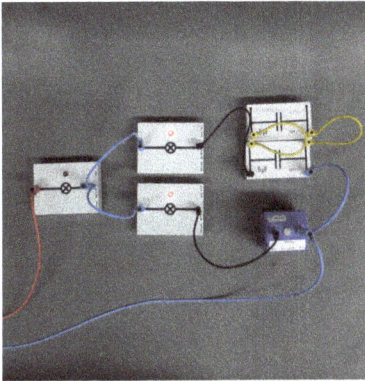

Abb. 9.3: Parallelschaltung von Spule und Kondensator im Betrieb.

die beiden Glühlampen in der Parallelschaltung, nicht aber die Glühlampe in der gemeinsamen Zuleitung.

Das Ergebnis des Experiments widerspricht den Erfahrungen, die bisher mit Gleichstromkreisen gewonnen wurden: In einem Gleichstromkreis würde durch Lampe L_1 ein Strom fließen, der die Summe der Teilströme durch L_2 und L_3 ist. Hier aber leuchten L_2 und L_3, L_1 hingegen nicht (Abb. 9.3).

Experiment 9.1: In eine Parallelschaltung von Spule und Kondensator werden drei gleiche, schwache Glühlampen eingebaut, wie im Schaltbild gezeigt (Abb. 9.2). Die Schaltung wird mit Wechselspannung veränderlicher Frequenz betrieben. Bei einer bestimmten Frequenz leuchtet sowohl die Glühlampe L_3, die in Reihe mit dem Kondensator geschaltet ist, als auch die Lampe L_2 in Reihe mit der Spule, nicht aber die Glühlampe L_1 in der gemeinsamen Zuleitung.

Was nach Verletzung der Regeln für die Reihenschaltung aussieht, muss am Zusammenwirken von Spule und Kondensator liegen. Deren Zusammenschaltung sorgt offenbar dafür, dass in dem kleinen, von ihnen gebildeten Stromkreis ein Strom größerer Stärke fließen kann als in der Zuleitung. Dieses Verhalten wird nun genauer untersucht. Am Ende des Kapitels wird dann dieses Experiment genauer erklärt.

Spule und Kondensator im Wechselstromkreis bei veränderlicher Frequenz

Für die folgende Untersuchung von Spule und Kondensator wird kein Messgerät, sondern das Ohr benutzt, das empfindlich Töne analysieren kann. Hierfür wird ein Lautsprecher mit einer Wechselspannung betrieben, die einen sägezahhartigen oder dreiecksförmigen Verlauf hat (Experiment 9.2). Eine solche Spannung kann man als Addition aus vielen sinusförmigen Wechselspannungen mit unterschiedlichen Amplituden und Frequenzen darstellen (siehe *Fourieranalyse und -synthese*, S. 200).

Experiment 9.2: An eine Sägezahnspannung wird ein Lautsprecher angeschlossen. Nacheinander werden ein Widerstand, eine Spule, ein Kondensator in Reihe mit dem Lautsprecher geschaltet. Der Klang (nicht der Grundton) verändert sich, weil der Kondensator die tiefen Frequenzen und die Spule die hohen Frequenzen aus dem Spektrum des Sägezahntons dämpft. Ein Ohm'scher Widerstand dagegen dämpft alle Frequenzen gleichmäßig.

Beim Einschalten des Ohm'schen Widerstandes ist der Originalklang mit dem Lautsprecher zu hören. Im Vergleich dazu ist der Klang beim Zwischenschalten der Spule dumpfer, hohe Frequenzen kommen nicht mehr so stark zum Tragen.

Hierfür ist die Induktivität L (vgl. Gl. (8.25)) der Spule verantwortlich: Beim Auf- und Abbauen des Magnetfeldes wird ein Strom induziert, der die Induktionsursache hemmt. Dieser Effekt ist umso größer, je größer die Frequenz des Signals ist, je häufiger also das Magnetfeld ein- und abgeschaltet wird. Eine Spule hat offenbar einen frequenzabhängigen Widerstand: Gleichstrom wird nicht gedämpft, Wechselstrom umso stärker, je höher seine Frequenz ist.

Wechselstromwiderstand einer Spule: Eine Spule besitzt einen frequenzabhängigen Wechselstromwiderstand R_L, für den gilt:

$$R_L = \omega L. \tag{9.1}$$

Beim Einschalten des Kondensators tritt das umgekehrte Phänomen ein: Der Ton wird heller, d. h. tiefe Frequenzen werden stärker gedämpft.

Offenbar stellt ein Kondensator für Wechselstrom kein unüberwindliches Hindernis dar. Während Gleichstrom nur zu einer einmaligen Aufladung eines Kondensators führt, dabei im Zuge des Aufladevorgangs abnimmt und exponentiell gegen 0 strebt, kann Wechselstrom dauerhaft „durch" einen Kondensator fließen. Tatsächlich wird der Kondensator dabei mit der Frequenz der angelegten Wechselspannung fortwährend geladen und wieder entladen. Als Widerstand macht sich der Kondensator dabei kaum bemerkbar, solange die Frequenz hoch ist. Ist die Frequenz aber gering, sinkt bei jeder Auf- und Entladung die Stromstärke von ihrem anfänglichen Wert spürbar ab; der Kondensator bildet somit einen Wechselstromwiderstand. Es ist daher plausibel, dass der Widerstand, den der Kondensator dem Wechselstrom entgegensetzt, mit zunehmender (Kreis-)Frequenz ω und zunehmender Kapazität C kleiner wird.

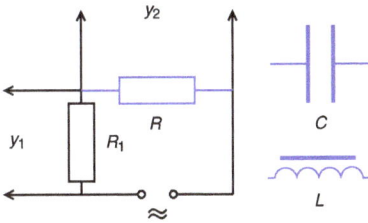

Abb. 9.4: Schaltskizze zur Untersuchung der Phasenverschiebung zwischen Spannung und Stromstärke.

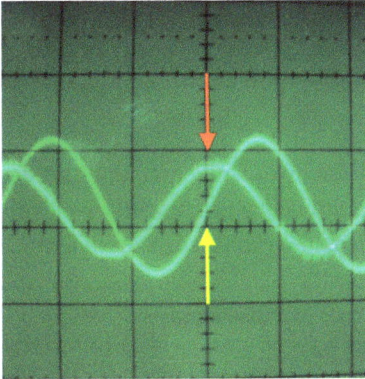

Abb. 9.5: Phasenverschiebung zwischen Spannung (rot) und Stromstärke (gelb) an einer Spule.

Wechselstromwiderstand eines Kondensators: Ein Kondensator mit der Kapazität C besitzt einen frequenzabhängigen Wechselstromwiderstand R_C, für den gilt:

$$R_C = \frac{1}{\omega C}. \tag{9.2}$$

Das hier festgestellte Verhalten wird in Experiment 9.3 genauer untersucht.

Experiment 9.3: An einen Widerstand R, eine Spule L und einen Kondensator C wird nacheinander eine (sinusförmige) Wechselspannung angelegt und Spannung und Strom werden jeweils mit einem Oszilloskop gemessen (Abb. 9.4; y_1 und y_2 sind Eingänge eines Zweikanaloszilloskops). Die Strommessung erfolgt durch die Messung des Spannungsabfalls an R_1, denn dieser ist proportional zur Stromstärke. Es zeigt sich, dass Spule und Kondensator einen frequenzabhängigen Widerstand haben (und eine Phasenverschiebung zwischen Strom und Spannung bewirken, Abb. 9.5).

Mit dem Kanal y_2 des Oszilloskops wird die Spannung angezeigt, die an dem Bauelement anliegt. Kanal y_1 misst dagegen die Spannung, die an dem Widerstand R_1 abfällt. Diese ist ein Maß für die Stromstärke in diesem Stromkreis. Ist ein Ohm'scher Widerstand R in den Wechselstromkreis eingeschaltet, so ändert sich die Amplitude der beiden Größen nicht, wenn man die Frequenz der angelegten Wechselspannung verändert.

Befindet sich statt R die Spule L im Stromkreis, so sinkt die Amplitude, also der Scheitelwert der Stromstärke, wenn die Frequenz der angelegten Spannung erhöht

Auslenkung

t

Abb. 9.6: Synthese einer sägezahn-
förmig werdenden Funktion (rot)
durch Überlagerung von fünf Sinus-
funktionen.

wird, wie auch bereits aus Experiment 9.2 geschlossen werden konnte. Ist dagegen
der Kondensator C eingeschaltet, so wächst die Amplitude der Stromstärke, wenn die
Frequenz erhöht wird. Auch dies ist im Einklang mit dem Ergebnis aus Experiment 9.2.

Fourieranalyse und -synthese. Ein periodisches Signal kann als Überlagerung mehrerer sinusförmiger Signale interpretiert werden (Analyse). Umgekehrt kann ein periodisches Signal aus sinusförmigen Signalen zusammengesetzt werden (Synthese). Zur Synthese des Sägenzahnsignals aus Abb. 9.6
wurden fünf Funktionen addiert:

$$F(x) = \sin(x) + \frac{1}{2}\sin(2x) + \frac{1}{3}\sin(3x) + \frac{1}{4}\sin(4x) + \frac{1}{5}\sin(5x).$$

9.3 Phasenbeziehung zwischen Spannung und Stromstärke

Ein weiterer Befund aus Experiment 9.3 ist, dass Spannung und Stromstärke im Wechselstromkreis nur bei Verwendung eines Ohm'schen Widerstandes *in Phase* sind, d. h.,
dass die Maxima der beiden Kurven an der gleichen Stelle der Zeitachse erscheinen.
Ist dagegen die Spule eingebaut, so sind die beiden Kurven getrennt: Die Stromstärke
hinkt dabei um 90° = $\pi/2$ der Spannung hinterher. Der Grund hierfür ist, dass sich die
Stromstärke bei jedem Wechsel der Polrichtung zunächst nur langsam aufbaut.

Im Kondensator läuft die Stromstärke dagegen der Spannung um 90° voraus.
Nach jedem Wechsel der Polrichtung nämlich beginnt ein Entlade- und dann Aufla-
destrom zu fließen, bevor sich die entsprechende Spannung am Kondensator aufbaut.

Phasenbeziehungen im Wechselstromkreis:
- An einem Ohm'schen Widerstand im Wechselstromkreis sind Spannung und Stromstärke in
  Phase: $\Delta\varphi = 0$.
- An einer Spule im Wechselstromkreis ist die Phasenverschiebung zwischen Spannung und
  Stromstärke $\Delta\varphi = \frac{\pi}{2}$ (Spannung läuft voraus).
- An einem Kondensator im Wechselstromkreis ist die Phasenverschiebung zwischen Span-
  nung und Stromstärke $\Delta\varphi = -\frac{\pi}{2}$ (Spannung hinkt hinterher).

9.4 Leistung an einem Ohm'schen Widerstand im Wechselstromkreis

Zeigerdiagramm

Für die nähere Untersuchung wird der Verlauf von Spannung und Stromstärke im Wechselstromkreis gegen die Zeit t mit einem *Zeigerdiagramm* aufgetragen. Die Amplitude der Spannung wird hierfür als Zeiger dargestellt, der sich während der Zeitdauer $t = T$ einmal vollständig im Gegenuhrzeigersinn dreht. T ist die Periodendauer der angelegten Wechselspannung (Abb. 9.7, blauer Zeiger), es gilt $T = 1/f$. Mit der Kreisfrequenz $\omega = 2\pi/f$ ergibt sich der Drehwinkel des Zeigers ωt, der zugleich der *Phasenwinkel* der Wechselspannung ist. (Oft wird daher auf der x-Achse des Diagramms nicht t, sondern ωt abgetragen).

Mit den folgenden Überlegungen sollen die Phasenbeziehungen zwischen den einzelnen Größen untersucht werden. Weniger wichtig ist hierbei der jeweilige absolute Betrag dieser Größen. Daher wird in diesem und den folgenden Diagrammen die Länge der Zeiger willkürlich gewählt.

Die Drehung des Spannungszeigers beginnt bei drei Uhr und vollzieht sich im Gegenuhrzeigersinn (mathematisch positiv). Während der Drehung wird die y-Komponente des Zeigers gegen die Zeit aufgetragen. Man erhält so den sinusförmigen Verlauf der Wechselspannung. Das Zeigerdiagramm wird dann durch einen Zeiger für die Stromstärke erweitert, der im gleichen Winkel wie der Spannungszeiger gezeichnet wird, da die Stromstärke im Wechselstromkreis bei Verwendung eines Ohm'schen Widerstandes phasengleich zur Spannung verläuft. Entsprechend ergibt sich in der zeitaufgelösten Darstellung je eine Sinuskurve für Spannung und Stromstärke, deren Minima und Maxima zu jeweils demselben Zeitpunkt auftreten. Die y-Achse muss für die Spannung die Einheit Volt und für die Stromstärke die Einheit Ampere angeben. Da die Zahlenwerte für die weiteren Überlegungen nicht relevant sind, wird die Achse zwar beschriftet, die Skalierung jedoch nicht durchgeführt.

Leistung

Das Produkt $U(t)I(t)$ ist die Leistung $P(t)$ (Gl. (2.22)), für die Scheitelwerte gilt entsprechend $P_0 = U_0 I_0$. Die Leistung ist, wie das Diagramm zeigt, immer positiv, was bedeutet, dass auch im zeitlichen Mittel am Widerstand eine Leistung umgesetzt wird (die den Widerstand erwärmt). Allerdings schwankt die Leistung mit der Frequenz des Wechselstroms. Bei einem Ohm'schen Widerstand hat das praktisch jedoch keine Bedeutung; das Leuchtverhalten einer Glühlampe beispielsweise ist zu träge, als dass man diese Schwankungen mit bloßem Auge wahrnehmen würde.

Wäre die Leistung P zeitlich konstant, dann könnte die im Widerstand im Laufe der Zeit t umgewandelte Energie E_R ganz einfach berechnet werden:

$$E_R = Pt, \tag{9.3}$$

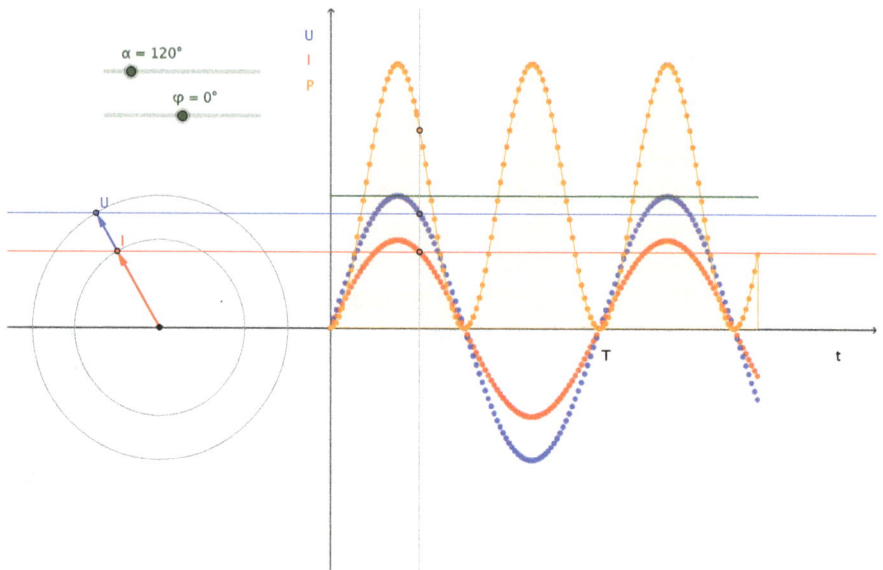

Abb. 9.7: Zeigerdiagramm für den Verlauf von Spannung (blau), Stromstärke (rot) und Leistung (orange) am Ohm'schen Widerstand (erstellt mit GeoGebra [8], siehe [9]).

die umgewandelte Energie ist die Fläche des Rechtecks, wenn P gegen t aufgetragen wird. Im Fall einer zeitlich sich ändernden Leistung ist die umgewandelte Energie die Fläche unter dem Graphen von P. In Abb. 9.7 ist diese Fläche orange eingefärbt. Wird der Graph $P(t)$ bei seiner halben Amplitude zerschnitten (grüne Linie), so sieht man, dass die überstehenden Berge gerade die Täler füllen. Die über einen längeren Zeitraum umgesetzte Energie ist also halb so groß wie bei einem Gleichstrom mit P_0. Dies gilt dann auch für die Leistung im zeitlichen Mittel:

$$\overline{P} = \frac{1}{2}P_0 = \frac{1}{2}U_0 I_0. \tag{9.4}$$

Die algebraische Betrachtung liefert den zeitlichen Funktionsverlauf:

$$P(t) = U(t)I(t) \tag{9.5}$$

$$= U_0 \sin(\omega t)I_0 \sin(\omega t) \tag{9.6}$$

$$= U_0 I_0 \sin^2(\omega t). \tag{9.7}$$

Effektivwerte

Wenn Gleichstrom durch einen Ohm'schen Widerstand fließt, dann ist die Leistung sowohl momentan, als auch im zeitlichen Mittel das Produkt von Spannung und Stromstärke. Bei Wechselstrom ergibt das Produkt von Spannung und Stromstärke den Momentanwert der Leistung. Da die Scheitelwerte aber die Maximalwerte von Spannung und Stromstärke sind, ist ihr Produkt der Maximalwert der Leistung und gibt nicht die Leistung im zeitlichen Mittel an. Um diese zu berechnen, führt man als neue Größen *Effektivwerte* ein. Mit diesen soll sich die Leistung in einem Wechselstromkreis direkt mit der in einem Gleichstromkreis vergleichen lassen. Es soll wie im Gleichstromfall gelten:

$$\overline{P} = U_{\text{eff}} I_{\text{eff}}. \tag{9.8}$$

Auch für die Effektivwerte der Größen gilt die Beziehung (vgl. Gl. (2.12))

$$U_{\text{eff}} = R I_{\text{eff}}, \tag{9.9}$$

so dass sich durch Einsetzen in Gl. (9.8) für die Leistung ergibt

$$\overline{P} = R I_{\text{eff}}^2. \tag{9.10}$$

Dies ist mit Gl. (9.4)

$$R I_{\text{eff}}^2 = \frac{1}{2} U_0 I_0, \tag{9.11}$$

und mit

$$U_0 = R I_0 \tag{9.12}$$

folgt

$$R I_{\text{eff}}^2 = \frac{1}{2} R I_0^2 \tag{9.13}$$

$$\Rightarrow I_{\text{eff}} = \frac{1}{\sqrt{2}} I_0. \tag{9.14}$$

Analog gilt für die Spannung

$$U_{\text{eff}} = \frac{1}{\sqrt{2}} U_0. \tag{9.15}$$

Ein Wechselstrom mit diesen Effektivwerten setzt in einem Ohm'schen Widerstand die gleiche Leistung wie der entsprechende Gleichstrom um. Wegen dieser praktischen Bedeutung werden bei der Angabe der Spannung oder der Stromstärke einer Wechselspannung in der Regel nicht die Scheitelwerte, sondern die Effektivwerte verwendet, und auch Messgeräte zeigen diese Größen an.

Die im Haushalt verwendete Wechselspannung hat die Spannung $U_{\text{eff}} = 230\,\text{V}$; ihr Scheitelwert beträgt demnach

$$U_0 = \sqrt{2}\, U_{\text{eff}} \approx 325\,\text{V}. \tag{9.16}$$

9.5 Leistung an einer idealen Spule und einem idealen Kondensator im Wechselstromkreis

Leistung an einer idealen Spule im Wechselstromkreis

Um die Leistung an einer Spule im Zeigerdiagramm darzustellen, muss die zwischen Spannung und Stromstärke auftretende Phasenverschiebung berücksichtigt werden. Da die Stromstärke hinter der Spannung bei der idealen Spule um $\pi/2$ zurückbleibt, wird der Stromzeiger in Drehrichtung hinter dem Spannungszeiger angeordnet (Abb. 9.8).

Die in der Spule umgesetzte Leistung $P(t)$ ist das Produkt $U(t)I(t)$. Die Leistung ist in Abb. 9.8 als orangefarbene Kurve eingetragen; die jeweils umgesetzte Energie ist die Fläche zwischen der Kurve und der Koordinatenachse. Die Leistungskurve besitzt die doppelte Frequenz der Kurve für Spannung und Stromstärke. Sie enthält dieselben Anteile im positiven wie im negativen Bereich, was bedeutet, dass im zeitlichen Mittel keine Leistung und auch keine Energie umgesetzt wird. In der ersten halben Periode nach dem Maximalwert der Spannung nimmt die Spule Energie auf, die für den Aufbau des Magnetfeldes benötigt wird. In der folgenden Halbperiode gibt die Spule beim Abbau des Magnetfeldes dieselbe Energie wieder ab. Dies gilt allerdings nur für

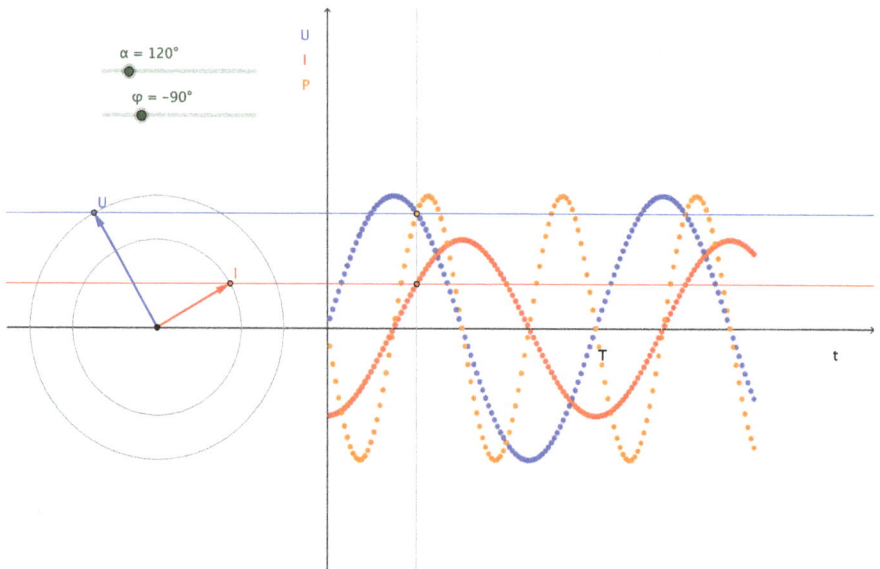

Abb. 9.8: Zeigerdiagramm für den Verlauf von Spannung (blau), Stromstärke (rot) und Leistung (orange) an einer Spule (erstellt mit GeoGebra [8], siehe [9]).

die ideale Spule, deren Ohm'scher Widerstand 0 ist. Rechnerisch ergibt sich

$$P(t) = U(t)I(t) \tag{9.17}$$

$$= U_0 \sin(\omega t)\, I_0 \sin\!\left(\omega t + \frac{\pi}{2}\right) \tag{9.18}$$

$$= U_0 \sin(\omega t)\, I_0 \cos(\omega t) \tag{9.19}$$

und mit $\sin(2\alpha) = 2\sin(\alpha)\cos(\alpha)$ schließlich

$$P(t) = \frac{1}{2}U_0 I_0 \sin(2\omega t). \tag{9.20}$$

Für eine vollständige Periode T ist $\omega T = 2\pi$, und die dabei verrichtete Arbeit errechnet sich als (bestimmtes) Integral der Leistung, da

$$P(t) = \frac{\mathrm{d}W}{\mathrm{d}t} \tag{9.21}$$

$$\Rightarrow \mathrm{d}W = P(t)\mathrm{d}t \tag{9.22}$$

$$\Rightarrow W = \int_0^T \frac{1}{2}U_0 I_0 \sin(2\omega t)\,\mathrm{d}t = -\frac{1}{4\omega}U_0 I_0 \left[\cos(2\omega t)\right]_0^T. \tag{9.23}$$

Da dieses bestimmte Integral in den Grenzen von 0 bis 2π gleich 0 ist,

$$\left[\cos(2\omega t)\right]_0^T = \cos(2\cdot 2\pi) - \cos(2\cdot 0) = 0, \tag{9.24}$$

ist die verrichtete Arbeit in jeder Periode und damit die mittlere Leistung $\overline{P(t)}$ über einen längeren Zeitraum gleich 0 (davon abgesehen, dass am Anfang oder am Ende mglw. keine vollständige Periode vorliegt).

Durch die momentane Leistung $P(t)$ wird also im zeitlichen Mittel keine Arbeit bewirkt. Diese Leistung $\overline{P(t)}$ heißt *Wirkleistung* P_W. Da aber eine Spannung vorhanden ist und ein Strom fließt, kann man dennoch das Produkt aus den Scheitel- oder Effektivwerten und damit eine Leistung berechnen. Dies ist die *Blindleistung* (vgl. Gl. (9.8))

$$P_\mathrm{B} = \frac{1}{2}U_0 I_0 = U_\mathrm{eff} I_\mathrm{eff}. \tag{9.25}$$

Mit der Blindleistung wird keine Energie umgesetzt, da aber ein Strom fließt, wird die Stromversorgung belastet.

Leistung an einem idealen Kondensator im Wechselstromkreis

Auch an einem Kondensator tritt im Wechselstromkreis zwischen Spannung und Stromstärke eine Phasenverschiebung auf. Hierbei läuft die Stromstärke um $\pi/2$ voraus (Abb. 9.9).

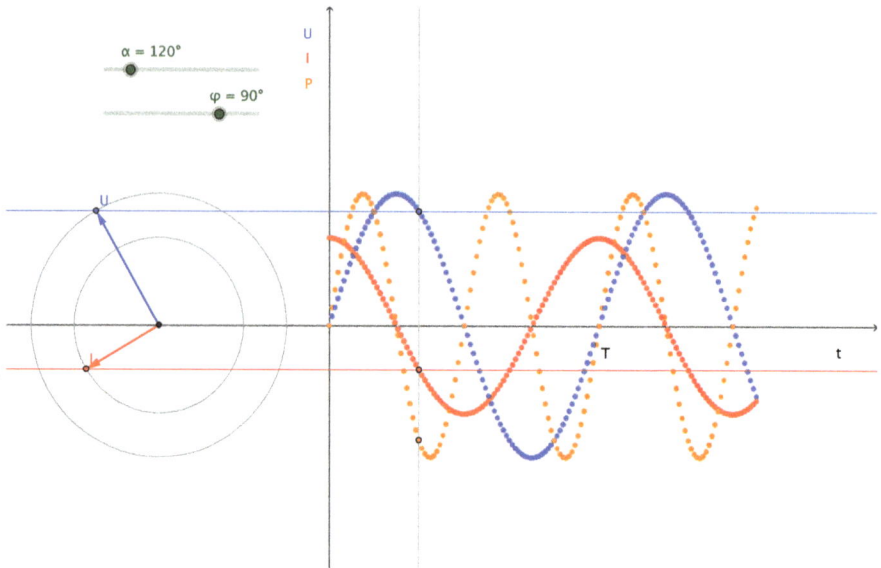

Abb. 9.9: Zeigerdiagramm für den Verlauf von Spannung (blau), Stromstärke (rot) und Leistung (orange) am Kondensator (erstellt mit GeoGebra [8], siehe [9]).

Im Ergebnis ergibt sich ein Sachverhalt wie bei der Spule: Auch ein Kondensator setzt im zeitlichen Mittel im Wechselstromkreis keine Leistung um und nimmt ebenfalls keine Energie auf. In der ersten halben Periode nach dem Maximum der Stromstärke wird Energie für den Aufbau des elektrischen Feldes (erkennbar an der wachsenden Spannung) benötigt, die in der folgenden halben Periode beim Abbau des elektrischen Feldes wieder abgegeben wird.

Rechnerisch ergibt sich bis auf das Vorzeichen der gleiche Funktionsverlauf wie bei der Spule (Gl. (9.20))

$$P(t) = -\frac{1}{2}U_0 I_0 \sin(2\omega t),$$

und auch die für die Blindleistung und die Wirkleistung gelten dieselben Zusammenhänge.

Wirkleistung und Blindleistung an einer idealen Spule und einem idealen Kondensator: An einer idealen Spule und an einem idealen Kondensator wird im zeitlichen Mittel keine Energie abgegeben. Die Wirkleistung P_W ist 0:

$$P_W = \overline{P(t)} = \overline{U(t)I(t)} = 0. \tag{9.26}$$

In der idealen Spule und im idealen Kondensator fließt ein Strom, dessen Blindleistung P_B die Stromversorgung belastet:

$$P_B = \frac{1}{2}U_0 I_0 = U_{eff} I_{eff}. \tag{9.27}$$

9.6 Ergänzung: Leistung an einer realen Spule und an einem realen Kondensator im Wechselstromkreis

Wirkleistung

Ideale Spulen und ideale Kondensatoren gibt es nur in mehr oder weniger guten Annäherungen, aber nicht perfekt. Das bedeutet, dass man in vielen Fällen das Verhalten einer Spule oder eines Kondensators wie das eines idealen Bauelements behandeln kann, aber nicht, wenn man genauere Ergebnisse benötigt und etwa der Ohm'sche Widerstand des Spulendrahtes nicht vernachlässigt werden kann. Für eine solche reale Spule oder einen realen Kondensator wird die Berechnung etwas komplizierter. Wir beginnen mit der Spule.

Eine ideale Spule hat einen verschwindend kleinen Ohm'schen Widerstand. Für eine reale Spule trifft dies nicht zu, denn der Widerstand des Drahtes, aus dem sie gewickelt ist, ist nicht 0. Eine solche reale Spule kann man sich als Reihenschaltung einer idealen Spule mit einem Ohm'schen Widerstand vorstellen.

Dann allerdings ist die Phasenverschiebung $\Delta\varphi$ weder 0 noch $\pi/2$, sondern liegt dazwischen. Es gilt:

$$P(t) = U(t)I(t) \tag{9.28}$$

$$= U_0 I_0 \sin(\omega t) \sin(\omega t + \Delta\varphi). \tag{9.29}$$

Daraus wird mit $\sin(\alpha + \beta) = \sin(\alpha)\cos(\beta) + \cos(\alpha)\sin(\beta)$:

$$P(t) = U_0 I_0 \sin(\omega t)(\sin(\omega t)\cos(\Delta\varphi) + \cos(\omega t)\sin(\Delta\varphi)) \tag{9.30}$$

$$= U_0 I_0 \sin^2(\omega t)\cos(\Delta\varphi) + U_0 I_0 \sin(\omega t)\cos(\omega t)\sin(\Delta\varphi). \tag{9.31}$$

Der erste Teil des ersten Summanden $U_0 I_0 \sin^2(\omega t)$ entspricht Gl. (9.7), der Leistung am rein Ohm'schen Widerstand. Diese ist nach Gl. (9.4)

$$\overline{P} = \frac{1}{2}U_0 I_0, \tag{9.32}$$

und mit Gl. (9.8) ergibt sich für diesen Teil des Terms

$$\overline{P} = \frac{1}{2}U_0 I_0 = U_{\text{eff}}I_{\text{eff}}. \tag{9.33}$$

In einem Ohm'schen Widerstand wird die Leistung tatsächlich wirksam (der Widerstand wird erwärmt); dieser Anteil der Leistung bei der realen Spule ist die Wirkleistung P_W, die im Gegensatz zur idealen Spule hier nicht 0 ist. Die Wirkleistung einer realen Spule ist folglich:

$$P_W = U_{\text{eff}}I_{\text{eff}}\cos(\Delta\varphi). \tag{9.34}$$

Blindleistung

Der erste Teil des zweiten Summanden aus Gl. (9.31)

$$U_0 I_0 \sin(\omega t) \cos(\omega t)$$

ist gemäß Gl. (9.19) die Leistung an der idealen Spule. Sie tritt an der idealen Spule vollständig als Blindleistung P_B auf und ist für die ideale Spule nach Gl. (9.25)

$$P_B = U_{\text{eff}} I_{\text{eff}}. \tag{9.35}$$

Die Blindleistung einer realen Spule ist damit

$$P_B = U_0 I_0 \sin(\omega t) \cos(\omega t) \sin(\Delta\varphi) \tag{9.36}$$

$$= U_{\text{eff}} I_{\text{eff}} \sin(\Delta\varphi). \tag{9.37}$$

In einer realen Spule gibt es mit den beiden Summanden sowohl einen Wirkleistungsanteil, als auch einen Blindleistungsanteil, die sich mit dem Phasenwinkel $\Delta\varphi$ zwischen Spannung und Stromstärke einstellen. (Während $P(t)$ eine Funktion der Zeit ist, sind das Wirkleistung und Blindleistung nicht.) Die Blindleistung ist der Teil der Leistung, bei dem die Spule so viel zurückgibt, wie sie entnimmt; die Wirkleistung ist der Anteil, der in Wärme umgewandelt oder in anderer Form weitergegeben wird. Die Abb. 9.10, 9.11 und 9.12 zeigen Spannung (blau), Stromstärke (rot) und Leistung (orange) für einen Ohm'schen Widerstand, eine ideale Spule und eine reale Spule. Die *eingefärbte* Fläche der Funktion veranschaulicht die Scheinleistung (siehe nächsten Abschnitt), die (hier mit willkürlichen Einheiten) *berechnete* Fläche berücksichtigt

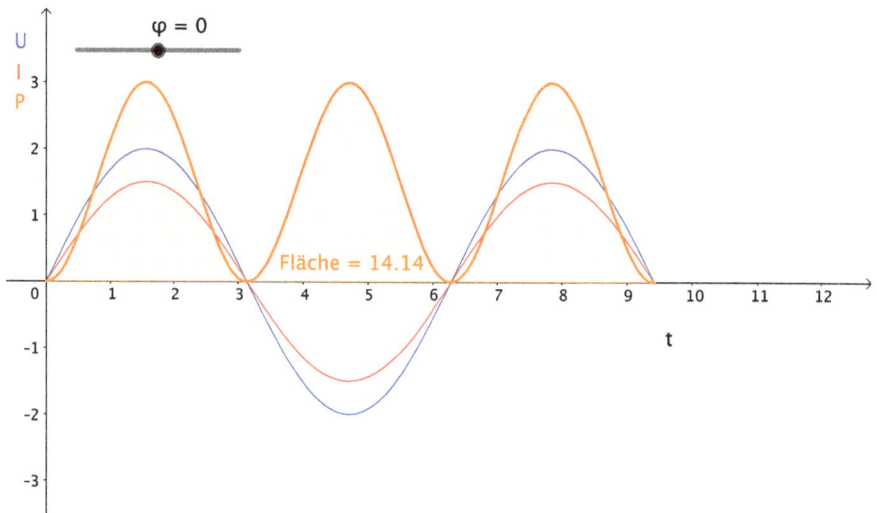

Abb. 9.10: Für einen rein Ohm'schen Widerstand ist $\Delta\varphi = 0$, und die Scheinleistung besteht nur aus Wirkleistung (erstellt mit GeoGebra [8], siehe [9]).

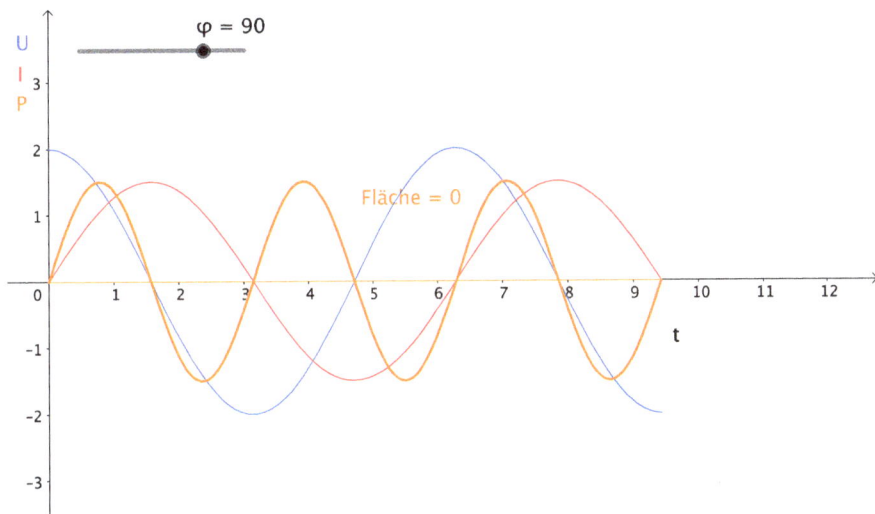

Abb. 9.11: Für eine ideale Spule ist $\Delta\varphi = 90°$, die berechnete Fläche ist 0, und die Scheinleistung besteht nur aus Blindleistung (erstellt mit GeoGebra [8], siehe [9]).

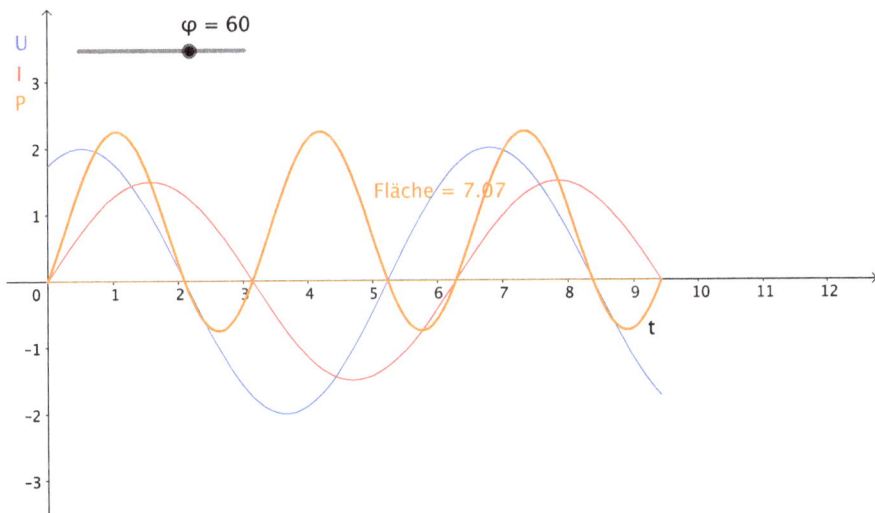

Abb. 9.12: Für eine reale Spule ist hier beispielhaft $\Delta\varphi = 60°$ gewählt worden. In diesem Fall besteht die Scheinleistung zur Hälfte aus Wirkleistung (vgl. den berechneten Wert in Abb. 9.10) und zur Hälfte aus Blindleistung (erstellt mit GeoGebra [8], siehe [9]).

dagegen, welche Anteile oberhalb und welche unterhalb liegen, dies ergibt die Wirkleistung. (Bedenken Sie, dass auch für die Blindleistung eine Spannung vorhanden ist und ein Strom fließt, auch wenn die umgesetzte Leistung gleich 0 ist; die Spule hat ja einen Wechselstromwiderstand.)

Scheinleistung

Blindleistung und Wirkleistung ergeben zusammen die *Scheinleistung*. Wie die Berechnung mit Gl. (9.34) und Gl. (9.36) anhand des Phasenwinkels $\Delta\varphi$ zeigt, verhalten sich die beiden Anteile ähnlich wie zueinander senkrechte Komponenten eines Vektors. Umgekehrt dürfen die beiden Anteile nicht einfach addiert werden. Stattdessen müssen – wie bei senkrecht aufeinander stehenden Vektoren – die Quadrate addiert werden. Genaugenommen werden dabei Realteil und Imaginärteil einer komplexen Größe addiert. Es gilt

$$P_W^2 + P_B^2 = U_{eff}^2 I_{eff}^2 \cos^2(\Delta\varphi) + U_{eff}^2 I_{eff}^2 \sin^2(\Delta\varphi) \tag{9.38}$$

$$= U_{eff}^2 I_{eff}^2 (\cos^2(\Delta\varphi) + \sin^2(\Delta\varphi)) \tag{9.39}$$

und da $(\cos^2(\alpha) + \sin^2(\alpha)) = 1$ schließlich

$$P_W^2 + P_B^2 = U_{eff}^2 I_{eff}^2. \tag{9.40}$$

$U_{eff}^2 I_{eff}^2$ ist im Falle des rein Ohm'schen Widerstandes das Quadrat des zeitlichen Mittelwerts der Leistung $\overline{P}^2$ (vgl.Gl. (9.9)). Für die reale Spule soll derselbe Zusammenhang für die gesamte Leistung, die *Scheinleistung* gelten

$$P_S^2 = P_W^2 + P_B^2 \tag{9.41}$$

und damit

$$P_S = \sqrt{P_W^2 + P_B^2}. \tag{9.42}$$

Was hier für die reale Spule ausgeführt worden ist, gilt genau so auch für den realen Kondensator. Auch dieser hat durch seine Zuleitungen einen Ohm'schen Widerstand, außerdem ist der Widerstand des Dielektrikums nicht unendlich groß. Es treten also dieselben Größen Blindleistung, Wirkleistung und Scheinleistung auf, und auch die hier hergeleiteten Zusammenhänge gelten.

Wirkleistung und Blindleistung an einer realen Spule und einem realen Kondensator: Die Wirkleistung bei einer Phasenverschiebung $\Delta\varphi$ ist:

$$P_W = U_{eff} I_{eff} \cos(\Delta\varphi) \tag{9.43}$$

Die Blindleistung bei einer Phasenverschiebung $\Delta\varphi$ ist:

$$P_B = U_{eff} I_{eff} \sin(\Delta\varphi). \tag{9.44}$$

Die Scheinleistung ist:

$$P_S = \sqrt{P_W^2 + P_B^2}. \tag{9.45}$$

Schließlich kann auch die Leistung, die in einer gemeinsamen Schaltung mit Spulen, Kondensatoren und Ohm'schen Widerständen umgesetzt wird, so berechnet werden.

Je nach Art und Größe der verwendeten Bauteile ergibt sich dann ein anderer Phasenwinkel $\Delta\varphi$.

Relevanz des Berechnung der Leistung im Wechselstromkreis. Die hier angestellten Überlegungen erscheinen zunächst unnötig kompliziert. Tatsächlich haben die drei Größen Blindleistung, Wirkleistung und Scheinleistung im Alltag kaum eine Bedeutung. Bei der Energieversorgung spielen sie jedoch eine Rolle: Leitungen und Transformatoren müssen so dimensioniert werden, dass sie nicht nur die Wirkleistung, sondern die Scheinleistung übertragen können.

Visualisierung. Sachtexte werden häufig *multicodal* gestaltet, d. h., dass nicht nur geschriebener Text präsentiert wird, sondern auch Bilder, die Information also in mehreren Kodierformen vorliegt. In multimedialen, webbasierten Lernumgebungen werden oft auch bewegte Bilder und gesprochener Text verwendet. Multimediale Repräsentationen sind daher oft *multimodal*, es werden mehrere Sinneskanäle genutzt (gelesener Text und gehörter Text). Untersuchungen sprechen dafür, dass ein solches Lernangebot, das mehrere Kanäle nutzt (multimodal) dem Lernen förderlich ist, solange keine Reizüberlastung eintritt.

Unterschiedliche Lernerinnen und Lerner bevorzugen durchaus unterschiedliche Repräsentationsformen. So kann eine mathematische Herleitung durch eine visuelle Darstellung ergänzt werden. Die oben verwendeten Abbildung zeigen nur die Zusammenhänge, die auch bereits durch die Gleichungen dieses Abschnitts hergestellt werden. Durch die andere Art der Repräsentation werden jedoch andere Lernmöglichkeiten eröffnet.

9.7 Reihenschaltung von Spule, Kondensator und Widerstand

In einem Experiment werden eine Spule, ein Kondensator und ein Ohm'scher Widerstand in Reihe geschaltet. Die Schaltung wird mit Wechselspannung betrieben, die Effektivwerte der Stromstärke und der an jedem Bauelement abfallenden Spannung werden gemessen (Experiment 9.4).

Experiment 9.4: Es wird eine Reihenschaltung mit einer Spule der Induktivität $L = 0{,}95\,\mathrm{H}$ (gemessen mit Kern, der Ohm'sche Widerstand ist $75\,\Omega$ und wird bei der Berechnung vernachlässigt), einem Kondensator mit der Kapazität $C = 2{,}0\,\mu\mathrm{F}$ und einem Ohm'schen Widerstand $R = 1\,\mathrm{k}\Omega$ aufgebaut (Abb. 9.13). Die Schaltung wird mit einer Wechselspannung $U = 2{,}5\,\mathrm{V}$ und $f = 50\,\mathrm{s}^{-1}$ betrieben. Die Teilspannungen, die an den einzelnen Bauteilen abfallen, werden nacheinander gemessen.

Man erhält für die Teilspannungen (Effektivwerte):

- $U_\mathrm{R} = 1{,}5\,\mathrm{V}$
- $U_\mathrm{L} = 0{,}4\,\mathrm{V}$
- $U_\mathrm{C} = 2{,}4\,\mathrm{V}$

Offenbar dürfen – anders als in einem Gleichstromkreis – nicht einfach alle Teilspannungen zur Gesamtspannung addiert werden. Tatsächlich ist bereits eine der Teilspannungen höher (!) als die angelegte Spannung. Der Grund hierfür ist, dass die

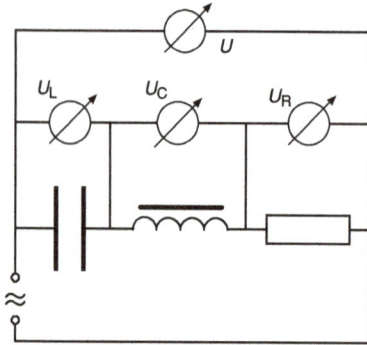

Abb. 9.13: Anordnung zur Messung der Teilspannungen in einer Reihenschaltung von Spule, Kondensator und Widerstand.

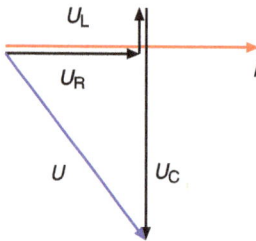

Abb. 9.14: Zeigerdiagramm für die Reihenschaltung von Kondensator, Spule und Widerstand. (Der Zeiger für die Teilspannung an der Spule und der Stromzeiger wurden zur besseren Sichtbarkeit leicht gegeneinander verschoben.)

Teilspannungen nicht in Phase miteinander sind. Stattdessen müssen die Spannungen phasenrichtig addiert werden. Hierfür verwendet man ein Zeigerdiagramm für die Effektivwerte, in dem alle drei Bauteile repräsentiert sind.

In einer Reihenschaltung fließt durch jedes Bauteil derselbe Strom und zwar mit derselben Phase. Bei der Darstellung des Zeigerdiagramms für die Reihenschaltung beginnt man deswegen mit dem Zeiger für die Stromstärke (Abb. 9.14, rot). Da im Weiteren nur Spannungszeiger miteinander verglichen werden, ist die Länge des Stromzeigers beliebig. Die Spannungszeiger werden dagegen (wie Vektoren) so gezeichnet, dass ihre Länge dem Betrag der jeweiligen Teilspannung entspricht.

Nach dem Stromzeiger folgt der Spannungszeiger für den Ohm'schen Widerstand, der phasengleich zum Stromzeiger liegt. Anschließend werden zeichnerisch die beiden Spannungszeiger für die Spule (um $\pi/2$ dem Stromzeiger voraus) und für den Kondensator (um $\pi/2$ dem Stromzeiger nachlaufend) addiert. Zwischen Start- und Endpunkt entsteht schließlich der Zeiger für die Gesamtspannung. Abbildung 9.14 zeigt, dass sich so für die Gesamtspannung zeichnerisch (ungefähr) der Wert der angelegten Spannung ergibt.

Zur Berechnung des Betrags der Gesamtspannung lässt sich die Zusammensetzung der Zeiger zu einem rechtwinkligen Dreieck nutzen. Man erhält für die Effektivwerte:

$$U^2 = U_{\mathrm{R}}^2 + (U_{\mathrm{L}} - U_{\mathrm{C}})^2. \tag{9.46}$$

(Die Reihenfolge, in der die Zeiger für die Teilspannungen an Kondensator und Spule gezeichnet werden und in die Rechnung einbezogen werden, ist beliebig.) Der Gesamtwechselstromwiderstand Z ist damit

$$Z = \frac{U}{I} \tag{9.47}$$

$$= \frac{\sqrt{U_R^2 + (U_L - U_C)^2}}{I} \tag{9.48}$$

$$= \sqrt{\frac{U_R^2}{I^2} + \left(\frac{U_L}{I} - \frac{U_C}{I}\right)^2} \tag{9.49}$$

$$= \sqrt{R^2 + (R_L - R_C)^2} \tag{9.50}$$

$$= \sqrt{R^2 + \left(\omega L - \frac{1}{\omega C}\right)^2}. \tag{9.51}$$

Auch die entstehende gesamte Phasenverschiebung lässt sich aus dem Zeigerdiagramm ableiten:

$$\tan(\Delta\varphi) = \frac{U_L - U_C}{U_R} \tag{9.52}$$

$$= \frac{U_L/I - U_C/I}{U_R/I} \tag{9.53}$$

$$= \frac{\omega L - 1/(\omega C)}{R}. \tag{9.54}$$

Mit Gleichung 9.51 kann nun Z berechnet werden, damit die Stromstärke und schließlich die Effektivwerte der Teilspannungen. Wir erhalten $U_R = 1{,}5\,\mathrm{V}$, $U_L = 0{,}45\,\mathrm{V}$ und $U_C = 2{,}4\,\mathrm{V}$.

In Abb. 9.15 ist der Wechselstromwiderstand Z gegen die Frequenz f aufgetragen. Man erkennt, dass Z bei einer bestimmten Frequenz ein Minimum hat (im Beispiel

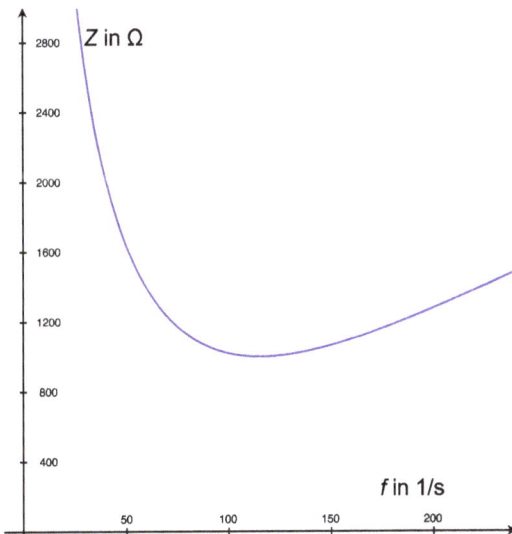

Abb. 9.15: Wechselstromwiderstand für die Reihenschaltung von Kondensator, Spule und Widerstand.

bei einer Frequenz von etwa $f = 115\,\mathrm{s}^{-1}$). Bei dieser Frequenz ist $Z = 1\,000\,\Omega$. Der Wechselstromwiderstand der Spule und des Kondensators addieren sich zu 0, und Z wird alleine durch R bewirkt. Bei einer höheren Frequenz steigt Z an, da dann R_L zunehmend den Strom hemmt. Bei einer niedrigeren Frequenz wächst Z, da dann R_C ansteigt.

9.8 Parallelschaltung von Spule, Kondensator und Widerstand

Bei einer Parallelschaltung einer Spule, eines Kondensators und eines Ohm'schen Widerstandes liegt an allen Bauteilen dieselbe Spannung an und zwar ohne Phasenverschiebung. Allerdings fließt in den Bauteilen ein Strom unterschiedlicher Stärke und Phase. Das Experiment wird ähnlich zu Exp. 9.4 durchgeführt (Abb. 9.16).

Für die Darstellung der Effektivwerte im Zeigerdiagramm beginnt man hier mit dem Spannungszeiger (Abb. 9.17). Anschließend werden die Stromzeiger mit der richtigen Phasenverschiebung gezeichnet. Man erhält den Zeiger für die Gesamtstromstärke I. Die Teilströme addieren sich wie folgt:

$$I^2 = I_R^2 + (I_L - I_C)^2. \tag{9.55}$$

(Die Reihenfolge, in der die Zeiger für die Teilströme an Kondensator und Spule gezeichnet werden und in die Rechnung einbezogen werden, ist beliebig.)

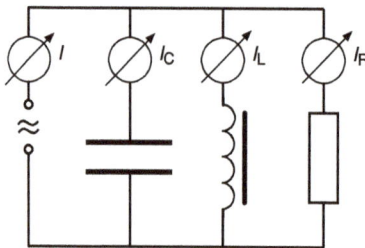

Abb. 9.16: Anordnung zur Messung der Teilströme in einer Parallelschaltung von Spule, Kondensator und Widerstand.

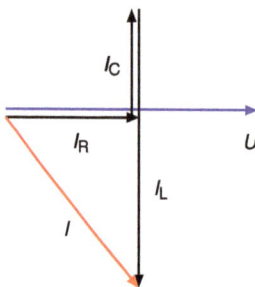

Abb. 9.17: Zeigerdiagramm für die Parallelschaltung von Kondensator, Spule und Widerstand. (Der Zeiger für die Stromstärke im Kondensator und der Spannungszeiger wurden zur besseren Sichtbarkeit leicht gegeneinander verschoben.)

Der Gesamtwechselstromwiderstand Z ist damit

$$Z = \frac{U}{I} \tag{9.56}$$

$$= \frac{U}{\sqrt{I_R^2 + (I_L - I_C)^2}} \tag{9.57}$$

$$= \frac{1}{\sqrt{I_R^2/U^2 + (I_L/U - I_C/U)^2}} \tag{9.58}$$

$$= \frac{1}{\sqrt{1/R^2 + \left(\frac{1}{\omega L} - \omega C\right)^2}}. \tag{9.59}$$

Für die Phasenverschiebung $\Delta\varphi$ gilt:

$$\tan(\Delta\varphi) = \frac{I_L - I_C}{I_R} \tag{9.60}$$

$$= \frac{I_L/U - I_C/U}{I_R/U} \tag{9.61}$$

$$= \frac{\frac{1}{\omega L} - \omega C}{\frac{1}{R}}. \tag{9.62}$$

Die frequenzabhängige Darstellung (Abb. 9.18) zeigt nun einen geringen Widerstand bei niedriger und hoher Frequenz, da im ersten Fall die Spule, im zweiten Fall der Kondensator einen sehr niedrigen Widerstand im Parallelkreis bewirkt. Bei der Frequenz, die in der Reihenschaltung den niedrigsten Widerstand ergab, zeigt sich nun der größte Widerstand.

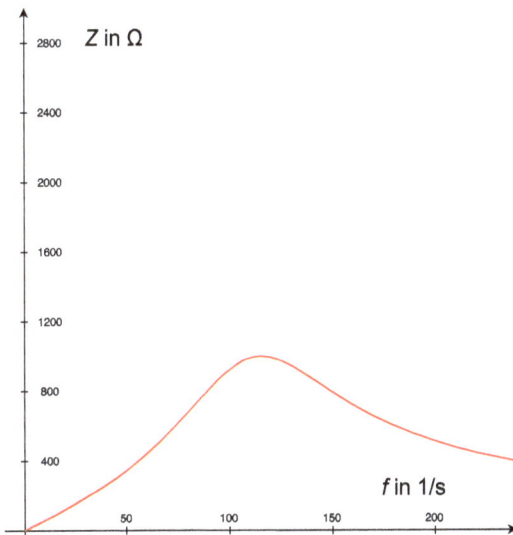

Abb. 9.18: Wechselstromwiderstand für die Parallelschaltung von Kondensator, Spule und Widerstand.

Erklärung zu Experiment 9.1. Die zur Einführung in Experiment 9.1 verwendete Parallelschaltung besitzt bei der eingestellten Frequenz gerade ihren größten Wechselstromwiderstand. Diese Parallelschaltung von L und C ist in Reihe geschaltet mit einer Glühlampe in der gemeinsamen Zuleitung. Wegen des hohen Widerstandes der Parallelschaltung fällt der größte Teil der angelegten Spannung an ihr ab. Diese von außen angelegte Spannung ist viel höher als die Nennspannung der Glühlampen. Mit ihr wird der Wechselstrom in der Parallelschaltung angestoßen (vgl. Kapitel 10). An der Glühlampe in der gemeinsamen Zuleitung fällt dagegen in der Reihenschaltung nur eine Spannung ab, die geringer ist als ihre Nennspannung. Bei dem Aufbau wird kein zusätzlicher Ohm'scher Widerstand verwendet. Auch die Glühlampen selbst dürfen nur einen geringen Widerstand besitzen.

Beispiel: Frequenzweiche. Die in Abschnitt 9.1 erwähnte Frequenzweiche ist eine Schaltung aus Spule und Kondensator. Ein Tiefpass lässt Wechselströme mit tiefen Frequenzen durch die Spule passieren, und hohe Frequenzen werden zusätzlich durch den Kondensator kurzgeschlossen (Abb. 9.19). Der Kondensator in einem Hochpass lässt hohe Frequenzen passieren, tiefe Frequenzen werden zusätzlich durch die Spule kurzgeschlossen (Abb. 9.20).

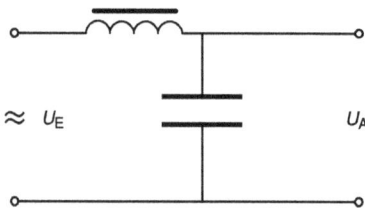

Abb. 9.19: Schaltbild für einen Tiefpass.

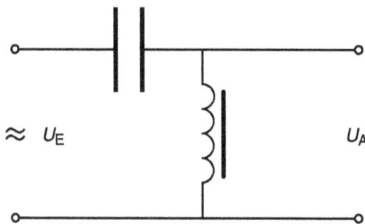

Abb. 9.20: Schaltbild für einen Hochpass.

9.9 Aufgaben

1. Die Klangregler von analogen Musikanlagen steuern mithilfe von Reglern Höhen und Tiefen. In einer im Vergleich zur oben geschilderten einfacheren Variante bestehen diese Regler aus Kondensator und Widerstand in Reihenschaltung (siehe Abb. 9.21; $R = 100\,\Omega$, $C = 4\,\mu F$). Berechnen Sie für die Eingangsspannung $U_E = 0{,}2\,V$ jeweils die Ausgangsspannung U_A für $f_1 = 100\,Hz$ und $f_2 = 10\,kHz$. Geben sie jeweils das Verhältnis von Eingangs- zu Ausgangsspannung an. – Die folgende Lösung wird aus Gründen der Übersichtlichkeit schrittweise ausgeführt;

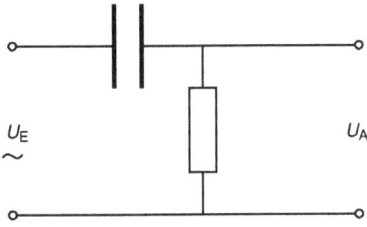

Abb. 9.21: Schaltbild für einen einfachen Klangregler einer Musikanlage. Beachten Sie, dass dies eine Reihenschaltung aus Spule und Widerstand ist, das Ausgangssignal wird über dem Widerstand abgegriffen.

alle Ergebnisse sind gerundet:

(a) kapazitiver Widerstand bei f_1: $R_{C1} = \frac{1}{\omega C} = \frac{1}{2\pi f C} = 398\,\Omega$

(b) kapazitiver Widerstand bei f_2: $R_{C2} = 3{,}98\,\Omega$

(c) Wechselstromwiderstand bei f_1: $Z_1 = \sqrt{R^2 + R_{C1}^2} = 410\,\Omega$

(d) Wechselstromwiderstand bei f_2: $Z_2 = 100\,\Omega$

(e) Stromstärke bei f_1: $I_1 = \frac{U_E}{Z_1} = \frac{0{,}2\,V}{410\,\Omega} = 4{,}9 \cdot 10^{-4}\,A$

(f) Stromstärke bei f_1: $I_2 = 2 \cdot 10^{-3}\,A$

(g) Ausgangsspannung 1: $U_{A1} = R I_1 = 0{,}05\,V$

(h) Ausgangsspannung 2: $U_{A2} = R I_2 = 0{,}2\,V$

(i) Spannungsverhältnis 1: $\frac{U_E}{U_{A1}} = 4$

(j) Spannungsverhältnis 2: $\frac{U_E}{U_{A2}} = 1$ ⟿ tiefe Töne werden gedämpft, hohe nicht.

2. Den auf S. 36 angesprochenen Apparat zum Energiesparen kann man kaufen, um ihn näher zu untersuchen. In dem von uns geöffneten Exemplar befindet sich ein Kondensator, der mit dem Steckergehäuse in das Haushaltsnetz eingeschaltet wird. Was bewirkt dieser Einbau? – Schaltet man einen Kondensator an eine Spannungsversorgung, so werden Spannungsspitzen gedämpft. In einem Wechselstromkreis kann ein Kondensator verwendet werden, um eine vorhandene Phasenverschiebung zwischen Spannung und Stromstärke durch induktive Lasten zu verringern. Beides spielt bei der normalen Haushaltsstromversorgung keine Rolle; der zusätzliche Kondensator ist zwar nicht schädlich, aber im Wesentlichen wirkungslos; Energie wird damit nicht gespart.

10 Der elektrische Schwingkreis

Ein Tesla-Transformator ist eine Kombination von zwei Schwingkreisen mit sehr hoher Eigenfrequenz – an der Sekundärspule entsteht durch die hohe Spannung eine *Koronaentladung*.

10.1 Phänomene

Eine Kinderschaukel führt eine periodische Bewegung aus, deren Energie nur langsam durch Reibung abnimmt. Die elektrische Analogie zu einer solchen Schaukel ist der *elektrische Schwingkreis*, in der elektrische Größen periodisch ihre Werte ändern, während die anfangs vorhandene Energie abnimmt, bis die Schwingung nicht mehr messbar ist.

10.2 Eigenfrequenz

Schon im letzten Kapitel und besonders in Abschnitt 9.8 haben wir die Parallelschaltung von Spule und Kondensator untersucht und zwar beim Anlegen einer Wechselspannung. Diese Anordnung ist zugleich ein *elektrischer Schwingkreis* (auch: *elektromagnetischer Schwingkreis*), der ein Verhalten ganz ähnlich eines schwingungsfähigen mechanischen Systems zeigt, wenn man diese Schwingung zu Beginn anregt (Experiment 10.1).

Experiment 10.1: Ein Kondensator mit der (vergleichsweise großen) Kapazität $C = 40\ \mu F$ und eine Spule mit der (ebenfalls großen) Induktivität $L = 630\ H$ werden parallel geschaltet (Abb. 10.1). Ein zu Beginn geöffneter Schalter befindet sich zwischen Spule und Kondensator. Der Kondensator wird mit einer Gleichspannung geladen und dann von der Elektrizitätsquelle getrennt. Anschließend wird der Schalter geschlossen. Ein parallel zu Kondensator und Spule geschaltetes hochohmiges, trägheitsarmes Voltmeter oder ein Oszilloskop zeigen eine Wechselspannung mit abnehmender Amplitude.

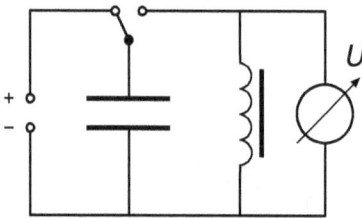

Abb. 10.1: Schaltbild für einen Schwingkreis mit niedriger Frequenz. Die verwendeten Bauteile sind ein Kondensator mit $C = 40\ \mu F$ und eine Spule mit $L = 630\ H$.

Obwohl nach dem anfänglichen Aufladen keine Spannung mehr von außen an die Parallelschaltung angelegt wird, kommt der Strom nicht innerhalb kürzester Zeit zum Erliegen. Stattdessen fließt zwischen Spule und Kondensator für eine gewisse Zeit ein Wechselstrom. Dabei handelt es sich um eine *Schwingung*, bei der Spannung und Stromstärke oszillieren. Die Schaltung aus Kondensator und Spule wird daher elektrischer *Schwingkreis* genannt. Für die Spannung am Kondensator gilt nach Gl. (9.9)

$$U_C = R_C I \tag{10.1}$$

$$= \frac{1}{\omega C} I, \tag{10.2}$$

https://doi.org/10.1515/9783110495768-010

und für die Spule

$$U_L = R_L I \tag{10.3}$$

$$= \omega L I. \tag{10.4}$$

Im Schwingkreis nun speisen sich Kondensator und Spule gegenseitig, wie genauer im nächsten Abschnitt ausgeführt wird. Die dabei entstehende Schwingung hat die Frequenz f_0, die *Eigenfrequenz* des Schwingkreises, bzw. die Kreisfrequenz $\omega_0 = 2\pi f_0$. Durch Gleichsetzen von Gl. (10.2) und Gl. (10.4) erhält man für die Kreisfrequenz

$$\frac{1}{\omega_0 C} I = \omega_0 L I \tag{10.5}$$

$$\Rightarrow \omega_0 = \frac{1}{\sqrt{LC}}. \tag{10.6}$$

Hieraus entsteht die

Thomson'sche Schwingungsgleichung: In einem elektrischen Schwingkreis bestehend aus einem Kondensator mit der Kapazität C und einer Spule mit der Induktivität L schwingen Spannung und Stromstärke mit der *Eigenfrequenz*

$$f_0 = \frac{1}{2\pi} \frac{1}{\sqrt{LC}}, \tag{10.7}$$

nach *William Thomson* (1824–1907; ausführliche Herleitung ab S. 223).

10.3 Ungedämpfte Schwingung

Vergleich der elektrischen mit einer mechanischen Schwingung

Der elektrische Schwingkreis schwingt frei mit der Frequenz nach Gl. (10.7). Wird der Schwingkreis mit Wechselspannung betrieben, so besitzt er als Parallelschaltung bei seiner Eigenfrequenz den maximalen, als Reihenschaltung den geringsten Widerstand Z (vgl. Abschnitte 9.7 und 9.8).

Eine solche Schaltung verhält sich wie ein mechanischer Oszillator. So schwingt bei einem Federpendel eine Masse, die einmal ausgelenkt worden ist, zwischen zwei Umkehrpunkten hin und her. Im Idealfall verläuft die Schwingung reibungsfrei und *harmonisch*. Eine harmonische Schwingung zeichnet sich dadurch aus, dass ihre Frequenz von der Amplitude unabhängig ist: Das Federpendel schwingt immer mit derselben Frequenz, egal wie weit es zu Beginn ausgelenkt worden ist. Auch die Schwingung beispielsweise einer Gitarrensaite ist harmonisch, denn sonst würde sich beim Verklingen des Tons (Verringerung der Amplitude) die Tonhöhe verändern.

Die Amplitude der Auslenkung einer mechanischen Schwingung nimmt ebenso wie die Amplitude der Spannung und der Stromstärke der elektrischen Schwingung im Laufe der Zeit ab. Die Schwingung ist *gedämpft*, weil ein Teil ihrer Energie in Wärme umgewandelt wird. Im elektrischen Schwingkreis ist dafür verantwortlich, dass

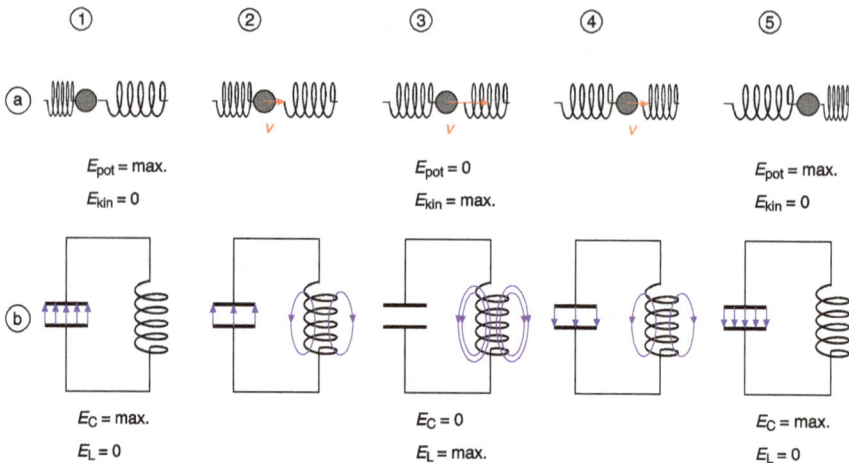

Abb. 10.2: Vergleich einer mechanischen mit einer elektrischen Schwingung.

der Ohm'sche Widerstand nie 0 ist, sondern endlich bleibt. Ist die Dämpfung sehr klein, dann nimmt die Gesamtenergie nur langsam ab, sie wechselt dabei zwischen den Formen als elektrische Energie des Kondensators und magnetische Energie der Spule.

Abbildung 10.2 vergleicht ein Federpendel mit einem elektrischen Schwingkreis:

1. (a) Die mechanische Schwingung beginnt mit dem Auslenken der Masse. Das System besitzt potentielle Energie E_{pot}, die kinetische Energie E_{kin} ist 0.
   (b) Die elektrische Schwingung beginnt mit dem Laden des Kondensators. Das System besitzt die Energie des Kondensators E_C, die Energie der Spule E_L ist 0.
2. (a) Nach dem Loslassen wird die Masse in Richtung der Ruhelage beschleunigt. Das System besitzt sowohl potentielle, als auch kinetische Energie.
   (b) Im Schwingkreis entlädt sich der Kondensator über die Spule. In der Spule entsteht ein Magnetfeld. Das System besitzt sowohl Energie im Kondensator, als auch in der Spule.
3. (a) Schwingt die Masse durch die Ruhelage, so besitzt das System nur kinetische Energie.
   (b) Der Kondensator hat sich vollständig entladen, die Stromstärke ist maximal. Das System besitzt ausschließlich Energie in der Spule.
4. (a) Aufgrund der Trägheit bewegt sich die Masse durch die Ruhelage hindurch. Das System besitzt kinetische und potentielle Energie.
   (b) Der Strom kommt wegen der Selbstinduktion nicht zum Erliegen, sondern fließt weiter; dabei wird der Kondensator erneut (mit umgekehrter Polarität) geladen. Das System besitzt Energie in der Spule und im Kondensator.
5. (a) Das Federpendel ist wie in Schritt eins maximal ausgelenkt, allerdings in entgegengesetzter Richtung. Damit ist die erste Halbschwingung beendet.

Anschließend werden die Schritte zwei bis vier mit gespiegelter Auslenkung durchlaufen.

(b) Der Kondensator ist wie in Schritt eins maximal geladen, allerdings mit umgekehrter Polarität. Die Stromstärke ist 0. Damit ist die erste Halbschwingung beendet. Anschließend werden die Schritte zwei bis vier mit umgekehrtem elektrischen und umgekehrtem magnetischem Feld durchlaufen.

Eigenfrequenz eines Schwingkreises. Die Eigenfrequenz ist für die oben verwendeten Bauteile ($C = 40\,\mu\text{F}$; $L = 630\,\text{H}$) somit $f = \frac{1}{2\pi}\frac{1}{\sqrt{40\,\mu\text{F}\cdot630\,\text{H}}} \approx 1{,}0\,1/\text{s}$ und damit $T = 2\pi\sqrt{40\,\mu\text{F}\cdot630\,\text{H}} \approx 1{,}0\,\text{s}$.

Harmonische Schwingung

Eine harmonische mechanische Schwingung ist dadurch gekennzeichnet, dass die Frequenz nicht von der Amplitude abhängt. Sie kommt zustande, wenn die rücktreibende Kraft F proportional mit der Auslenkung x zunimmt. Mit der Federkonstanten D lautet dieses Gesetz

$$F = -Dx. \tag{10.8}$$

Da die rücktreibende Kraft umgekehrt zur Auslenkung gerichtet ist, enthält die Gleichung ein Minuszeichen. Der Körper mit der Masse m erfährt dann die Beschleunigung a:

$$F = ma = m\ddot{x}. \tag{10.9}$$

Wir erhalten so

$$m\ddot{x} = -Dx, \tag{10.10}$$

eine Differentialgleichung zweiter Ordnung. Die Lösung für die Auslenkung $x(t)$ muss so aussehen, dass sich die zweite Ableitung von der Grundfunktion nur durch $-\frac{D}{m}$ unterscheidet. Die Beobachtung der Schwingung legt nahe, dass es sich hierbei um eine Sinus- oder Cosinusfunktion handelt.

Für den einfachen elektrischen Schwingkreis kommt man zu einem ähnlichen Ergebnis, wenn man elektrische Größen betrachtet. Die Spannung am Kondensator U_C und an der Spule U_L sind zu jedem Zeitpunkt gleich, aber bei Beibehalten des Umlaufsinns in der Schleife von umgekehrtem Vorzeichen:

$$U_C = U_L \tag{10.11}$$

$$\Rightarrow \frac{Q}{C} = -L\dot{I} \tag{10.12}$$

$$\Rightarrow \frac{Q}{C} = -L\ddot{Q}. \tag{10.13}$$

(Zum Vorzeichen vgl. S. 227.) Mit dieser Umformung haben wir eine Differentialgleichung erhalten, die analog zu Gl. (10.10) aufgebaut ist, denn es kommt sowohl die Variable Q selbst vor, als auch ihre zweite Ableitung nach der Zeit $\ddot{Q}$. Diese Differentialgleichung ist die *Schwingungsgleichung*. (Gelegentlich wird auch Gl. (10.15) als Schwingungsgleichung bezeichnet.) Hierbei wird vereinfachend davon ausgegangen, dass die Schwingung ungedämpft ist, also unendlich lange andauert. Dagegen kommt jede reale Schwingung nach einer gewissen Zeit zum Erliegen, da der Schwingkreis neben der Kapazität C und der Induktivität L auch einen elektrischen Widerstand R besitzt, in dem die Energie der Schwingung in Wärme umgewandelt wird.

Die Schwingungsgleichung beschreibt die zeitliche Veränderung der Ladung in einem ungedämpften Schwingkreis, der nach einer Aufladung des Kondensators zu Beginn sich selbst überlassen wird. Eine solche Schwingung wird als *frei* bezeichnet, im Gegensatz zu einer Schwingung, bei der von außen eine Wechselspannung anliegt (siehe Abschnitt 4.8).

Differentialgleichung für die freie, ungedämpfte Schwingung: Die Differentialgleichung der freien ungedämpften Schwingung eines Schwingkreises aus einem Kondensator mit der Kapazität C und einer Spule mit der Induktivität L (ohne einen elektrischen Widerstand R) ist

$$\frac{1}{C}Q + L\ddot{Q} = 0. \tag{10.14}$$

ℹ **Lösen einer Differentialgleichung.** Gleichung (10.14) beschreibt die Schwingung vollständig, wenn die Werte von C und L bekannt sind. Mit welcher Frequenz der Schwingkreis schwingt, kann man aus der Gleichung jedoch nicht direkt ablesen. Es muss hierfür die Funktion gefunden werden, die der Differentialgleichung zugrunde liegt. Dieses Aufsuchen nennt man das *Lösen der Differentialgleichung*. Eine besondere Rolle spielen hierbei die trigonometrischen Funktionen und die (natürliche) Exponentialfunktion mit der Basis e = 2,718..., der *Euler'schen Zahl*. In manchen Fällen gelingt das Lösen einer Differentialgleichung durch Integration (vgl. Abschnitt 4.9). Dabei müssen auch Angaben für die Anfangsbedingungen gemacht werden.

Man kann den Verlauf auch *numerisch* ermitteln; dafür setzt man für die Variable und ihre Ableitungen bestimmte Anfangswerte ein und beobachtet dann deren Veränderungen, wenn man kleine Zeitschritte voranschreitet. Dieses Verfahren funktioniert gut mit Computerunterstützung.

Eine weitere Möglichkeit ist, dass man die Lösung aus dem Verhalten des Systems *errät* und dann einsetzt.

Lösung der Differentialgleichung für die freie, ungedämpfte Schwingung

Für das Lösen der Differentialgleichung wird die oben angestellte Vermutung angesetzt, wonach die (elektrische oder mechanische) Auslenkung der Schwingung sich im Verlauf der Zeit wie eine Sinus- oder Cosinusfunktion verhält. Als *Schwingungsfunktion* verwenden wir daher

$$Q(t) = Q_0 \cos(\omega t), \tag{10.15}$$

mit den Ableitungen

$$\dot{Q}(t) = -\omega_0 Q_0 \sin(\omega_0 t) \tag{10.16}$$

$$\ddot{Q}(t) = -\omega_0^2 Q_0 \cos(\omega_0 t) \tag{10.17}$$

Dass wir die cos-Funktion und nicht die sin-Funktion benutzen, begründet sich darin, dass die Schwingung mit dem Aufladen des Kondensators startet, $Q(t)$ also für $t = 0$ den Maximalwert besitzen sollte.

Einsetzen der Schwingungsfunktion und ihrer Ableitungen in die Differentialgleichungen (10.14) liefert

$$\frac{1}{C} Q_0 \cos(\omega_0 t) - L\omega_0^2 Q_0 \cos(\omega_0 t) = 0 \tag{10.18}$$

$$\Rightarrow \omega_0^2 = \frac{1}{LC}, \tag{10.19}$$

die *Thomson'sche Schwingungsgleichung*, die uns schon bekannt ist (Gl. (10.7)). Experiment 10.1 bestätigt das so erhaltene Ergebnis und damit die Richtigkeit unserer Annahme für die Schwingungsfunktion.

10.4 Gedämpfte Schwingung

Reihenschwingkreis und Parallelschwingkreis

Experiment 10.1 zeigt, dass die Schwingung in einem elektrischen Schwingkreis nach kurzer Zeit verklingt. Grund dafür ist der Ohm'sche Widerstand, den jeder Schwingkreis besitzt, auch wenn kein eigenes Bauteil hierfür eingeschaltet wird.

Sobald mehr als nur eine Spule und ein Kondensator betrachtet werden (wie in Abb. 10.2), ist zudem die schon in Kapitel 9 eingeführte Unterscheidung zwischen einer Reihenschaltung und einer Parallelschaltung von Spule und Kondensator notwendig. Die Unterscheidung ist für manche Fragen auch dann nötig, wenn ausdrücklich betrachtet wird, wie der Schwingkreis zu seiner Schwingung angeregt wird, etwa durch Anlegen einer äußeren Spannung mit einem bestimmten Verlauf (Abb. 10.3; erzwungene Schwingung, siehe Abschnitt 10.6). Beide Schwingkreise, *Reihenkreis* und *Parallelkreis*, besitzen jedoch dieselbe Eigenfrequenz f_0.

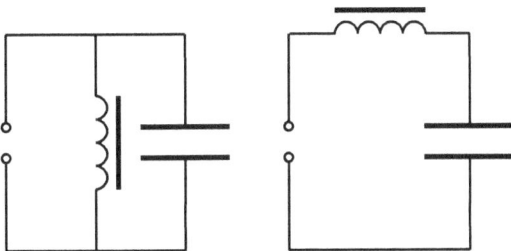

Abb. 10.3: Schaltbild für einen Parallelschwingkreis (links) und für einen Reihenschwingkreis (rechts). Die Schwingkreise werden durch eine Wechselspannung mit veränderlicher Frequenz zum Schwingen angeregt.

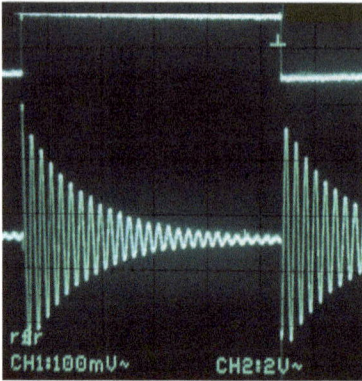

Abb. 10.4: Gedämpfte Schwingung, angeregt durch ein Rechtecksignal.

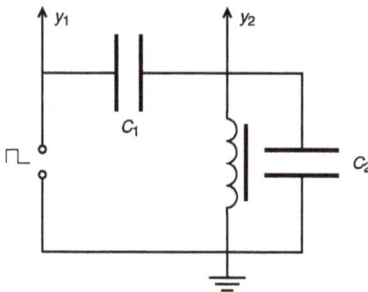

Abb. 10.5: Schaltbild zur Ansteuerung der gedämpften Schwingung in einem Parallelschwingkreis. Der Schwingkreis besteht aus einer Spule und dem Kondensator C_2. C_1 dient zur Ankopplung an die Rechteckschwingung des Funktionsgenerators.

In Experiment 10.2 wird ein Schwingkreis in kurzen Zeitabständen immer wieder neu erregt, so dass der Verlauf der Spannung auf einem Oszilloskop dargestellt werden kann. Die Anregung geschieht mit einem Rechtecksignal, d. h., die Spannung hat für eine gewisse Zeit einen bestimmten Wert und für die nächste Zeitspanne denselben Betrag, aber mit umgekehrter Polung. In Abb. 10.4 sieht man im unteren Bereich den zeitlichen Verlauf der Spannung am Kondensator und dabei die Abnahme der Schwingungsamplitude. Im oberen Bereich ist das Rechtecksignal dargestellt.

Experiment 10.2: Ein elektrischer Schwingkreis aus $L = 3\,\text{mH}$ und $C_2 = 1\,\mu\text{F}$ wird mit einer Rechteckspannung erregt (Abb. 10.5), die von einem Funktionsgenerator bereitgestellt wird. Die Rechteckspannung wird nicht direkt, sondern über einen weiteren Kondensator $C_1 = 0{,}1\,\mu\text{F}$ an den Schwingkreis angelegt, da der Schwingkreis sonst nur direkt der Rechteckspannung folgt. Eine Rechteckspannung wechselt abrupt zwischen zwei Werten und kommt damit einem periodischen Ein- und Ausschalten gleich. An den Schwingkreis wird ein Oszilloskop angeschlossen.

Beschreibung der Dämpfung

Bereits ein Blick auf das Oszilloskopbild (Abb. 10.4) zeigt, dass die Abnahme der Amplitude der gedämpften Schwingung nicht linear ist. Tatsächlich verläuft sie in Form einer abnehmenden Exponentialfunktion, also einer e-Funktion mit negativem Exponenten.

Die Abnahme der Schwingungsamplitude entspricht damit der in Abb. 4.9 untersuchten Abnahme der Stromstärke bei der Entladung eines Kondensators über einen elektrischen Widerstand. Allerdings entlädt sich der Kondensator hier sehr viel schneller durch die Spule und wird dann mit umgekehrtem Vorzeichen erneut geladen. Dies zeigt der oszillierende Verlauf der Spannung. Der exponentielle Verlauf betraf bei der Entladung des Kondensators dessen Spannung selbst, hier dagegen nimmt die *Amplitude* der Spannung exponentiell ab.

Die Veränderung der Ladung im Kondensator infolge der gedämpften Schwingung wird demnach vermutlich aus einer Kombination der Funktion, die die Schwingung beschreibt, und der Funktion, die die Dämpfung beschreibt, erfasst. Wir nehmen an

$$Q(t) = Q_0 e^{-\gamma t} \cos(\omega t), \qquad (10.20)$$

wobei γ das Ausmaß der Dämpfung einbringt. Abbildung 10.16 zeigt einen so modellierten Funktionsverlauf, der dem im Experiment aufgefundenen entspricht.

Dies soll mit der folgenden Überlegung bestärkt werden. Wir betrachten hierfür einen Schwingkreis aus einem Kondensator mit der Kapazität C und einer Spule mit der Induktivität L. Der Schwingkreis besitzt weiter einen elektrischen Widerstand R. Auch wenn dieser Widerstand nicht als Bauteil explizit eingeschaltet wird, sondern im Wesentlichen durch den Widerstand der Spule gegeben ist, zeichnet man ihn zur Verdeutlichung im Schaltbild ein (Abb. 10.6).

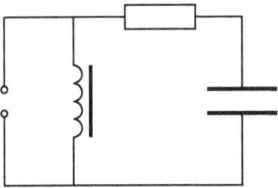

Abb. 10.6: Prinzipschaltbild für Schwingkreis, die Ursache der Dämpfung ist durch den Ohm'schen Widerstand explizit gemacht. Die Elektrizitätsquelle dient zur erstmaligen Aufladung des Kondensators.

Wird der Kondensator aufgeladen, so entlädt er sich anschließend über Spule und Widerstand. Allerdings ist die Berücksichtigung der Teilspannungen schwierig, wenn eine magnetische Flussänderung mit wechselnder Richtung auftritt. Wir schreiben daher gemäß der Maschenregel (Gl. (3.14)), aber ohne Berücksichtigung der Vorzeichen:

$$U_C + U_R + U_L = 0 \qquad (10.21)$$

$$\Rightarrow \frac{Q}{C} + RI + L\dot{I} = 0 \qquad (10.22)$$

$$\Rightarrow \frac{Q}{C} + R\dot{Q} + L\ddot{Q} = 0. \qquad (10.23)$$

Auch hierbei handelt es sich um eine Differentialgleichung, denn es kommt die Variable Q in mehreren Ableitungen vor.

Differentialgleichung für die freie, gedämpfte Schwingung: Die Differentialgleichung der freien gedämpften Schwingung eines Schwingkreises aus einem Kondensator mit der Kapazität C, einer Spule mit der Induktivität L und einem elektrischen Widerstand R ist

$$\frac{1}{C}Q + R\dot{Q} + L\ddot{Q} = 0. \tag{10.24}$$

Diese Differentialgleichung wird am Ende dieses Kapitels auf zwei unterschiedliche Weisen gelöst. Als Ergebnis erhält man dabei auch die Eigenfrequenz der freien, ungedämpften Schwingung.

Eigenfrequenz der freien, gedämpften Schwingung: Ein gedämpfter elektrischer Schwingkreis mit der Kapazität C, der Induktivität L und dem Widerstand R schwingt mit der Frequenz

$$f = \frac{1}{2\pi}\sqrt{-\frac{R^2}{4L^2} + \frac{1}{LC}}. \tag{10.25}$$

Man sieht, dass der Widerstand R die Eigenfrequenz des Schwingkreises verringert (die Schwingung wird „gebremst").

Tesla-Transformator

Auch der *Tesla-Transformator* ist ein gedämpfter Schwingkreis (Experiment 10.3), bestehend aus einer Leidener-Flasche (Abb. 4.9) als Kondensator und einer Spule mit nur wenigen Windungen (Abb. 10.7). Sowohl die Kapazität, als auch die Induktivität sind daher sehr gering und die Frequenz des Schwingkreises somit sehr hoch, nämlich im Bereich einiger kHz. In der Spule steht eine zweite mit sehr vielen Windungen, die mit ihrem Ende gegen das Erdpotential zugleich eine Kapazität besitzt, so dass ein zweiter Schwingkreis entsteht. Wegen des Windungszahlverhältnisses und wegen ei-

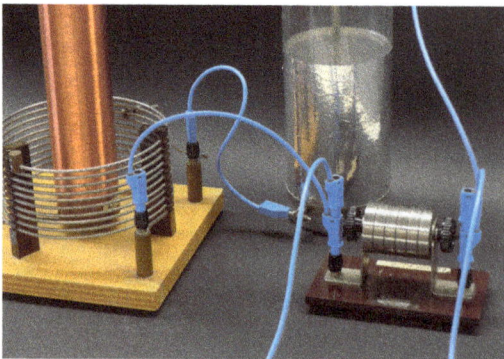

Abb. 10.7: Aufbau eines Tesla-Transformators aus Kondensator (Leidener Flasche) und einer Spule mit 10 Windungen. In dieser steht die Sekundärspule. Zu sehen ist außerdem rechts die Funkenstrecke.

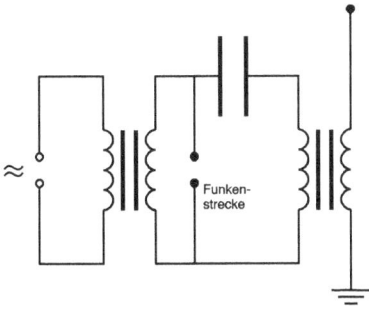

Abb. 10.8: Schaltbild zum Aufbau eines Tesla-Transformators (Reihenschwingkreis).

ner besonderen Art der Kopplung zwischen den beiden Schwingkreisen entsteht an der Sekundärspule eine sehr hohe Spannung gegen Erde, die sich in einer eindrucksvollen Entladung zeigt (Abildung zu Beginn dieses Kapitels). Eine in die Nähe gehaltene Leuchtstofflampe beginnt wegen der hohen Feldstärke zu leuchten. Trotz der hohen Spannung ist die Entladung für den menschlichen Körper ungefährlich, da der hochfrequente Stromfluss an dessen Oberfläche bleibt. Dennoch wird von der Durchführung des Experiments abgeraten, insbesondere deshalb, weil der Lichtbogen einer Entladung zu Verbrennungen führen kann. Verwandt mit dem Tesla-Transformator ist die Plasmakugel; hier findet eine ähnliche Entladung statt, die hochfrequente Schwingung wird allerdings auf andere Weise erzeugt (Abbildung auf dem Buchcover).

Experiment 10.3: Der Tesla-Transformator wird nach dem Schaltbild in Abb. 10.8 aufgebaut; verwendet wird als Kondensator eine Leidener-Flasche. Der Tesla-Transformator wird über eine Funkenstrecke mit Wechselspannung, die zuvor schon auf eine Spannung von $U \approx 10\,\mathrm{kV}$ transformiert wurde, betrieben. Die (Lösch-)Funkenstrecke besteht aus mehreren benachbarten Metallscheiben. Beim Anlegen einer ausreichend hohen Wechselspannung wird wiederkehrend der Kondensator geladen, bis es im Spannungsmaximum zu einem Überschlag zwischen den Scheiben kommt. Dies entspricht dem Ein- und Ausschalten der an den Schwingkreis angelegten Spannung. Im Schwingkreis kommt es daher wie in Experiment 9.2 zu einer fortlaufend angeregten gedämpften Schwingung.

10.5 Rückkopplung

Eine gedämpfte Schwingung kann man aufrecht erhalten, indem man die Energie, die in Wärme umgewandelt wird, von außen hinzufügt. Hierfür gibt es zwei Möglichkeiten. Für die erste, die *Rückkopplung*, wirkt man wiederholt im jeweils richtigen Moment auf die elektrische Schwingung ein, ähnlich wie bei einer Kinderschaukel, die man immer vor Erreichen der Ruhelage in die Richtung anstößt, in die sie sich ohnehin schon bewegt. Die zweite Möglichkeit, eine *erzwungene Schwingung*, wird im nächsten Abschnitt behandelt.

Eine Energiezufuhr in einen elektrischen Schwingkreis durch Rückkopplung erreicht man durch das Anlegen einer äußeren Spannung, während der Kondensator

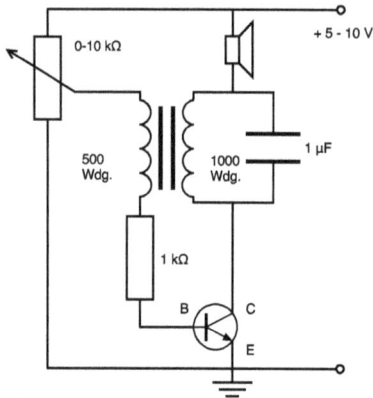

Abb. 10.9: Schaltbild zum Aufbau der Meißner'schen Rückkopplungsschaltung (rechts unten ein Transistor, dessen Funktionsweise in Kapitel 12 erklärt wird). Der Schwingkreis besteht aus einer Spule mit 1000 Windungen und einem Kondensator mit $C = 1\,\mu F$. Die Schwingung wird mit einem Lautsprecher (oben rechts) hörbar gemacht.

im Verlauf der Schwingung ohnehin geladen wird. Da in den meisten technisch relevanten Fällen die Frequenz des Schwingkreises recht hoch ist, kann das Ansteuern nicht aufgrund einer Beobachtung geschehen (wie bei der Kinderschaukel), sondern die Zuführung der Energie muss durch die Schwingung selbst gesteuert werden (*Meißner'sche Rückkopplungsschaltung*, Experiment 10.4).

Experiment 10.4: Aus einer Spule und einem Kondensator wird ein Schwingkreis aufgebaut (Abb. 10.9). An die Parallelschaltung wird eine Gleichspannung angelegt, die aber durch einen Transistor (vgl. Kapitel 12) beeinflusst wird. Dieser sorgt dafür, dass nur im richtigen Moment Strom in den Schwingkreis fließt. Hierfür wird der Transistor durch eine Spule gesteuert, die mit der Spule des Schwingkreises induktiv gekoppelt ist.

Durch kleine Anfangsschwankungen wird der Schwingkreis in seiner Eigenfrequenz angeregt und beginnt selbständig zu schwingen.

10.6 Erzwungene Schwingung

Um eine Schwingung trotz Dämpfung aufrecht zu erhalten, kann man auch dauerhaft eine Anregung bieten, die selbst dem Funktionsverlauf einer Schwingung entspricht. Übertragen auf das Beispiel der Kinderschaukel würde eine solche *erzwungene Schwingung* bedeuten, dass man dauerhaft eine periodische Kraft ausübt (allerdings elastisch eingekoppelt). Bei einer solchen erzwungenen mechanischen Schwingung stellt man fest: Bei kleiner Anregungsfrequenz schwingt die Schaukel im Takt mit der Anregung, bei sehr hoher Anregungsfrequenz dagegen schwingen Schaukel und Erreger gegenphasig.

Das gleiche Verhalten stellt sich auch bei einem elektrischen Schwingkreis ein, der mit einer Wechselspannung angeregt wird (Experimente 10.5, 10.6). Die Darstellung der Spannung am Kondensator mit dem Oszilloskop zeigt, dass die Amplitude der Schwingung von der Frequenz der Anregung abhängt. Sie ist zunächst gering und nimmt dann bis zu einem Maximum zu, wenn die Erregerfrequenz gleich der Eigenfrequenz des Schwingkreises ist. Bei höherer Erregerfrequenz nimmt die Amplitude wieder ab.

Wenn Erreger- und Eigenfrequenz des Schwingkreises gleich sind, wird die Schwingung in *Resonanz* angeregt. In diesem Fall ist die Energieübertragung auf den Schwingkreis optimal – wäre der Schwingkreis nicht gedämpft, käme es zu einer *Resonanzkatastrophe*, in der die Amplitude immer weiter anwächst, um schließlich das schwingungsfähige System zu zerstören.

Im Experiment kann auch die Phasenverschiebung beobachtet werden. Diese ist bei niedriger Erregerfrequenz 0, wächst auf $\Delta\varphi = -90°$ bei Resonanz (Abb. 10.11) und beträgt schließlich $-180°$ bei hoher Erregerfrequenz; in allen Fällen läuft die erzwungene Schwingung dem Erreger nach.

Experiment 10.5: Aus einer Spule und einem Kondensator wird ein Schwingkreis aufgebaut (Abb. 10.10). An die Parallelschaltung wird mittels einer zweiten Spule eine Wechselspannung mit veränderlicher Frequenz eingekoppelt. Sowohl die eingekoppelte Wechselspannung, als auch die Spannung am Schwingkreis werden mit einem Oszilloskop aufgezeichnet.

Experiment 10.6: Die Schwingung des bereits in Experiment 10.5 verwendeten Schwingkreises wird erneut aufgezeichnet. Durch eine Schaltung zwischen einem geeigneten Oszilloskop und einem geeigneten Funktionsgenerator wird die Erregerfrequenz mit der Kippspannung des Oszilloskops verändert (*Wobbeln*), und man erhält so die Amplitude der Schwingung gegen die Erregerfrequenz aufgetragen (Abb. 10.12).

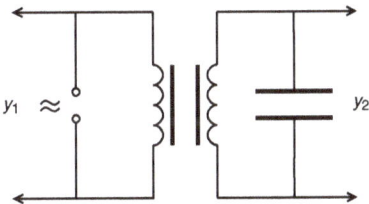

Abb. 10.10: Schaltbild für die Anregung einer erzwungenen Schwingung in einem Schwingkreis.

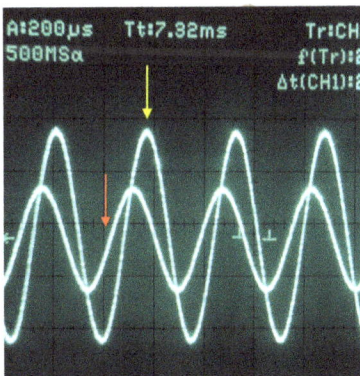

Abb. 10.11: Spannungsverlauf von Erreger (rot) und Schwingkreis (gelb). Der Schwingkreis befindet sich in Resonanz.

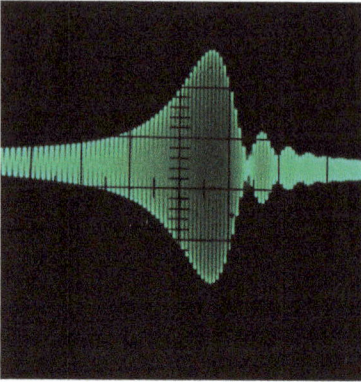

Abb. 10.12: Beim Wobbeln zeigt das Oszilloskop-bild die Amplitude der Schwingung, während die Anregungsfrequenz verändert wird. Vergleichen Sie den Verlauf der Amplitude mit der blauen Kurve in Abb. 10.13.

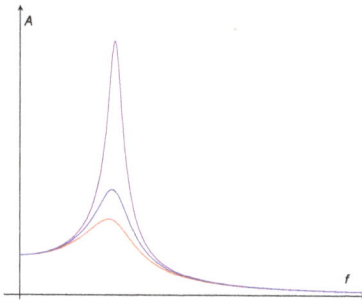

Abb. 10.13: Amplitude der erzwungenen Schwingung in Abhängigkeit von der Erregerfrequenz (violett: geringe Dämpfung, blau: mittlere Dämpfung, rot: starke Dämpfung). Man erkennt, dass die Amplitude mit wachsender Frequenz zunächst zunimmt, bis Erregerfrequenz und Eigenfrequenz des Schwingkreises übereinstimmen. Im Falle sehr geringer Dämpfung kommt es dann zur Resonanzkatastrophe, d. h., der Schwingung wird mehr Energie zugeführt, als sie in Wärme umsetzt. Mit größerer Erregerfrequenz nimmt die Amplitude der Schwingung wieder ab.

Für die formale Betrachtung wird Gl. (10.24) verwendet und um die *Erregerspannung* U_{Err} ergänzt:

$$\frac{1}{C}Q + R\dot{Q} + L\ddot{Q} = U_{Err}\cos(\omega_{Err}t).\tag{10.26}$$

Auch für diese Differentialgleichung können Lösungsfunktionen gefunden werden. Die Berechnung wird hier aber nicht ausgeführt. Interessant ist, wie sich die Amplitude der Schwingung in Abhängigkeit von der Erregerfrequenz verändert (Abb. 10.13).

Wobbeln. Mit einem älteren Oszilloskop kann man *wobbeln*. Bei einem solchen Oszilloskop wird wiederholt an einen waagrecht ausgerichteten Kondensator eine zunehmend anwachsende Spannung angelegt, die dann schlagartig auf 0 zurückgeht, um den Elektronenstrahl mit konstanter Geschwindigkeit von links nach rechts und wieder zurück zu führen (siehe Abb. 6.9). Diese *Kippspannung* wird verwendet, um in einem geeigneten Funktionsgenerator eine Sinusspannung zu erzeugen, deren Frequenz mit der Höhe der momentanen Kippspannung zusammenhängt. Man erhält also ein Wechsel-spannungssignal, dessen Frequenz langsam ansteigt, um schnell wieder auf den Ausgangswert zu fallen. Wird dieses Signal mit demselben Oszilloskop dargestellt, das die Kippspannung bereitstellt, so erhält man die Amplitude aufgetragen gegen die Erregerfrequenz (Experiment 10.6).

10.7 Gekoppelte Schwingkreise

Zwei Kinderschaukeln, die auf geeignete Weise miteinander verbunden werden, beeinflussen sich gegenseitig, sie führen eine *gekoppelte Schwingung* aus. Auch elektrische Schwingkreise kann man koppeln, sogar besonders einfach. Die Kopplung findet durch das Magnetfeld der Spulen statt; hierfür werden die Spulen direkt nebeneinander angeordnet, so dass jedes Magnetfeld in die Nachbarspule hineinreicht (Abb. 10.14). An die dritte Spule wird eine Wechselspannung angelegt, die die gekoppelte Schwingung erregt.

Wie bei gekoppelten mechanischen Oszillatoren haben auch gekoppelte elektrische Schwingkreise mehrere Eigenfrequenzen, und zwar ist deren Zahl genau so groß wie die Zahl der Schwingkreise. In dem hier gewählten Beispiel sind dies zwei, wie auch in dem Frequenzbild der Schwingung (ungefähr) zu erkennen ist (Abb. 10.15).

Abb. 10.14: Zwei über die gelben Spulen miteinander gekoppelte Schwingkreise. Mit der dritten Spule (oben) wird die Schwingung erregt.

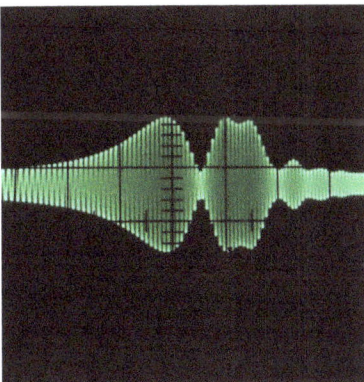

Abb. 10.15: Durch Wobbeln erzeugtes Amplitudenbild der gekoppelten Schwingung.

10.8 Ergänzung: Vorläufige Lösung der Differentialgleichung für die freie, gedämpfte Schwingung

Im Folgenden wird nun die Lösung für Schwingungsgleichung einer freien (d. h. nicht erzwungenen), gedämpften Schwingung gesucht, indem die erratene Lösungsfunktion verwendet wird. Zunächst wird Gl. (10.24) nach der Zeit abgeleitet, und man erhält mit $\dot{Q} = I$:

$$\frac{1}{C}I + R\dot{I} + L\ddot{I} = 0. \tag{10.27}$$

Wir verwenden dann aufgrund der Vermutung für den Verlauf der Schwingung einen Lösungsansatz für $I(t)$ (ähnlich wie mit Gl. (10.20)), denn nicht nur die Ladung Q, sondern auch die Stromstärke I wird die Schwingung anzeigen:

$$I(t) = Ae^{-\gamma t}\cos(\omega t + \Delta\varphi) \tag{10.28}$$

(vgl. Abb. 10.16). Eine genauere Betrachtung zeigt, dass die Konstante A die Stromstärke zu Beginn der Schwingung I_0 ist (vgl. Gl. (10.72)). Um den Lösungsansatz in die Differentialgleichung einsetzen zu können, müssen die erste und die zweite Ableitung gebildet werden. Diese lauten (Produkt- und Kettenregel sind zu beachten):

$$\dot{I} = -\gamma I_0 e^{-\gamma t}\cos(\omega t + \Delta\varphi) - I_0 e^{-\gamma t}\omega\sin(\omega t + \Delta\varphi)$$
$$= I_0 e^{-\gamma t}(-\gamma\cos(\omega t + \Delta\varphi) - \omega\sin(\omega t + \Delta\varphi)),$$
$$\ddot{I} = -\gamma I_0 e^{-\gamma t}(-\gamma\cos(\omega t + \Delta\varphi) - \omega\sin(\omega t + \Delta\varphi)) + I_0 e^{-\gamma t}(\gamma\omega\sin(\omega t + \Delta\varphi)$$
$$- \omega^2\cos(\omega t + \Delta\varphi))$$
$$= I_0 e^{-\gamma t}(\gamma^2\cos(\omega t + \Delta\varphi) + \omega\gamma\sin(\omega t + \Delta\varphi)) + (\omega\gamma\sin(\omega t + \Delta\varphi)$$
$$- \omega^2\cos(\omega t + \Delta\varphi))$$
$$= I_0 e^{-\gamma t}((\gamma^2 - \omega^2)\cos(\omega t + \Delta\varphi) + (2\omega\gamma\sin(\omega t + \Delta\varphi)).$$

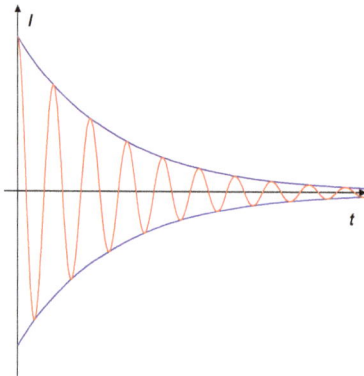

Abb. 10.16: Abnahme des Scheitelwerts der Stromstärke bei einer gedämpften Schwingung.

Einsetzen in Gl. (10.27) liefert

$$
\begin{aligned}
0 &= \frac{1}{C}I_0 e^{-\gamma t}\cos(\omega t + \Delta\varphi) + RI_0 e^{-\gamma t}(-\gamma\cos(\omega t + \Delta\varphi) - \omega\sin(\omega t + \Delta\varphi)) \\
&\quad + LI_0 e^{-\gamma t}((\gamma^2 - \omega^2)\cos(\omega t + \Delta\varphi) + 2\omega\gamma\sin(\omega t + \Delta\varphi)) \\
&= I_0 e^{-\gamma t}\Big(\frac{1}{C}\cos(\omega t + \Delta\varphi) - \gamma R\cos(\omega t + \Delta\varphi) - \omega R\sin(\omega t + \Delta\varphi) \\
&\quad + L(\gamma^2 - \omega^2)\cos(\omega t + \Delta\varphi) + 2L\omega\gamma\sin(\omega t + \Delta\varphi)\Big) \\
&= I_0 e^{-\gamma t}\Big(\Big(\frac{1}{C} - \gamma R + L\gamma^2 - L\omega^2\Big)\cos(\omega t + \Delta\varphi) + (2L\omega\gamma - \omega R)\sin(\omega t + \Delta\varphi)\Big).
\end{aligned}
$$

Wir können durch $I_0 e^{-\gamma t}$ teilen, da dies nie 0 wird, und erhalten

$$
\Big(\frac{1}{C} - \gamma R + L\gamma^2 - L\omega^2\Big)\cos(\omega t + \Delta\varphi) + (2L\omega\gamma - \omega R)\sin(\omega t + \Delta\varphi) = 0. \tag{10.29}
$$

Dies wird aber dauerhaft nur dann erfüllt, wenn beide Faktoren vor den trigonometrischen Funktionen null sind. Es folgt:

$$
\text{(a)} \quad \frac{1}{C} - \gamma R + L\gamma^2 - L\omega^2 = 0 \tag{10.30}
$$

$$
\Rightarrow \omega^2 = \Big(\frac{1}{C} - \gamma R + L\gamma^2\Big)\frac{1}{L} \tag{10.31}
$$

$$
\Rightarrow \omega^2 = \gamma^2 - \frac{\gamma R}{L} + \frac{1}{LC}. \tag{10.32}
$$

$$
\text{(b)} \quad 2L\omega\gamma - \omega R = 0 \tag{10.33}
$$

$$
\Rightarrow \gamma = \frac{\omega R}{2L\omega} = \frac{R}{2L}. \tag{10.34}
$$

Wir setzen Gl. (10.34) in Gl. (10.32), und erhalten so

$$
\omega^2 = \frac{R^2}{4L^2} - \frac{R^2}{2L^2} + \frac{1}{LC} \tag{10.35}
$$

$$
\Rightarrow \omega = \sqrt{-\frac{R^2}{4L^2} + \frac{1}{LC}}, \tag{10.36}
$$

die Kreisfrequenz ω und mit $f = \omega/(2\pi)$ die Frequenz der gedämpften Schwingung. Diese wurde bereits oben mit Gl. (10.25) angegeben.

Der erste Teil des Terms unter der Wurzel gibt dabei den Einfluss der Dämpfung auf die Frequenz der Schwingung wieder, der zweite ist die bereits bekannte Eigenfrequenz der ungedämpften Schwingung ω_0^2. Wird R gleich Null, erhält man den Fall der ungedämpften Schwingung.

Es muss nochmals betont werden, dass dieses Ergebnis zustande gekommen ist, indem wir die richtige Lösung für die Differentialgleichung aus dem Schwingungsverhalten abgelesen und eingesetzt haben. Eine allgemeine Lösung wird im nächsten Abschnitt vorgerechnet.

10.9 Ergänzung: Allgemeine Lösung der Differentialgleichung zur gedämpften Schwingung

Die Differentialgleichung für die freie Schwingung des gedämpften elektrischen Schwingkreises haben wir bereits verwendet (Gl. (10.27)). Sie lautet:

$$\frac{1}{C}I + R\dot{I} + L\ddot{I} = 0.$$

Im Gegensatz zur Lösung in Abschnitt 10.8 diskutieren wir jetzt einen Lösungsweg, der nicht auf einer Vermutung für das zu erwartende Ergebnis beruht. Stattdessen verwenden wir einen allgemeinen Ansatz, mit dem wir dann eine Lösung erhalten, die nicht nur den Schwingungsfall erneut beschreibt, sondern auch zwei weitere Lösungen für das Verhalten des Schwingkreises unter anderen Bedingungen ergibt. Dieser allgemeine Lösungsansatz lautet

$$I(t) = Ae^{\lambda t}, \tag{10.37}$$

wobei λ eine zunächst nicht näher betrachtete Konstante ist und $A = I_0$, da zum Zeitpunkt $t_0 = 0$ mit $e^0 = 1$ gilt $I(t_0) = A = I_0$. Die erste und die zweite Ableitung lauten

$$\dot{I}(t) = \lambda Ae^{\lambda t}, \tag{10.38}$$

$$\ddot{I}(t) = \lambda^2 Ae^{\lambda t}. \tag{10.39}$$

Einsetzen in Gl. (10.27) liefert

$$0 = Ae^{\lambda t}\frac{1}{C} + R\lambda Ae^{\lambda t} + L\lambda^2 Ae^{\lambda t} \tag{10.40}$$

$$= \lambda^2 + \frac{R}{L}\lambda + \frac{1}{LC}, \tag{10.41}$$

wenn man durch $Ae^{\lambda t}$ teilt, was erlaubt ist, da dieser Term nicht null sein kann. Die Lösung dieser quadratischen Gleichung ist die *charakteristische Gleichung*

$$\lambda_{1,2} = -\frac{R}{2L} \pm \sqrt{\frac{R^2}{4L^2} - \frac{1}{LC}}, \tag{10.42}$$

die eine Ähnlichkeit zu Gl. (10.25) bzw. (10.36) aufweist. Sie enthält

$$\omega_0^2 = \frac{1}{LC}, \tag{10.43}$$

die Eigen(kreis)frequenz der (ungedämpften) Schwingung (vgl. Gl. (10.7)). Für die folgende Rechnung schreiben wir außerdem kurz

$$\gamma = -\frac{R}{2L}, \tag{10.44}$$

als *Dämpfungskonstante* und damit

$$\lambda_{1,2} = \gamma \pm \sqrt{\gamma^2 - \omega_0^2}. \tag{10.45}$$

Kriechfall und aperiodischer Grenzfall

Man kann nun drei Fälle unterscheiden. Zum einen kann $\gamma^2 > \omega_0^2$ sein. Dann ist λ durch Einsetzen der Werte für R, L und C einfach auszurechnen und in Gl. (10.37) einzusetzen. Man erhält damit einen Verlauf, unter dem sich die Stromstärke von ihrem Anfangswert $A = I(t_0) = I_0$ exponentiell der Zeitachse annähert, ohne dass es zu einer wirklichen Schwingung kommt (*Kriechfall*).

Für $\gamma^2 = \omega_0^2$ kommt es zum *aperiodischen Grenzfall*. Dies ist die Situation, unter der die Stromstärke am schnellsten sich der Zeitachse annähert.

Schwache Dämpfung

Der interessanteste Fall ist der mit vergleichsweise geringer Dämpfung, also $\gamma^2 < \omega_0^2$. In diesem Fall wird die Wurzel in Gl. (10.42) negativ, und wir müssen zur Lösung die imaginäre Einheit $i^2 = -1$ verwenden. Damit schreiben wir für die Wurzel aus Gl. (10.45)

$$\sqrt{\gamma^2 - \omega_0^2} = \sqrt{-(\omega_0^2 - \gamma^2)} = i\sqrt{(\omega_0^2 - \gamma^2)} = i\omega, \qquad (10.46)$$

(vgl. Gl. (10.36)) mit der Frequenz ω, mit der der gedämpfte Schwingkreis schwingt. So wird aus Gl. (10.45):

$$\lambda_{1,2} = \gamma \pm \sqrt{\gamma^2 - \omega_0^2}$$

nun

$$\lambda_{1,2} = \gamma \pm i\omega. \qquad (10.47)$$

Die beiden Lösungen sind *komplexe Zahlen*. Eine komplexe Zahl z besteht aus einem Realteil x und einem Imaginärteil y:

$$z = x + iy. \qquad (10.48)$$

λ hat damit den Realteil γ, λ_1 den Imaginärteil ω und λ_2 den Imaginärteil $-\omega$

$$\lambda_1 = \gamma + i\omega, \qquad (10.49)$$
$$\lambda_2 = \gamma - i\omega. \qquad (10.50)$$

Die beiden Lösungen unterscheiden sich nur durch das Vorzeichen des Imaginärteils. Man bezeichnet in diesem Fall λ_2 als die *komplex konjugierte* Größe von λ_1, geschrieben $\lambda_1 = \lambda_2^*$.

Die allgemeine Lösung ist eine Kombination der beiden Lösungen λ_1 und λ_2. Damit wird aus der allgemeinen Lösung (10.37) mit zwei neuen, zunächst unbekannten Konstanten:

$$I(t) = C_1 e^{\lambda t} + C_2 e^{\lambda^* t} \qquad (10.51)$$

$$= C_1 e^{(\gamma+i\omega)t} + C_2 e^{(\gamma-i\omega)t} \tag{10.52}$$

$$= e^{\gamma t}(C_1 e^{i\omega t} + C_2 e^{-i\omega t}). \tag{10.53}$$

Die erste Ableitung ist

$$\dot{I}(t) = \gamma e^{\gamma t}(C_1 e^{i\omega t} + C_2 e^{-i\omega t}) + e^{\gamma t}(i\omega C_1 e^{i\omega t} - i\omega C_2 e^{-i\omega t}). \tag{10.54}$$

Zum Zeitpunkt $t_0 = 0$ ist dank $e^0 = 1$

$$I(t_0) = I_0 = C_1 + C_2, \tag{10.55}$$

und

$$\dot{I}(t_0) = \dot{I}_0 = \gamma(C_1 + C_2) + i\omega(C_1 - C_2). \tag{10.56}$$

Einsetzen von Gl. (10.55) in Gl. (10.56) ergibt:

$$\dot{I}_0 = \gamma I_0 + i\omega(C_1 - C_2) \tag{10.57}$$

$$\Rightarrow -C_2 = \frac{\dot{I}_0 - \gamma I_0}{i\omega} - C_1. \tag{10.58}$$

Aus Gl. (10.55) folgt mit Gl. (10.58)

$$C_1 = I_0 - C_2 \tag{10.59}$$

$$= I_0 + \frac{\dot{I}_0 - \gamma I_0}{i\omega} - C_1 \tag{10.60}$$

$$\Rightarrow 2C_1 = I_0 + \frac{\dot{I}_0 - \gamma I_0}{i\omega}. \tag{10.61}$$

$$C_2 = I_0 - C_1 \tag{10.62}$$

$$= I_0 - \frac{\dot{I}_0 - \gamma I_0}{i\omega} - C_2 \tag{10.63}$$

$$\Rightarrow 2C_2 = I_0 - \frac{\dot{I}_0 - \gamma I_0}{i\omega}, \tag{10.64}$$

und damit ist $C_1 = C_2^*$. Aus dem Ansatz (10.53) wird so

$$I(t) = e^{\gamma t} \frac{1}{2}\left(\left(I_0 + \frac{\dot{I}_0 - \gamma I_0}{i\omega}\right)e^{i\omega t} + \left(I_0 - \frac{\dot{I}_0 - \gamma I_0}{i\omega}\right)e^{-i\omega t}\right) \tag{10.65}$$

$$= e^{\gamma t} \frac{1}{2}\left(\left(I_0 + i\frac{\gamma I_0 - \dot{I}_0}{\omega}\right)e^{i\omega t} + \left(I_0 - i\frac{\gamma I_0 - \dot{I}_0}{\omega}\right)e^{-i\omega t}\right) \tag{10.66}$$

$$= e^{\gamma t} \frac{1}{2}(z + z^*). \tag{10.67}$$

In der letzten Zeile haben wir das Ergebnis erneut zusammengefasst in Form einer komplexen Zahl z und ihrer komplex konjugierten Zahl z^*. Die Summe $\frac{1}{2}(z+z^*)$ selbst ist aber nicht mehr komplex (!), sondern (nur noch) der Realteil von z, geschrieben $\mathrm{Re}\{z(t)\}$, da $\frac{1}{2}(z+z^*) = \frac{1}{2}((x+\mathrm{i}y)+(x-\mathrm{i}y)) = x = \mathrm{Re}\{z(t)\}$. Daher ist

$$I(t) = e^{\gamma t}\,\mathrm{Re}\{z(t)\} \tag{10.68}$$

$$= e^{\gamma t}\mathrm{Re}\left\{\left(I_0 + \mathrm{i}\frac{\gamma I_0 - \dot{I}_0}{\omega}\right)e^{\mathrm{i}\omega t}\right\}, \tag{10.69}$$

also wie oben formuliert der Realteil der komplexen Zahl z. Mit der Euler-Formel $e^x = \cos(x) + \mathrm{i}\sin(x)$ ergibt sich:

$$I(t) = e^{\gamma t}\mathrm{Re}\left\{\left(I_0 + \mathrm{i}\frac{\gamma I_0 - \dot{I}_0}{\omega}\right)\left(\cos(\omega t) + \mathrm{i}\sin(\omega t)\right)\right\} \tag{10.70}$$

$$= e^{\gamma t}\mathrm{Re}\left\{I_0\cos(\omega t) + \mathrm{i}\frac{\gamma I_0 - \dot{I}_0}{\omega}\cos(\omega t) + I_0\mathrm{i}\sin(\omega t) + \mathrm{i}\frac{\gamma I_0 - \dot{I}_0}{\omega}\mathrm{i}\sin(\omega t)\right\}. \tag{10.71}$$

Dieser Realteil ist schließlich

$$I(t) = e^{\gamma t}\left(I_0\cos(\omega t) - \frac{\gamma I_0 - \dot{I}_0}{\omega}\sin(\omega t)\right), \tag{10.72}$$

was wie erforderlich den Schwingungsverlauf wie in Abb. 10.16 wiedergibt. Die Dämpfungskonstante γ und die Frequenz ω können mit Gl. (10.44) und Gl. (10.46) eingesetzt werden:

$$\gamma = -\frac{R}{2L} \tag{10.73}$$

$$\omega = \sqrt{\frac{1}{LC} - \frac{R^2}{4L^2}} = \sqrt{\omega_0^2 - \frac{R^2}{4L^2}}. \tag{10.74}$$

Man erkennt an Gl. (10.72), dass es sich um eine Schwingung handelt, die von einer Exponentialfunktion mit dem Exponenten γt eingehüllt wird (Abb. 10.17 und 10.18). Dieser Exponent wächst mit R und sinkt mit L; da diese immer positiv sind, ist er selbst negativ; C spielt bei der Dämpfung keine Rolle. Da $\omega_0 - \frac{R^2}{4L^2} < \omega_0$, schwingt das System mit einer im Vergleich zur ungedämpften Schwingung niedrigeren Eigen(kreis)frequenz ω.

10.10 Aufgaben

1. Eine elektromagnetische Schwingung ist vor allem wegen des Leitungswiderstandes immer gedämpft. Dieser Widerstand beträgt bei der in Experiment 10.1 verwendeten Spule $R = 280\,\Omega$, ihre Induktivität ist 630 H. Nach welcher Zeit ist die

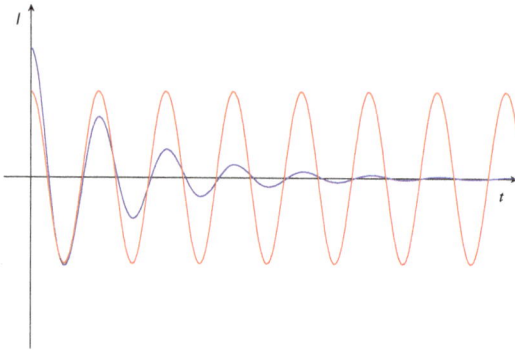

Abb. 10.17: Verlauf einer gedämpften Schwingung mit $I_0 \neq 0$ und $\dot{I}_0 = 0$ (blau). Im Vergleich mit der ungedämpften Schwingung (rot, geringere Amplitude) kann die Änderung der Eigenfrequenz erkannt werden.

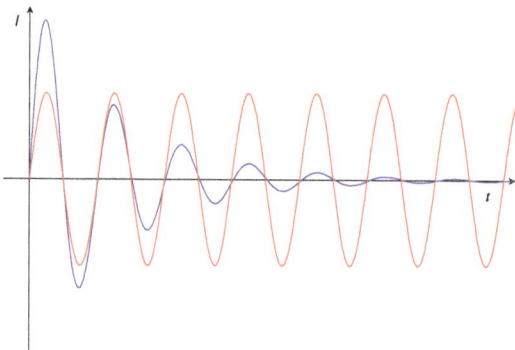

Abb. 10.18: Verlauf einer gedämpften Schwingung mit $\dot{I}_0 \neq 0$ und $I_0 = 0$ (blau). Dies entspricht der Situation, dass zu Beginn des Vorgangs der Kondensator geladen ist und noch kein Strom fließt.

Amplitude der Schwingung auf die Hälfte ihres Ausgangswertes abgefallen? – Die Auslenkung der Schwingung ist nach Gl. (10.28)

$$I(t) = Ae^{-\gamma t} \cos(\omega t + \Delta\varphi), \tag{10.75}$$

wobei wegen $A = I_0$ die Amplitude mit $I(t) = I_0 e^{-\gamma t}$ abnimmt. Die Hälfte ihres Wertes wird erreicht nach der Halbwertszeit $t = t_H$

$$\frac{I_0}{2} = I_0 e^{-\gamma t_H} \Rightarrow \ln 0{,}5 = -\gamma t_H \Rightarrow t_H = \frac{\ln 0{,}5}{-\gamma}. \tag{10.76}$$

Mit Gl. (10.34)

$$\gamma = \frac{R}{2L} \tag{10.77}$$

ergibt sich:

$$t_H = -\frac{\ln 0{,}5 \cdot 2L}{R} = -\frac{\ln 0{,}5 \cdot 1\,260\,\text{H}}{280\,\Omega} \approx 3{,}4\,\text{s}. \tag{10.78}$$

2. Ein Induktionskochfeld erwärmt die Speisen, indem im Topfboden Wirbelströme erzeugt werden. Unter der Glasplatte des Kochfeldes befinden sich hierfür Spulen,

die zusammen mit Kondensatoren einen elektrischen Schwingkreis bilden. Dieser Schwingkreis ist so konfiguriert, dass er nicht mit der Netzfrequenz, sondern mit einer höheren Frequenz schwingt. Warum wählt man diese höhere Frequenz? – Ziel ist es, eine ausreichend große Induktionsspannung zu erzeugen, die die Wirbelströme im Topfboden antreibt. Gleichung (8.17) gibt die Induktionsspannung einer sich im Feld B drehenden Spule an:

$$U_\mathrm{i}(t) = n\omega BA \sin(\omega t). \qquad (10.79)$$

Der Zusammenhang beschreibt, wie B in der Fläche A wirksam wird und gilt daher analog, wenn die Spule ruht, aber der Betrag von B einen sinusförmigen oder cosinusförmigen Verlauf nimmt. Die Induktionsspannung steigt also mit ω, weshalb es sinnvoll ist, ω größer als bei Netzspannung zu machen.

11 Elektromagnetische Wellen

Twitter: Empfangsantenne für elektromagnetische Wellen. Mit elektromagnetischen Wellen werden analoge Bild- und Sprachnachrichten ebenso wie digitalisierte übertragen.

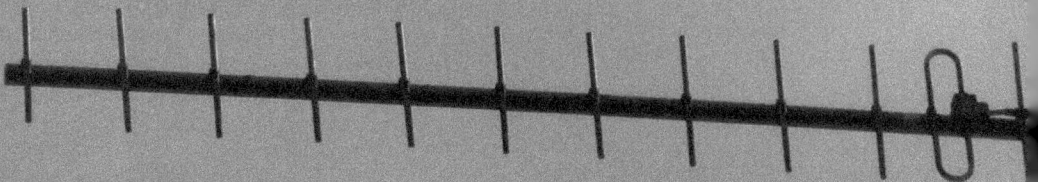

11.1 Phänomene

Eine starke elektrische Entladung sorgt in ihrer Umgebung kurzzeitig für eine Änderung des elektrischen und des magnetischen Feldes. Diese Änderung ist in einiger Entfernung noch messbar, so z. B. in der Nähe eines Hörnerblitzableiters (Experiment 8.17) oder eines Tesla-Transformators (Experiment 10.3). Aber auch wenn die Entladung des Tesla-Transformators nicht sichtbar in der Luft stattfindet, sondern lediglich zu einer Schwingung in einer Antenne führt, ist die Feldänderung messbar – und zwar noch in großer Entfernung.

Auf diesem Phänomen beruht die Idee des *Knallfunkensenders*, bei dem nach jeder Entladung über die Funkenstrecke eine gedämpfte Schwingung entsteht (Abb. 11.1). Die von dessen Antenne abgestrahlte *elektromagnetische Welle* ist noch in großer Entfernung messbar. Durch das Ein- und Ausschalten des Senders konnte so erstmals ein Morsesignal ohne Kabel übertragen werden. Für diese Erfindung erhielten *Guglielmo Marconi* und *Ferdinand Braun* 1909 den Nobelpreis für Physik.

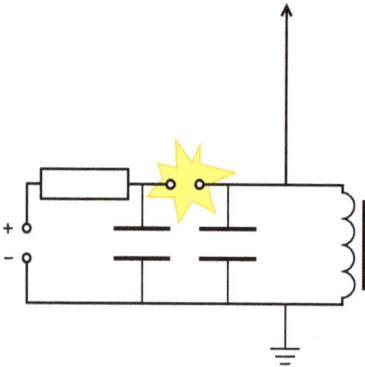

Abb. 11.1: Schaltbild eines Knallfunkensenders, mit dem Morsesignale drahtlos übertragen werden können.

11.2 Entstehung elektromagnetischer Wellen

Der Hertz'sche Dipol

Ein freier elektrischer Schwingkreis (Abb. 11.2 (a)) schwingt mit seiner Eigenfrequenz, die durch die Thomson'sche Schwingungsgleichung (10.7) gegeben ist. Eine hohe Frequenz ergibt sich, wenn sowohl die Kapazität als auch die Induktivität klein sind.

Die kleinstmögliche Induktivität erreicht man, wenn die Spule lediglich durch einen einfachen Draht realisiert ist, der die beiden Kondensatorplatten miteinander ver-

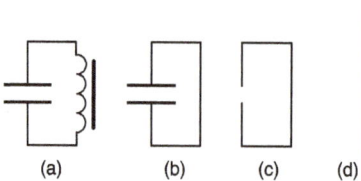

Abb. 11.2: Die Schwingung eines Schwingkreises (a) wird durch Ersetzen der Spule durch ein gerades Leiterstück (b), Ersetzen des Kondensators durch die Enden des Leiterstücks (c) und Aufbiegen zu einer Antenne (d) zunehmend hochfrequenter.

https://doi.org/10.1515/9783110495768-011

bindet (Abb. 11.2 (b)). Auch wenn diese beiden Platten entfernt werden, so bleibt eine kleine Kapazität übrig, da sich zwischen den beiden Drahtenden ein elektrisches Feld ausbilden kann (Abb. 11.2 (c)). Eine (Rest-)Kapazität gibt es selbst dann noch, wenn schließlich die beiden Drahtenden auseinandergebogen werden (Abb. 11.2 (d)). Auch ein gerades Drahtstück kann also als Schwingkreis angesehen werden, wenn auch mit sehr hoher Eigenfrequenz. Ein solcher offener Schwingkreis wird als *Hertz'scher Dipol* bezeichnet.

Die Schwingung in diesem Dipol wird erregt, indem man ihn in der Mitte auftrennt und eine hohe Wechselspannung anlegt. Beim Anwachsen der Spannung in ihrem sinusförmigen Verlauf kommt es in der Nähe des Maximums zu einem Funkenüberschlag zwischen den Dipolhälften. Dieser Überschlag ist ein elektrischer Strom, durch den sich das Ladungsungleichgewicht abbaut – allerdings ist der Vorgang hierdurch nicht beendet. Stattdessen führt die Entladung wie beim Schwingkreis aufgrund der Selbstinduktion zu einer erneuten, aber umgekehrten Aufladung, wodurch der Vorgang sich mit umgekehrter Stromrichtung wiederholt. Es kommt wie bei einem geschlossenen Schwingkreis zu einer Schwingung der elektrischen Ladung, die von außen angelegte Spannung wird hierdurch überlagert. Entsprechend schwingen auch das elektrische und das magnetische Feld. Dieser Schwingungsvorgang spielt sich während der kurzen Entladung ab. Während die von außen angelegte Spannung sinkt, endet die Entladung, bevor der Prozess mit umgekehrter Polung erneut beginnt. Der geteilte Dipol kann durch einen zusätzlichen Kondensator und eine zusätzliche Spule ergänzt werden (Experiment 11.1).

Für den Dipol kann auch ein nicht unterbrochener Stab verwendet werden, wenn die Anregung der Schwingung durch induktive Kopplung an einen zweiten Schwingkreis, den Erregerschwingkreis erfolgt.

Der entscheidende Punkt ist aber, dass die schwingenden Felder ihre Energie in den Raum transportieren: Stellt man in einigem Abstand einen weiteren Dipol auf, so wird in diesem durch das Feld des ersten eine Spannung induziert, und er beginnt ebenfalls zu schwingen. Die Schwingung in diesem Empfangsdipol kann mit einem Oszilloskop veranschaulicht werden.

Experiment 11.1: Knallfunkensender: Mit zwei Leidener Flaschen als Kondensatoren wird ein Knallfunkensender nach Schaltbild 11.1 aufgebaut. Die mit zwei Nägeln aufgebaute Funkenstrecke zeigt Abb. 11.3. Mit einem Antennendipol, der an ein Oszilloskop angeschlossen ist, kann in (kurzer) Entfernung die gedämpfte Schwingung des Senders detektiert werden.

Stehende Welle

Wie auf einer Gitarrensaite bildet sich im Dipol eine *stehende Welle* aus. Deren Wellenlänge λ ist doppelt so groß wie die Länge l des Dipols:

$$\lambda = 2l. \tag{11.1}$$

Abb. 11.3: Funkenstrecke eines Knallfunkensenders.

Abb. 11.4: Die von der Sendeantenne (links) abgestrahlte Leistung bringt eine Glühlampe im Empfangsdipol (rechts) zum Leuchten.

Für die Untersuchung der Eigenschaften der Dipolstrahlung ist ein Knallfunkensender nicht geeignet, da die entstehende elektromagnetische Schwingung nur wenig Energie besitzt. Für Lehrzwecke werden Dipolsender angeboten, deren Wellenlänge bei wenigen Dezimetern liegt und deren Strahlung bis in eine Entfernung von einigen Metern nachgewiesen werden kann (Experiment 11.2).

Der Ladungsfluss auf dem Dipol findet vorrangig in der Mitte statt, also dort, wo beim herkömmlichen Schwingkreis sich die Spule befindet. Zwischen den Enden des Dipols, wo der Kondensator ausgebildet wird, sind die stärksten Potentialunterschiede zu verzeichnen. Mit in den Dipol eingebauten Glühlampen kann der Ladungsfluss nachgewiesen werden, mit einer Glimmlampe, die den Dipol berührt, die Potentialverteilung.

Experiment 11.2: Experimente zur Strahlung eines Dipols können mit einem Dezimeterwellensender durchgeführt werden. Die von der Schwingung im Sendedipol abgestrahlte Energie vermag eine Glühlampe im Empfangsdipol zum Leuchten zu bringen (Abb. 11.4). Mit dem Experimentiermaterial lassen sich weitere Experimente durchführen, die etwa auch die Schwingung des Feldes im Sendedipol veranschaulichen.

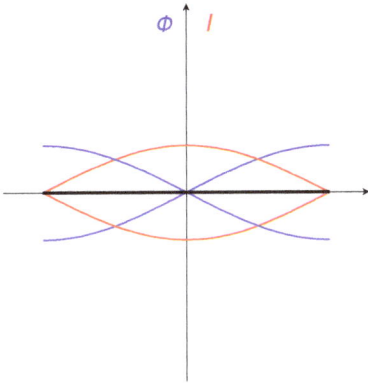

Abb. 11.5: Amplitude der Stromstärke (rot) und des Potentials (blau) längs eines Dipols.

Die einzelnen Ladungen, die während einer Schwingung im Dipol verschoben werden, legen nicht den vollständigen Weg von einem Ende zum anderen zurück, sondern besitzen nur eine kleine Schwingungsamplitude. In der Summe kommt es hierbei aber zu dem in Abb. 11.5 dargestellten maximalen Potentialunterschied zwischen den Enden des Dipols.

Strahlung des Dipols

Das elektrische Feld einer stationären Ladungsverteilung wirkt ebenso wie das magnetische Feld einer Spule über eine gewisse Distanz in den Raum hinein. Im statischen elektrischen Feld können zwar Ladungen beschleunigt werden, aber auf Ladungen, die im Wesentlichen an einem Ort – wie etwa der Empfangsantenne – verbleiben, wird zumindest dauerhaft keine Energie übertragen. Ein statisches magnetisches Feld wirkt ohnehin nur auf bewegte Ladungen, und da die Lorentzkraft senkrecht zur Bewegungsrichtung wirkt, wird keine Arbeit verrichtet.

Schwingen hingegen die Ladungen im Senderdipol, so wird fortwährend eine Schwingung im Empfangsdipol in Gang gebracht. Dies bedeutet, dass an ihn Energie übertragen wird, ähnlich wie ein in das Wasser geworfener Stein (oder eine dauerhafte Anregung) durch eine Wasserwelle ein Holzstück auf der Wasseroberfläche in einiger Entfernung zum Mitschwingen bringt.

Diese Übertragung der Energie des Sendedipols über respektable Entfernungen kann nicht dadurch erklärt werden, dass auf den Empfangsdipol lediglich das sich ändernde elektrische oder magnetische Feld des Sendedipols wirkt. Stattdessen erregen sich diese beide Felder in einiger Entfernung vom Dipol gegenseitig, breiten sich so aus und wirken schließlich auf den Empfangsdipol.

Zwischen den beiden Polen des geladenen Sendedipols wechselt ein elektrisches Feld, das sich im Zeitraum während seiner Entstehung in den Raum ausbreitet. Diese Ausbreitung erfolgt mit einer endlichen Geschwindigkeit. Beim Abbau des Feldes und vor dem erneuten entgegengesetzten Aufbau kann sich das Feld daher nur um eine be-

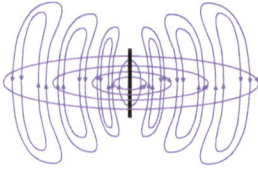

Abb. 11.6: Um den strahlenden Dipol (schwarz) bilden sich Bereiche mit geschlossenen elektrischen Feldlinien aus (blau), deren Orientierung abwechselt. Das elektrische Feld umgibt den Dipol rotationssymmetrisch, so dass die Feldlinienbereiche so ähnlich wie in die Länge gezogene Tori aussehen (Donuts). Die Feldlinien des magnetischen Feldes sind Kreise (violett), die nicht nur in der hier gezeigten Ebene, sondern auch noch oberhalb und unterhalb dieser vorzufinden sind. Die Abbildung vereinfacht stark, für eine sachgemäße Darstellung siehe [10].

stimmte Strecke ausgebreitet haben, dahinter folgt die Ausbreitung eines elektrischen Feldes mit umgekehrter Richtung.

Der zeitlichen Abfolge in der Antenne entspricht somit eine räumliche bei der Ausbreitung: Im zeitlichen Abstand $T/2$ und damit im räumlichen Abstand einer halben Wellenlänge folgen Bereiche hoher, aber jeweils umgekehrter elektrischer Feldstärke aufeinander (Abb. 11.6). In gleichartiger Weise breitet sich das magnetische Feld in den Raum hinein aus. Beide Felder verhalten sich dabei nicht unabhängig voneinander, sondern speisen sich gegenseitig. Diese Wechselbeziehung war von *James Clerk Maxwell* (1831–1879) durch die Zusammenführung des Induktionsgesetzes (Gl. (8.7)) und des Durchflutungsgesetzes (Gl. (7.4)), das die Entstehung des Magnetfeldes um bewegte Ladungen herum beschreibt, vorhergesagt worden: Das sich ändernde elektrische Feld ruft ein sich änderndes magnetisches Feld hervor, und das sich ändernde magnetische Feld ein sich änderndes elektrisches Feld.

Diese Feldänderungen pflanzen sich als *elektromagnetische Welle* im Raum fort. Im Dipol selbst macht sich das durch eine starke Dämpfung bemerkbar, dies ist ein Zeichen dafür, dass in erhöhtem Maße Energie durch die Welle wegtransportiert wird.

Elektromagnetische Welle: Die Schwingung des elektrischen und des magnetischen Feldes breitet sich als elektromagnetische Welle in den Raum aus. Zwischen Wellenlänge λ und Frequenz f der elektromagnetischen Welle besteht der von anderen Wellen bekannte Zusammenhang

$$c = \lambda f. \tag{11.2}$$

Die Ausbreitungsgeschwindigkeit c ist die Lichtgeschwindigkeit. Dieser Zusammenhang gilt auch für die Schwingung im Dipol selbst; dort ist diese Schwingung eine stehende elektromagnetische Welle. Die Frequenz f der elektromagnetischen Welle, die von einem Dipol ausgestrahlt wird, hängt daher von seiner Länge l ab. Aus

$$f_0 = \frac{c}{\lambda} \tag{11.3}$$

wird mit Gl. (11.1)

$$f_0 = \frac{c}{2l}. \tag{11.4}$$

Diese Frequenz ist die Eigenfrequenz des Dipols. Der Dipol strahlt auch eine elektromagnetische Welle ab, wenn in ihm eine erzwungene Schwingung mit anderer Frequenz angeregt wird. Die Strahlung ist jedoch am stärksten, wenn er mit seiner Eigenfrequenz schwingt.

Ein Dipol, der als Rundfunkantenne auf dem Erdboden steht, influenziert in diesem eine gleichgroße Spiegelladung entgegengesetzter Polarität (vgl. Abb. 5.34). Das Feld in der Luft ist daher nur die obere Hälfte eines normalen Dipolfeldes.

11.3 Ausbreitung elektromagnetischer Wellen

Elektromagnetische Wellen

Elektromagnetische Wellen benötigen für die Ausbreitung kein Medium, sie breiten sich auch im Vakuum aus. Dieser Sachverhalt hat noch zu der Zeit, in der die Nutzung elektromagnetischer Wellen bereits in Fahrt kam, für Diskussion gesorgt. Im nächsten Abschnitt wird auf diesen Hintergrund noch einmal gesondert eingegangen. Die Oszillatoren, durch die sich eine elektromagnetische Welle fortbewegt, sind nicht materieller Natur, sondern das elektrische und das magnetische Feld selbst, und die Wellen entstehen durch das wechselseitige Erzeugen dieser beiden Felder (Tab. 11.1).

Tab. 11.1: Gegenüberstellung einer Welle durch eine Kette von Pendeln und einer elektromagnetischen Welle.

Welle	Welle durch eine Kette von Pendeln	elektromagnetische Welle
Oszillator	Pendel	Feld
Auslenkung	Auslenkung des Pendels	Feldstärke
Schwingungsrichtung	Richtung der Pendelauslenkung	Vektor der Feldstärke
Kopplung	Federn zwischen den Pendeln	Felder erzeugen sich gegenseitig

Sowohl aus der Überlegung zur Abstrahlung eines Dipols als auch aus experimentellen Befunden ergibt sich, dass elektromagnetische Wellen Transversalwellen sind. Die Schwingungsrichtung der Oszillatoren und damit die Richtung der Vektoren der beiden Felder steht senkrecht zur Ausbreitungsrichtung der Welle. In unmittelbarer Nähe zur Antenne wechseln sich elektrische und magnetische Felder im Raum ab; dagegen sind sie in einiger Entfernung phasengleich (Abb. 11.7).

Transversalwellen und Longitudinalwellen. Elektromagnetische Wellen sind Transversalwellen. Bei diesen steht die Schwingungsrichtung senkrecht zur Ausbreitungsrichtung der Welle. In Bezug auf diese Eigenschaft ist die elektromagnetische Welle also mit einer einfachen mechanischen Seilwelle vergleichbar. Auch Wasserwellen sind Transversalwellen.

Schallwellen in Gasen dagegen sind sich ausbreitende Druckschwankungen. Da diese Druckschwankung längs der Ausbreitungsrichtung erfolgt, handelt es sich um Longitudinalwellen.

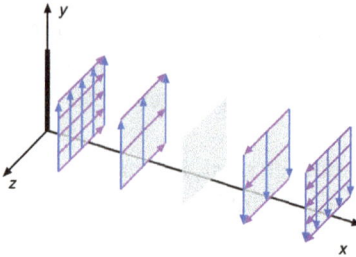

Abb. 11.7: In großem Abstand zum strahlenden Dipol wird die elektromagnetische Welle zu einer (nahezu) ebenen Welle (schwarz: Ausrichtung des Dipols; blau: Feldlinien des elektrischen Feldes; violett: Feldlinien des magnetischen Feldes; die Dichte der Feldlinien gibt die Feldstärke wieder).

Gegenseitiges Bedingen der Felder

Der Zusammenhang bei der Entstehung des elektrischen und des magnetischen Feldes soll nun noch einmal genauer betrachtet werden. Dass ein elektrischer Strom ein Magnetfeld hervorruft, haben wir bereits in Kapitel 8 ausgiebig untersucht. Dasselbe gilt auch für ein sich änderndes elektrisches Feld: Beim Auf- und Entladen eines Kondensator ist nicht nur die Zuleitung, sondern auch das sich ändernde Feld zwischen den Platten von einem Magnetfeld umgeben. Das Magnetfeld ist quellenfrei, die magnetischen Feldlinien um das sich ändernde elektrische Feld sind also geschlossen, es handelt sich um ein magnetisches Wirbelfeld.

Ein sich änderndes magnetisches Feld ruft eine Induktionsspannung hervor, wie man an einer vom Magnetfeld durchsetzten Spule messen kann. Dies kann auch so interpretiert werden, dass durch das sich ändernde magnetische Feld auf *elektrodynamische* Weise ein elektrisches Feld entsteht. Was in einem Leiter als Induktionsspannung auftritt und einen Strom bewirken kann, geschieht tatsächlich auch im (fast)leeren Raum, wie Experiment 11.3 zeigt. Hierbei ist besonders eindrücklich, dass das Magnetfeld ein elektrisches Wirbelfeld mit geschlossenen Feldlinien bewirkt, was sich im ringförmigen Leuchten des Neongases (unter vermindertem Druck) zeigt. Dies ist bei den bislang behandelten *elektrostatischen* Feldern nie der Fall; dort gehen die Feldlinien von positiven Ladungen aus und enden auf negativen.

Das sich gegenseitige Bedingen dieser Wirbelfelder wurde von *Maxwell* in Zusammenhang gebracht:

– Ein sich änderndes elektrisches Feld ist von einem magnetischen Wirbelfeld umgeben.
– Ein sich änderndes magnetisches Feld ist von einem elektrischen Wirbelfeld umgeben.

🔍 **Experiment 11.3:** Eine mit Neon unter geringem Druck gefüllte Glaskugel wird in eine Ringspule gestellt. Die Ringspule bildet gemeinsam mit einem Kondensator einen elektrischen Schwingkreis mit hoher Eigenfrequenz, der mit Hilfe einer Funkenstrecke angeregt wird. Durch das magnetische Wechselfeld der Ringspule entsteht ein hochfrequentes elektrisches Feld mit geschlossenen Feldlinien, das Elektronen im Gas beschleunigt und dieses dadurch zum Leuchten anregt (Abb. 11.8).

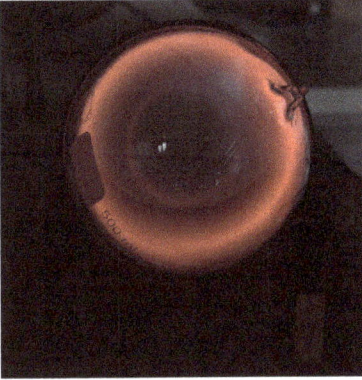

Abb. 11.8: Ein magnetisches Wechselfeld induziert fortwährend ein elektrisches Feld. (Das Magnetfeld steht senkrecht auf der Ebene der Abbildung.) Im freien Raum führt dies zu einer Entladung, die sich in der gasgefüllten Röhre in einer ringförmigen Leuchterscheinung zeigt.

Wenn die erregende Feldänderung sinusförmig verläuft, ist auch das erregte Feld nicht konstant, sondern ändert sich zeitlich. So führt dieses gegenseitige Erregen, wie von *Maxwell* vorhergesagt, zu einer elektromagnetischen Welle, die sich mit Lichtgeschwindigkeit ausbreitet. Experimente zeigen, dass – wie oben schon ausgeführt – elektromagnetische Wellen Transversalwellen sind (Experiment 11.4). Die Vektoren des elektrischen und des magnetischen Feldes stehen senkrecht aufeinander.

Heinrich Hertz (1857–1894) setzte sich intensiv mit den Maxwell'schen Gleichungen auseinander und schrieb sie in einer Form auf, wie sie heute meist verwendet werden. Vor allem aber gelang es ihm, die durch die Theorie vorhergesagten elektromagnetischen Wellen in einem Experiment tatsächlich zu erzeugen. Heute sind elektromagnetische Wellen die Basis jeder Informationsübertragung mit modernen technischen Geräten. Sowohl Rundfunk und Fernsehen, als auch Mobilfunk und lokale Datennetze nutzen sie. Auch die Ausbreitung von Licht kann als die Ausbreitung elektromagnetischer Wellen verstanden werden.

Experiment 11.4: Die Glühlampe in einem Empfangsdipol zeigt die Stärke einer elektromagnetischen Welle an. Das Leuchten nimmt mit der Entfernung vom Sendedipol aus Experiment 11.2 ab. Ein Schwenken des Empfangsdipols um die Längsachse des Sendedipols erbringt keine Veränderung. Beim Drehen des Empfangsdipols um die Ausbreitungsrichtung ändert sich dagegen die Stärke der empfangenen Welle stark. Dies zeigt, dass elektromagnetische Wellen Transversalwellen sind.

11.4 Ergänzung: Maxwell'sche Theorie

Eine Theorie zur Elektrodynamik

So wie mit der Erzeugung elektromagnetischer Wellen der Name *Heinrich Hertz*, so ist mit ihrer Beschreibung der von *James Clerk Maxwell* verbunden. Wegen ihrer eleganten Darstellung gilt die Maxwell'sche Theorie aus der Mitte des 19. Jahrhunderts als Höhepunkt der klassischen Physik. Ihr folgte mit der Erforschung von Quantenphänomenen der Beginn der modernen Physik.

Die Gesetze, die die Basis der Theorie bilden, waren zu *Maxwells* Zeiten bereits bekannt. Durch die neuartige Zusammenstellung wurde aber erstmals der innere Zusammenhang zwischen ihnen deutlich. Dies erst erlaubt es, das Ergebnis als Theorie zu bezeichnen.

Es gibt unterschiedliche Möglichkeiten, die vier *Maxwell'schen Gleichungen* zu formulieren. Insbesondere können sie in Differentialform oder in Integralform geschrieben werden. In Hochschullehrbüchern und Büchern für den Physikunterricht werden sie in unterschiedlicher Tiefe behandelt. Im Folgenden werden sie – ähnlich wie in [1] – als Integrale geschrieben und dann etwas ausführlicher mit Worten umschrieben. Dabei wird – stark vereinfachend – auf eine vektorielle Darstellung verzichtet. Zum Einsatz kommt dabei eine besondere Art des Integralzeichens, welches in vereinfachter Form bedeutet, dass das Integral über eine geschlossene Kurve oder eine geschlossene Oberfläche ausgeführt wird.

Maxwell'sche Gleichung I:

$$\oint E \, dA = \frac{1}{\varepsilon_0} Q. \tag{11.5}$$

- Eine elektrische Ladung Q (rechte Seite der Gleichung) ist immer die Quelle eines elektrischen Feldes E (links).

Die Formulierung mit Hilfe dieses Integrals bedeutet, dass durch die Oberfläche A eines abgeschlossenen Volumens die Feldlinien des Feldes E der eingeschlossenen Ladung Q treten, mit denen auf die Größe dieser Ladung geschlossen werden kann (Abb. 11.9). Befindet sich bspw. innerhalb des Volumens keine Ladung, aber eine in der Nähe, so strömen ebenso viele Feldlinien in das Volumen hinein wie aus ihm heraus. Dies wurde bereits in Abschnitt 5.10 erläutert.

Maxwell'sche Gleichung II:

$$\oint B \, dA = 0. \tag{11.6}$$

- Ein magnetisches Feld (links) hat keine Quellen (rechts).

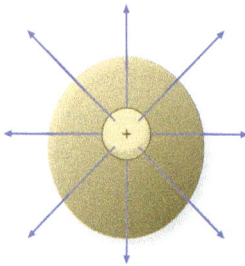

Abb. 11.9: Eine Ladung ist die Quelle eines elektrischen Feldes. Die Feldlinien gehen durch die geschlossene Oberfläche um die Ladung. Liegt das umschlossene Volumen dagegen neben der Ladung, so treten ebenso viele Feldlinien durch die Oberfläche ein wie aus (vgl. Abb. 5.26).

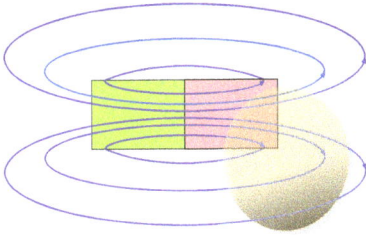

Abb. 11.10: Ein magnetisches Feld ist quellenfrei. Durch die geschlossene Oberfläche eines Volumens treten immer so viele magnetische Feldlinien ein wie aus (vgl. Abb. 7.11).

Dies ist gleichbedeutend mit der wichtigen Erkenntnis, dass es keine magnetischen Monopole, also einzelne magnetische Ladungen, gibt. Die Ursache eines statischen magnetischen Feldes ist immer ein magnetischer Dipol, der über einen Nordpol und einen Südpol verfügt. Anders als im elektrischen Fall treten daher durch die geschlossene Oberfläche A eines Volumens immer genau so viele Feldlinien hinein, wie aus ihr heraus, was in der Gleichung dadurch ausgedrückt wird, dass das Integral über die gesamte Oberfläche Null ist (Abb. 11.10). Dies wurde bereits in Kapitel 7.4 festgehalten.

Die ersten beiden Gleichungen beschreiben statische Felder, die dritte und vierte dagegen veränderliche. Hierfür wird zunächst das Faraday'sche Induktionsgesetz (Gl. (8.7)) verwendet.

Maxwell'sche Gleichung III:

$$\oint E\,\mathrm{d}s = -\frac{\mathrm{d}}{\mathrm{d}t}\int B\,\mathrm{d}A. \tag{11.7}$$

– Ein sich zeitlich änderndes magnetisches Feld (rechts) erzeugt ein elektrisches Feld (links).

Genauer gesagt induziert die Änderung des magnetischen Feldes durch eine Fläche A (rechts) in einem Leiter, der dieses Feld umfasst, eine Spannung. Diese Spannung ist gleich dem Linienintegral der elektrischen Feldstärke längs dieses Leiters. Die Spannung wird längs einer geschlossenen Schleife induziert wird, es handelt sich um ein elektrisches Wirbelfeld (Abb. 11.11). Dieses Feld entsteht auch, wenn kein Leiter vorhanden ist.

Schließlich wird das Ampere'sche (Durchflutungs-)Gesetz verwendet (Gl. (7.4)).

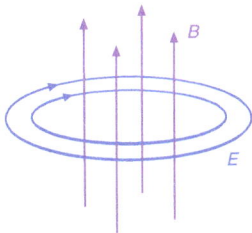

Abb. 11.11: Ein sich änderndes magnetisches Feld ist von einem elektrischen Wirbelfeld umgeben.

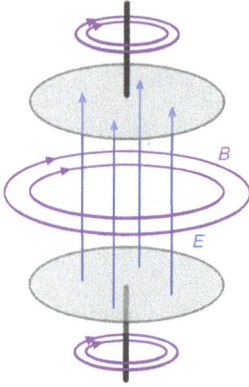

Abb. 11.12: Ein sich änderndes elektrisches Feld (hier zwischen zwei Kondensatorplatten) ist von einem magnetischen Wirbelfeld umgeben.

Maxwell'sche Gleichung IV:

$$\oint B \, ds = \mu_0 I + \mu_0 \varepsilon_0 \frac{d}{dt} \int E \, dA. \tag{11.8}$$

– Sowohl ein elektrischer Strom, als auch die Änderung des elektrischen Feldes, das durch die Fläche A (rechts) greift, bewirken ein magnetisches Feld (links).

Seine Stärke errechnet sich durch das Linienintegral der magnetischen Feldstärke längs der geschlossenen Umrandung dieser Fläche (links). Hierfür wird beim Entlangfahren auf dieser geschlossenen Kurve s die magnetische Feldstärke aufaddiert (Abb. 11.12).

Oben wurde bereits diskutiert, dass auch das sich ändernde elektrische Feld in einem Kondensator wie der elektrische Strom von einem Magnetfeld umgeben ist. Dem sich ändernden Feld schreibt man daher in Analogie zum Strom in den Zuleitungen einen *Verschiebungsstrom* zu.

Wellengleichung

Die dritte und die vierte Gleichung sind einerseits einander ähnlich und lassen sich andererseits miteinander verknüpfen: Ein sich zeitlich änderndes magnetisches Feld ruft ein elektrisches Feld hervor, und ein sich zeitlich änderndes elektrisches Feld bewirkt ein magnetisches Feld. An einem festen Ort ändern sich dann das elektrische Feld und das magnetische Feld zeitlich wie eine Schwingung. Zudem muss sich diese Wechselwirkung dynamisch durch den Raum ausbreiten können, anders also als die beiden Felder je für sich genommen dies tun (sie reichen nur statisch und stark abnehmend in den Raum). Das Ergebnis ist vergleichbar einer mechanischen Welle, bei der sich die Schwingung über mehrere Oszillatoren durch den Raum ausbreitet. So wie mechanische Wellen Energie transportieren, leisten dies elektromagnetische Wellen durch das beteiligte elektrische und magnetische Feld. Anders als mechanische Wellen benötigen elektromagnetische jedoch kein Medium; sie breiten sich auch im Vakuum aus.

Ähnlich der Wellengleichung für mechanische Wellen

$$\frac{\mathrm{d}^2 y}{\mathrm{d}x^2} = \frac{1}{c^2}\frac{\mathrm{d}^2 y}{\mathrm{d}t^2},$$ (11.9)

die die Auslenkung y in Ausbreitungsrichtung x und über die Zeit t wiedergibt, formuliert man eine Wellengleichung für die elektrische Feldstärke

$$\frac{\mathrm{d}^2 E}{\mathrm{d}x^2} = \varepsilon_0 \mu_0 \frac{\mathrm{d}^2 E}{\mathrm{d}t^2}$$ (11.10)

und eine gleichartige für die magnetische Feldstärke

$$\frac{\mathrm{d}^2 B}{\mathrm{d}x^2} = \varepsilon_0 \mu_0 \frac{\mathrm{d}^2 B}{\mathrm{d}t^2}.$$ (11.11)

Durch einen Vergleich mit der Wellengleichung für mechanische Wellen erhielt *Maxwell* für die Ausbreitungsgeschwindigkeit

$$c = \frac{1}{\sqrt{\varepsilon_0 \mu_0}}.$$ (11.12)

Er formulierte hierzu:

> Das Konzept, auf das ich hierbei gestoßen bin, hat in seiner mathematischen Ausarbeitung einige sehr interessante Ergebnisse geliefert, die es erlauben, meine Theorie zu testen (...). [3]

Die beiden Feldkonstanten, die elektrische Feldkonstante ε_0 (Gl. (4.18)) und die magnetische Feldkonstante μ_0 (Gl. (7.2)), waren schon zuvor gemessen worden. Mit den Werten erhält man für die Ausbreitungsgeschwindigkeit c

$$c \approx \frac{1}{\sqrt{8{,}85 \cdot 10^{-12}\,\mathrm{A\,s\,V^{-1}m^{-1}} \cdot 1{,}256 \cdot 10^{-6}\,\mathrm{V\,s\,A^{-1}m^{-1}}}} \approx 3 \cdot 10^8\,\mathrm{m\,s^{-1}},$$ (11.13)

was dem Wert der Ausbreitungsgeschwindigkeit des Lichts im Vakuum entspricht.

Eine einmalige Störung des elektrischen oder magnetischen Feldes breitet sich also mit Lichtgeschwindigkeit in den Raum aus (dies gilt genau im Vakuum, ist aber in Luft sehr ähnlich). Ein zu einer Schwingung angeregter Schwingkreis sendet fortwährend eine elektromagnetische Welle aus. Dies konnte *Heinrich Hertz* schließlich mit seinen Experimenten bestätigen.

Dass sich als Ausbreitungsgeschwindigkeit die Lichtgeschwindigkeit ergibt, bedeutet umgekehrt, dass sich die Ausbreitung von Licht als Ausbreitung elektromagnetischer Wellen begreifen lässt. Interferenz und Beugung von Licht zeigen die Welleneigenschaften von Licht, die Polarisierbarkeit zeigt darüber hinaus, dass Licht die Eigenschaften von Transversalwellen hat.

Schwer zu akzeptieren war hingegen, dass kein Medium für die Ausbreitung erforderlich sein sollte. Zunächst versuchte man, ein eigenes Medium, den *Lichtäther*, zu postulieren, dem allerdings Eigenschaften zugesprochen werden mussten, die schwerlich mit der Wirklichkeit in Einklang zu bringen waren. Zudem hätte dieser Lichtäther den gesamten Raum einschließlich transparenter Medien erfüllen müssen. Wegen dieser Allgegenwart würde der Lichtäther im Raum ein absolutes Bezugssystem darstellen. Durch geeignete Experimente versuchte man, eine Bewegung durch diesen nachzuweisen. Deren Misserfolg waren ein Anlass, die spezielle Relativitätstheorie zu formulieren und auf die Existenz des Lichtäthers endgültig zu verzichten.

Die Maxwell'sche Theorie ist in der Lage, umfassend die Ausbreitung vergleichsweise langwelliger elektromagnetischer Wellen und des Lichts zu beschreiben. Für elektromagnetische Wellen, die als Dipolstrahlung erzeugt werden, umfasst die Beschreibung auch Aussendung und Empfang. Emission und Absorption von Licht, die Wechselwirkung von Licht mit Materie, hingegen werden nicht von der Theorie erfasst. Diese nämlich erfolgen so, als würden diskrete Energieportionen ausgetauscht werden, und sind daher nicht im Einklang mit den Eigenschaften von Wellen (siehe Abschnitt 11.5). Bei Licht wird deutlich, dass es beides zugleich ist: Ausbreitung von Wellen und quantenhafte Wechselwirkung. In der adäquaten Theorie, der Quantenelektrodynamik, wird dieses Verhalten durch die Quantisierung des Feldes erreicht.

⚡ **Dualismus von Welle und Teilchen.** Wellen- und Quanteneigenschaften des Lichts sind nicht in einem einfachen, klassischen Modell miteinander vereinbar, sondern nur in dem abstrakten Formalismus der Quantenelektrodynamik. Dies muss nicht als Mangel angesehen werden, sondern kann Anlass sein, über die Arbeitsweise der Physik nachzudenken. Ziel ist, eine in sich schlüssige Beschreibung eines großen Phänomenbereichs zu erlangen. Dies führt aber nicht zwingend zu einer Beschreibung, die zu unserer klassischen Sicht der Zusammenhänge passt, die sich im Alltag bewährt.

Wichtig ist es zu verdeutlichen, dass Wellen- und Quanteneigenschaften zu *einem* Sachverhalt, der Beschreibung des Lichts, gehören und nicht zwei Eigenschaften sind, von denen das Licht immer jeweils nur eine wählt. Diesen *Dualismus* versucht man im Physikunterricht zu vermeiden.

11.5 Das Spektrum elektromagnetischer Wellen

Frequenz und Wellenlänge

Mit einem Spektrum meint man die Vielfalt, die sich bei der Ausbreitung von Wellen ergibt. Dabei verwendet man eine Darstellung längs von Frequenz f und Wellenlänge λ. Wie bei allen Wellen ist die Frequenz f die eigentlich grundlegende Größe, da sie sich bei der Ausbreitung nicht ändert. Die Wellenlänge λ dagegen ergibt sich aus der Frequenz und der Ausbreitungsgeschwindigkeit c nach dem folgenden Zusammenhang

$$c = f\,\lambda, \tag{11.14}$$

wobei c selbst wieder von der Frequenz abhängen kann. Im Vakuum jedoch breiten sich elektromagnetische Wellen unabhängig von ihrer Frequenz mit der Vakuumlicht-

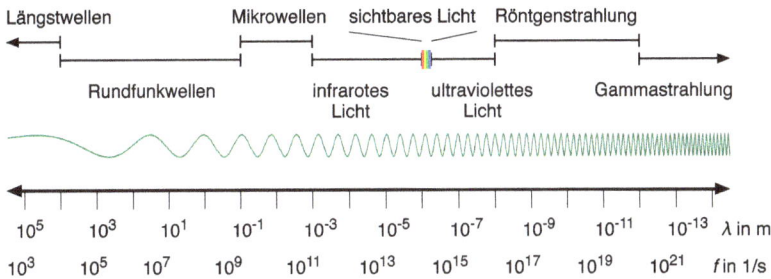

Abb. 11.13: Spektrum elektromagnetischer Wellen.

geschwindigkeit c_0 = 299 792 458 ms^{-1} aus. Die Frequenz elektromagnetischer Wellen umfasst insgesamt einen Bereich von 10^2 Hz bis 10^{24} Hz (Abb. 11.13).

Wellenlängenbereiche

Elektromagnetische Wellen im engeren Sinne sind diejenigen, die durch schwingende Ladungen in einem Hertz'schen Dipol erzeugt werden. Sie werden auf vielfältige Weise zur Informationsübertragung verwendet, etwa für Radiosendungen und für Mobiltelefone. Die dabei verwendeten Sendefrequenzen unterscheiden sich; speziell in dem weiten Bereich, der für Rundfunk verwendet wird, spricht man auch von Radiowellen.

> **Spektrum der niederfrequenten elektromagnetischen Wellen:** Rundfunkwellen liegen in einem Bereich von Wellenlängen zwischen 100 cm und 10 cm. Im kürzerwelligen Bereich schließen sich die Mikrowellen mit Wellenlängen von 10 cm bis 0,1 cm an.

Auf diesen Bereich der elektromagnetischen Wellen folgt im Spektrum das infrarote Licht, gefolgt von dem Bereich des Lichts, für den wir mit dem Auge ein Sinnesorgan besitzen. Noch hochfrequenter sind das ultraviolette Licht, die Röntgen- und schließlich die Gammastrahlung.

> **Spektrum des sichtbaren Lichts:** Das Spektrum des sichtbaren Lichts umfasst den Bereich elektromagnetischer Wellen mit einer Frequenz von rund $4 \cdot 10^{-14}$ Hz bis $7 \cdot 10^{-14}$ Hz und damit Wellenlängen von 400 nm bis 800 nm.

Längstwellen

Längstwellen entstehen in Kabeln bei der Übertragung elektrischer Energie mit Wechselstrom. Bei einer Frequenz von f = 50 Hz ergibt sich so eine Wellenlänge von 6 000 km. Wegen der Größe der Wellenlänge strahlen aber selbst lange Hochspannungsleitungen nur mit geringer Intensität. Da Längstwellen sich im Gegensatz zu elektromagnetischen Wellen geringerer Wellenlänge eine gewisse Strecke im Wasser ausbreiten, können sie für den Funkverkehr mit U-Booten verwendet werden.

Rundfunkwellen

Die von Dipolen mit einer Wellenlänge von einem Meter bis zu 10 km abgestrahlten elektromagnetischen Wellen werden für Rundfunk (Radiowellen) verwendet. Sie breiten sich direkt in der Atmosphäre aus, werden aber auch zum Teil von der Ionosphäre reflektiert und besitzen dadurch große Reichweiten. Rundfunkwellen werden mit Antennen empfangen, in denen ein Dipol mit einem angeschlossenen Schwingkreis zu Resonanzschwingungen angeregt wird (vgl. Abschnitt 11.2).

Langwellensender gehören zu den höchsten Bauwerken der Erde. Der größte je gebaute Sendemast erreichte eine Höhe von 646 m und strahlte als Halbwellendipol eine elektromagnetische Welle mit der Wellenlänge 1 292 m ab. Lang-, Mittel- und Kurzwellen werden amplitudenmoduliert, Ultrakurzwellen (UKW) frequenzmoduliert (siehe Abschnitt 11.6).

Empfang von Rundfunkwellen

Elektromagnetische Wellen können mit einem Dipol, der Empfangsantenne, aufgefangen werden, die genauso wie die Sendeantenne aufgebaut ist (Experiment 11.4). Dieser Empfangsdipol kann aber auch kürzer sein, wie es bei Rundfunkantennen (siehe unten) der Fall ist. Die Wellen regen im Empfangsdipol eine Schwingung der Elektronen längs des Vektors der elektrischen Feldstärke an, die dann einen Schwingkreis zum Mitschwingen bringt. Dazu muss die Frequenz des Schwingkreises auf die Frequenz der Welle abgestimmt sein. Mit einem Detektorempfänger kann so die Energie der elektromagnetischen Welle angezapft werden, und mit einem empfindlichen Lautsprecher (Ohrhörer) kann ohne Verstärkung und ohne Batterie oder Netzgerät Radio gehört werden. Da es heute praktisch keine derartigen Rundfunksender mehr gibt, funktionieren Detektorempfänger nicht mehr (Abb. 11.14).

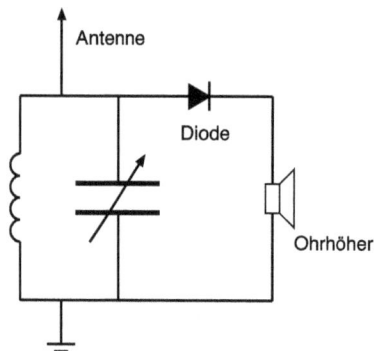

Abb. 11.14: Schaltbild eines Detektorempfängers. Mit dem Kondensator veränderlicher Kapazität kann der Schwingkreis auf die Sendefrequenz eingestellt werden. Die Wirkungsweise der Diode wird in Kapitel 12 behandelt.

Mikrowellen

An den Bereich der Rundfunkwellen schließen sich die Mikrowellen an (Dezimeter- und Zentimeterwellen). Ihre Wellenlängen liegen in einem Bereich von wenigen Zentimetern bis zu einem Meter. Sie werden als hochfrequente Schwingungen in besonderen Röhren angeregt und mit ebensolchen detektiert. Im Alltag werden sie zur Übertragung von Signalen des Satellitenfernsehens, für WLAN, GPS-Signale und Radar verwendet. In Mikrowellengeräten werden außerdem mit ihnen Speisen erwärmt.

Mikrowellenstrahlern kann wie den strahlenden Körpern (siehe unten) eine entsprechende Temperatur zugeordnet werden. Die 3 Kelvin- *Hintergrundstrahlung*, die aus jedem Bereich des Nachthimmels kommend registriert werden kann, besteht aus elektromagnetischen Wellen, die aus einer Frühphase des Universums stammen und entspricht der Strahlung eines Körpers bei einer Temperatur von nur 3 K.

Licht

Auch Licht kann als Ausbreitung elektromagnetischer Wellen angesehen werden. Um das Entstehen und das Registrieren von Licht, also die Wechselwirkung von Licht mit Materie zu beschreiben, ist dieses Modell jedoch nicht geeignet. Wenn nämlich Licht auf einen Körper trifft und dabei Energie auf den Körper übertragen wird, verhält sich das Licht so, als bestünde es aus kleinen Energieportionen – den Lichtquanten oder Photonen, denen die Frequenz der korrespondierenden elektromagnetischen Welle zugeschrieben wird. Diese Quanteneffekte treten umso deutlicher hervor, je kürzer die Wellenlänge der Strahlung ist.

Die Aussendung erfolgt dabei nicht durch gezielte Anregung von Schwingungen in hierfür gefertigten Antennen, sondern im Atom. Das Registrieren geschieht ebenfalls durch einen atomaren Prozess, den Photoeffekt. Hierbei kann die Energie der Photonen ausgewertet werden, nicht jedoch das Schwingen von Oszillatoren, wie das bei langwelligeren elektromagnetischen Wellen möglich ist.

Die Wellenlänge des sichtbaren Lichts liegt im Bereich von etwa 400 nm bis 700 nm. Die Wahrnehmung selbst geschieht über vier Arten von Rezeptoren auf der Netzhaut, wovon drei für die Wahrnehmung der Grundfarben Rot, Grün und Blau zuständig sind. Durch verschieden intensives Ansprechen dieser Rezeptoren werden alle unterschiedlichen Farbeindrücke ausgelöst. Das Licht selbst ist in diesem Sinne nicht farbig, der Farbeindruck kann aber jeweils einem bestimmten Wellenbereich zugeordnet werden: Man nimmt bis 485 nm blau, von 500 nm bis 550 nm grün, von 570 nm bis 590 nm gelb und ab 630 nm rot wahr. Körper senden sichtbares Licht aus, wenn sie eine hohe Temperatur haben. Je höher die Temperatur ist, umso stärker strahlt der Körper insgesamt. Zugleich verschiebt sich die Wellenlänge, unter der am meisten abgestrahlt wird, in den kürzeren Bereich: Ein Toaster leuchtet rot, das Kaminfeuer gelb, die heißere Glühlampe mit einem höherem Anteil von blau erscheint schließlich weiß.

Größere Wellenlängen als das sichtbare Licht hat der infrarote Bereich. Diese nicht sichtbare Strahlung wird bei hoher Intensität als Wärme wahrgenommen. Auch Körper bei Zimmertemperatur oder niedrigerer Temperatur senden Infrarotstrahlung aus. Sie kann mit Hilfe von *Wärmebildkameras* aufgenommen werden. Infrarotstrahlung durchdringt Glas und CO_2 in der Atmosphäre nur schlecht, was der Grund für den Treibhauseffekt ist.

Jenseits des blauen und violetten Teils des Spektrums schließt sich das ultraviolette Licht an, das von einigen Tieren wahrgenommen werden kann. Diese Strahlung ist auch bei vergleichsweise niedriger Intensität wegen ihrer hohen Frequenz für die menschliche Haut schädlich.

Röntgenstrahlung

Noch kurzwelliger ist Röntgenstrahlung, die beim starken Abbremsen von Elektronen in einer Röntgenröhre ausgesandt wird. Ihr Wellenlängenbereich liegt zwischen 10^{-8} m und 10^{-12} m.

Röntgenstrahlung kann eine Reihe von Materialien durchdringen, weshalb sie zur medizinischen Diagnostik eingesetzt wird. Sie vermag außerdem Gase zu ionisieren. Hierdurch steigt deren Leitfähigkeit, was zur Detektion der Röntgenquanten verwendet werden kann.

Auch die so genannte Gammastrahlung, eine Form der Radioaktivität, kann als elektromagnetische Strahlung aufgefasst werden, obwohl bei ihr die Quanteneigenschaften deutlich im Vordergrund stehen.

11.6 Modulation elektromagnetischer Wellen

Um Informationen zu übertragen, muss das Trägersignal moduliert werden. Im einfachsten Fall geschieht dies durch Ein- und Ausschalten. So kann man etwa mit einer Taschenlampe Textnachrichten mit dem Morsecode übertragen.

Amplitudenmodulation

Ein- und Ausschalten ist die stärkste Form der Amplitudenmodulation, bei der die Amplitude der Trägerwelle mit dem Signal überlagert wird. Amplitudenmodulation wird bei Rundfunksignalen verwendet, verliert aber zunehmend an Bedeutung. Die Schwingung des Tonsignals wird der Trägerwelle überlagert, so dass die Amplitude der Trägerwelle mit dem Tonsignal variiert; ein höherer Ton führt zu einer schneller wechselnden Amplitude der Trägerwelle, eine größere Lautstärke des Tonsignals zu einer stärkeren Amplitudenveränderung (Abb. 11.15). Die Dekodierung des Signals geschieht auf recht einfache Weise: Man muss zunächst das Antennensignal mit einer Diode gleichrichten, denn die Hüllkurve der Welle zeigt einen Ausschlag nach oben und unten symmetrisch zum Mittelwert 0. Anschließend wird das Signal verstärkt und direkt an den Lautsprecher gegeben. Da dieser der hohen Frequenz der Trägerwelle nicht folgen kann, gibt er direkt das Tonsignal wieder.

Mittlerweile sind kaum noch amplitudenmodulierte Rundfunksender in Betrieb. Daher können auch Detektorempfänger nicht mehr benutzt werden (s. o.).

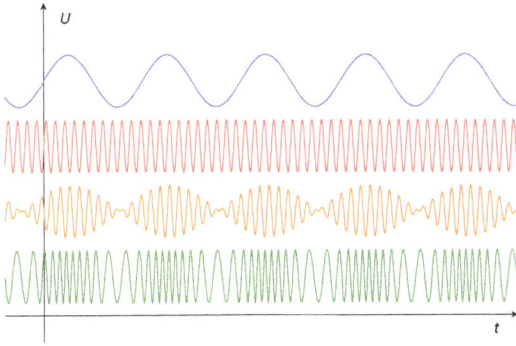

Abb. 11.15: Amplituden- und Frequenzmodulation. Blau: Tonsignal, rot: Trägerwelle, orange: amplitudenmoduliertes Signal, grün: frequenzmoduliertes Signal.

Frequenzmodulation

Statt die Amplitude der Trägerwelle mit dem Tonsignal zu modulieren, kann man auch deren Frequenz verändern. Bei dieser Frequenzmodulation entspricht ein höherer Ton einem schnelleren Wechsel zwischen hohen und tiefen Frequenzen der Trägerwelle und ein lauterer Ton einem größeren Unterschied zwischen hohen und tiefen Frequenzen der Trägerwelle (Abb. 11.15).

11.7 Aufgaben

1. Falls elektrische und magnetische Felder sich mit unendlicher Geschwindigkeit in den Raum ausbreiten würden, könnte es keine elektromagnetische Welle geben. Warum? Betrachten Sie hierzu den Ablöseprozess am Dipol! – Wenn sich die Felder mit unendlicher Geschwindigkeit ausbreiten würden, dann würde das Feld auch der Potentialänderung im Dipol instantan folgen. Auch in sehr großer (unendlich großer!) Entfernung wäre die Feldstärke dann dieselbe wie am Dipol. Dies lässt sich mit einer mechanischen Welle analog zeigen: Auch die Störung in einem gespannten Seil, dessen Ende man nach oben und unten bewegt, breitet sich mit endlicher Geschwindigkeit aus. Deshalb ist in einiger Entfernung vom angeregten Ende eine sich zeitlich ändernde Auslenkung zu vermerken, die je nach Entfernung eine andere Phase hat, also eine Welle. Bewegt man dagegen das Ende eines Stabes nach oben und unten, während er parallel zu seiner ursprünglichen Ausrichtung bleibt, so entspricht dies der Ausbreitung der Störung mit (vergleichsweise großer, idealisiert unendlich großer) Geschwindigkeit. Dabei kommt keine Welle zustande, sondern die Auslenkung ist in jeder Entfernung zum Ort dieselbe (Abb. 11.16).

2. Elektromagnetische Wellen, die von einem Dipol ausgestrahlt werden, sind polarisiert. Dies bedeutet, dass der elektrische Feldvektor nur in einer Richtung schwingt. Was bedeutet dies für die Ausrichtung der Antenne eines Radioempfängers? – Den besten Empfang erhält man, wenn Empfänger- und Sendeantenne parallel zueinander ausgerichtet sind. Die Richtung der Sendeantenne gibt die

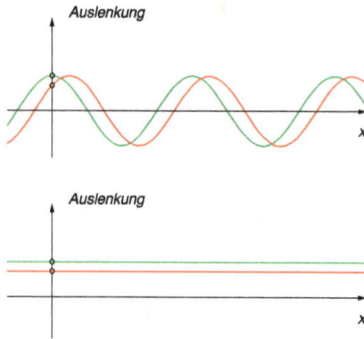

Abb. 11.16: Oben: Der Erreger einer Seilwelle (grün) bewegt sich mit der Zeit nach unten. Erreicht er die Auslenkung, die rot markiert ist, so hat sich der Schwingungszustand entlang der räumlichen Achse ausgebreitet. Unten: Der Haltepunkt des Stabes (grün) bewegt sich nach unten. Erreicht er den Ort der Auslenkung, der rot markiert ist, so würde man erwarten, dass sich die Auslenkung instantan an jedem Ort geändert hat.

Richtung des elektrischen Feldvektors vor, und das z. B. vertikal schwingende Feld regt eine Schwingung der Elektronen in der vertikalen Antenne an. In einer horizontal ausgerichteten Empfangsantenne schwingen die Elektronen dagegen quer zur Antennenrichtung, und die Schwingung kann nicht ausgekoppelt werden.

12 Elektronik

Eine Leuchtdiode ist ein Bauelement, bei dem Halbleitermaterialien verwendet werden. Die Wirkungsweise aller elektronischer Geräte beruht auf deren Eigenschaften.

12.1 Phänomene

Jedes moderne elektronische Geräte besteht aus einer Vielzahl von Widerständen, Kondensatoren und Spulen – aber auch aus *Dioden* und *Transistoren*. Für sie werden *Halbleiter* verwendet, deshalb sind auch Begriffe wie *Halbleitertechnik* und *Halbleiter-elektronik* üblich. Mit ihnen kann die Stärke und Richtung eines elektrischen Stroms gezielt beeinflusst werden. Dies ist auch mit speziellen Elektronenröhren möglich, Dioden und Transistoren sind aber viel kleiner, zuverlässiger und besser kontrollierbar, und sie lassen sich in integrierten Schaltungen zusammenfassen. Sie bilden die Voraussetzungen für analoge elektronische Geräte, wie Radios und Abspielgeräte für Musikkassetten (Abb. 12.1), und digitale Geräte, wie moderne Fernsehapparate und Mobiltelefone.

Abb. 12.1: Der Blick in ein älteres Radiogerät zeigt gut erkennbar getrennte elektronische Bauelemente.

12.2 Röhrentechnik

Auch bevor Halbleiterbauelemente entwickelt wurden, gab es bereits elektronische Geräte, wie etwa Radios. Eine besonders einfache Form eines Radios stellt der Detektorempfänger dar (Abb. 11.14), bei dem ein Schwingkreis durch die elektromagnetische Welle angeregt wird und das Modulationssignal mit einem Ohrhörer, einem besonders empfindlichen Lautsprecher, abgehört werden kann. Da aber die Amplitudenmodulation die Auslenkung der Welle gleichermaßen in positiver wie in negativer Richtung beeinflusst, entsteht keine Stromstärkeschwankung des Modulationssignals, die der Lautsprecher hörbar machen könnte. Dazu darf nur die Hälfte des Signals genutzt werden, der Strom in der Schwingung nur in eine Richtung und nicht wieder zurück fließen.

https://doi.org/10.1515/9783110495768-012

Diode

Dies kann man mit einer Diode erreichen. Eine Röhrendiode ist eine einfache Form der bereits in Abschnitt 6.2 behandelten Kathodenstrahlröhre. Während es in dieser darauf ankommt, dass sich die Elektronen nach dem Durchtritt durch die Anode gebündelt weiterbewegen, geht es bei der Diode lediglich um den Strom von Kathode zu Anode. Wird die Kathode beheizt, so treten Elektronen aus ihr aus und bilden eine Raumladung um sie herum. Liegt die Anode auf positivem Potential gegenüber der Anode, so werden die Elektronen „abgesaugt", es fließt damit ein Strom auch in der Zuleitung zu Kathode und Anode. Bei umgekehrter Polung dagegen kann kein Strom fließen, da aus der unbeheizten Anode keine Elektronen austreten können (außer bei sehr hoher Spannung). Weil diese Elektronenröhre zwei Elektroden hat, heißt sie *Diode*. Sie lässt Strom nur in einer Richtung passieren (*Gleichrichter*).

Triode

Mit einer durchlässigen Elektrode, dem *Gitter*, zwischen Kathode und Anode wird die Diode zur Triode (Abb. 12.2). Solche Trioden lassen sich als Verstärker einsetzen. Liegt nämlich die Kathode auf negativem und die Anode auf positivem Potential, so lässt sich durch das Potential des Gitters die Stärke des Stroms von Kathode zur Anode steuern. Ist das Gitter auf stark negativem Potential, so sperrt die Triode, es fließt kein Strom von der Kathode zur Anode. Bei leicht negativem Potential beginnt der Strom zur Anode zu fließen, der mit stärker positiv werdendem Potential zunimmt. Interessant ist der lineare Bereich dieser *Kennlinie* (Abb. 12.3), denn dort lässt sich mit einer (nahezu stromlosen) Potentialänderung der Anodenstrom steuern. So kann etwa das kleine Spannungssignal des Empfängerschwingkreises des Detektorradios in ein stärkeres Stromsignal umgewandelt werden, der einen Lautsprecher betreibt.

Röhren dienten jahrelang zum Aufbau elektronischer Geräte, kommen aber heute nur noch in ausgewählten Bereichen zur Anwendung. Die Strahlung in einem Mikrowellenherd etwa wird durch eine Elektronenröhre erzeugt. In besonders hochwertigen Audioverstärkern kommen Verstärkerröhren zum Einsatz (Abb. 12.4). In den allermeisten Anwendungsfällen wurden Röhren aber durch Halbleiterbauelemente ersetzt.

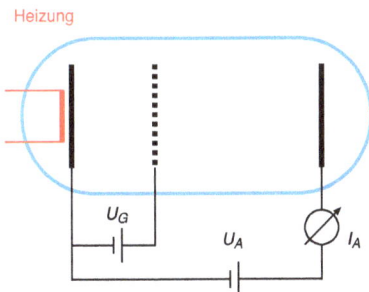

Abb. 12.2: Aufbau einer Röhrentriode.

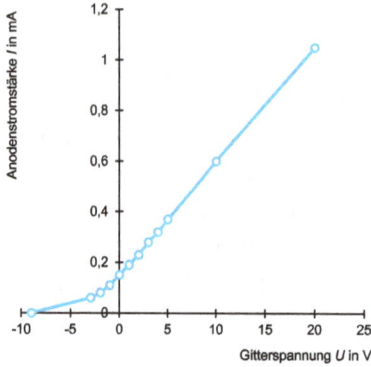

Abb. 12.3: Kennlinie einer Triode bei einer Spannung zwischen Kathode und Anode $U_{KA} = 150\,V$.

Abb. 12.4: Verstärkerröhre; die Elektroden sind zylindrisch um die Kathode angeordnet.

12.3 Das Bändermodell

Metalle sind gute elektrische Leiter. Dies liegt daran, dass die Atome ein Gitter bilden, bei dem sich die äußeren Schalen der einzelnen Atome überlappen. Die äußersten Elektronen sind dann nicht mehr an ein bestimmtes Atom gebunden, sondern gleichartig auch an die Nachbarn. Sie sind daher leicht beweglich, man spricht von einem *Elektronengas*.

Zur Veranschaulichung dient das Bändermodell. Hierzu macht man sich klar, dass einzelne Atome bestimmte Energiezustände haben, die oft weit auseinander liegen. In diesen Zuständen können sich die Elektronen „aufhalten", dazwischen aber nicht. Kommen zwei Atome jedoch eng zusammen, so wird jedes Niveau zweifach aufgespalten. In einem Festkörper kommen n Atome zusammen, folglich wird jedes Niveau n-fach aufgespalten, man erhält ein Energie*band*.

Das höchste, noch mit Elektronen besetzte Band heißt *Valenzband*. Das energetisch niedrigste Band, in dem noch unbesetzte Zustände (freie Plätze) vorhanden sind, heißt *Leitungsband*. In einem typischen Metall (Abb. 12.5) ist das Valenzband nicht vollständig besetzt oder Leitungsband und Valenzband überlagern sich teilweise. In diesen Fällen sind genügend freie Zustände vorhanden, die die Elektronen einneh-

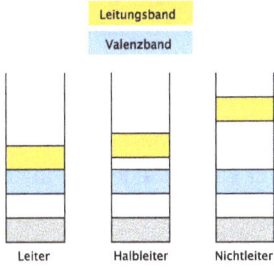

Abb. 12.5: Bänderstruktur für Leiter, Halbleiter und Isolator.

men können, wenn sie Energie aufnehmen. Dann können sie im elektrischen Feld beschleunigt werden und bilden einen elektrischen Strom.

Im Isolator dagegen sind ein voll besetztes Valenzband und das unbesetzte Leitungsband durch ein breites verbotenes Band (eine Energielücke) voneinander getrennt. Es gibt dann keine im Festkörper verschiebbaren Elektronen.

Im Halbleiter nun sind Valenz- und Leitungsband eng benachbart. Mit zunehmender Temperatur werden Elektronen aus dem Valenz- in das Leitungsband angeregt und können sich dort bewegen. Der elektrische Widerstand sinkt daher (im Gegensatz zu Metallen) mit zunehmender Temperatur. Die Anzahl der Leitungselektronen kann auch durch das Einstrahlen von Licht erhöht werden (Fotowiderstand).

12.4 Halbleiter

Halbleiter können chemische Elemente, aber auch Verbindungen sein. Die Elemente unter ihnen bilden im Periodensystem eine Gruppe zwischen Metallen und Nichtleitern, zu ihnen gehören Bor, Silizium, Germanium, Arsen, Selen und eine Modifikation von Zinn (Tab. 12.1). Kohlenstoff zählt bedingt zu den Halbleitern; die Modifikation Diamant ist ein Isolator.

Wie der Name nahelegt, sind Halbleiter Stoffe, deren Leitfähigkeit zwischen der von Metallen und der von Isolatoren liegt. Eine genauere Definition berücksichtigt die Temperaturabhängigkeit der Halbleiter: Es handelt sich um Stoffe, die bei tiefer Temperatur isolieren und mit steigender Temperatur zunehmend leitfähig werden.

Tab. 12.1: Periodensystem der Elemente (Ausschnitt). Halbleiter sind rot gedruckt.

^{5}B	^{6}C	^{7}N	^{8}O	^{9}F
^{13}Al	^{14}Si	^{15}P	^{16}S	^{17}Cl
^{31}Ga	^{32}Ge	^{33}As	^{34}Se	^{35}Br
^{49}In	^{50}Sn	^{51}Sb	^{52}Te	^{53}I

Die Nutzung von Halbleitern kam durch *Willoughby Smith* (1828–1891) in Gang. Er entdeckte 1873, dass sich die Leitfähigkeit von Selen erhöht, wenn es mit Licht bestrahlt wird; daraufhin wurde von *Werner von Siemens* (1816–1892) ein Belichtungsmesser für die Fotografie entwickelt. *Karl Ferdinand Braun* (1850–1918) wurde vor allem durch die Entwicklung der nach ihm benannten Röhre bekannt. Er entdeckte jedoch auch den Gleichrichtereffekt mit dem Bau eines Kristalldetektors mit natürlich vorkommenden Kristallen. Dabei wird der Übergang zwischen einer Halbleiter- und einer Metallschicht genutzt.

Undotierte Halbleiter

Reine, undotierte Halbleiter werden z. B. als *Heißleiter* (auch: *NTC-Widerstand*) eingesetzt. Da ihr Widerstand stark mit zunehmender Temperatur abnimmt, können sie zur Temperaturmessung verwendet werden (Experiment 12.1).

Experiment 12.1: An einen Heißleiter wird eine Spannung von 3 V angelegt. Dann wird er in entionisiertes Wasser gelegt, das langsam erhitzt wird; in diesem Fall können die Zuleitungen ungeschützt liegen bleiben, da der elektrische Widerstand der Flüssigkeit sehr groß ist. Die Stromstärke wird gegen die Temperatur aufgetragen (Abb. 12.6).

Ein *Fotowiderstand* besteht aus einer Schicht Cadmiumsulfid oder Cadmiumselenid, die ebenfalls Halbleiter sind. Das Material wird auf einem Nichtleiter aufgebracht und darüber befinden sich zwei kammartig ineinander greifende, aber sich nicht berührende leitende Flächen (Abb. 12.7). Cadmiumsulfid und Cadmiumselenid sind *fotoleitend*. Durch das Einstrahlen von Licht werden Elektronen aus dem Valenzband in das Leitungsband gehoben. Je mehr Elektronen dort vorhanden sind, umso geringer ist der elektrische Widerstand zwischen den beiden Leiterschichten.

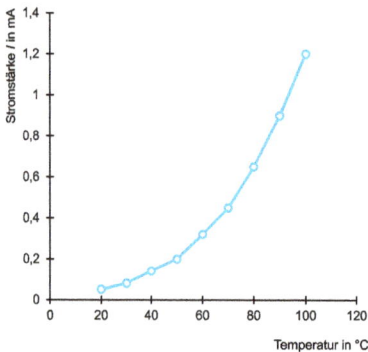

Abb. 12.6: Kennlinie eines Heißleiters.

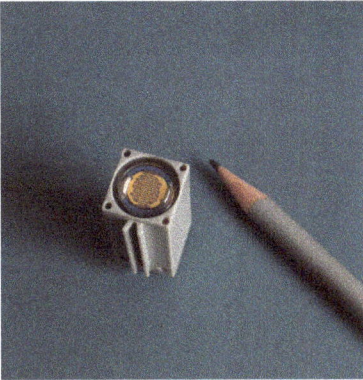

Abb. 12.7: Fotowiderstand aus einem Elektronikbaukasten.

Dotierte Halbleiter

In den Halbleiter können gezielt Fremdatome eingebracht werden, die die Leitfähigkeit beeinflussen. Dieser Vorgang wird als *Dotieren* bezeichnet und geschieht beispielsweise durch Legierung des Halbleitermaterials mit einem sehr geringen Anteil eines anderen Stoffes. Durch das Dotieren wird gezielt die Leitfähigkeit des Halbleiters verändert: Die Fremdatome haben entweder ein Valenzelektron mehr als der Halbleiter, was dann im Leitungsband als Leitungselektron zur Verfügung steht (*n-Leiter*), oder eines weniger, so dass im Valenzband ein freier Zustand (ein „Loch") entsteht, der ebenfalls Leitung ermöglicht (*p-Leiter*).

Erst durch das Dotieren entstehen die Eigenschaften, die die Halbleiter zum Ausgangsmaterial für die heutige Elektronik machen. Dies wird deutlich, wenn wir nicht nur die Leitfähigkeit einer dotierten Materialschicht betrachten, sondern das Zusammenwirken zweier unterschiedlich dotierter.

p-n-Übergang

Werden ein n- und ein p-Halbleiter miteinander kombiniert, so entsteht an der Kontaktstelle eine *Grenzschicht*. In dieser gleichen sich die unterschiedlichen Konzentrationen von Elektronen und Löchern aus, d. h. Elektronen diffundieren vom n- in das p-Gebiet und Löcher umgekehrt, sie *rekombinieren*. Es entsteht somit eine ladungsarme Zone. Der elektrischer Widerstand dieser Grenzschicht ist sehr groß, sie kann zu einer *Sperrschicht* anwachsen (Abb. 12.8). Verbindet man nun den positiven Pol einer Batterie mit dem p-Halbleiter, den negativen mit dem n-Halbleiter, so wird aus diesem kombinierten Halbleiter eine in Durchlassrichtung geschaltete *Halbleiterdiode*.

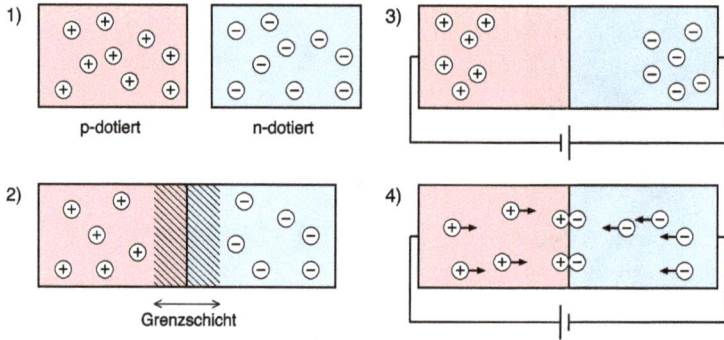

Abb. 12.8: (1) getrennte n- und p-dotierte Schichten, (2) beim Zusammenfügen entsteht eine Diode mit der typischen Grenzschicht, (3) in Sperrrichtung geschaltet, (4) in Durchlassrichtung geschaltet.

12.5 Diode

Aufbau

Die in Durchlassrichtung angelegte Spannung fördert im p-n-Übergang die Diffusion von Elektronen und Löchern, wobei diese in der Grenzschicht rekombinieren, und es entsteht ein Strom. Legt man die Spannung umgekehrt an, so wird die Grenzschicht zu einer Sperrschicht vergrößert und die Diode besitzt einen hohen elektrischen Widerstand, d. h., sie sperrt (Abb. 12.8). Das Schaltzeichen einer Diode zeigt Abb. 12.9. Die *Kennlinie* einer Diode, bei der die Stromstärke I gegen die angelegte Spannung U aufgetragen wird, zeigt, dass I bei Erhöhung von U zunächst nahe null bleibt, um dann ab der Schwellenspannung U_S stark anzusteigen (Abb. 12.10). U_S liegt typabhängig im Bereich von ca. 0,5 V. Wird die Diode in Sperrrichtung betrieben, so fließt kein Strom, bis sie bei der so genannten Durchbruchspannung U_D zerstört wird und leitfähig wird. U_D liegt typabhängig in einem Bereich von einigen Volt, kann aber auch sehr groß sein.

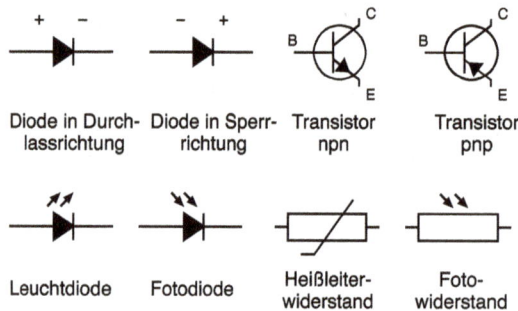

Diode in Durchlassrichtung   Diode in Sperrrichtung   Transistor npn   Transistor pnp

Leuchtdiode   Fotodiode   Heißleiterwiderstand   Fotowiderstand

Abb. 12.9: Symbole einiger elektronischer Bauelemente.

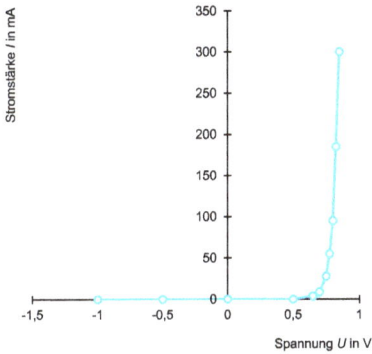

Abb. 12.10: Spannungs-Stromstärke-Kennlinie einer Diode.

Anwendung von Dioden

Dioden werden als *Gleichrichter* eingesetzt. Da sie Strom nur in einer Richtung passieren lassen, können sie Wechselstrom in Gleichstrom umwandeln.

Experiment 12.2: Eine einfache Diode wird als Gleichrichter im Wechselstromkreis verwendet. Der Spannungsverlaufs wird mit einem Oszilloskop dargestellt. Es zeigt sich, dass in der Hälfte der Zeit kein Strom fließt, dass also eine Halbperiode nicht genutzt wird.

Experiment 12.3: Vier Dioden werden in *Brückenschaltung* als Brückengleichrichter betrieben (Abb. 12.11). Hierbei wird die gesamte Periode der Wechselspannung genutzt. Um Gleichspannung zu erhalten, muss zusätzlich mit einem Kondensator geglättet werden.

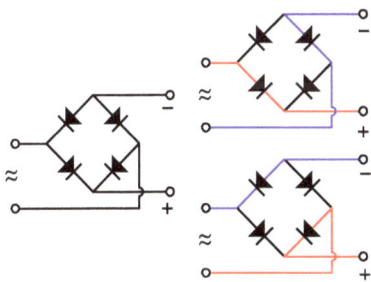

Abb. 12.11: Links: Schaltbild eines Brückengleichrichters aus vier Dioden. Rechts: Unabhängig von der momentanen Polung des Wechselstroms sind die Gleichstromableitungen immer gleichartig gepolt.

Leuchtdiode

Leuchtdioden (LED) sind in den vergangenen Jahren sehr populär geworden. In ihnen wird bei der Rekombination zusätzlich Licht emittiert. Dieser Prozess ist sehr viel effizienter als die Entstehung von Licht in einer Glühlampe. Die Farbe der Leuchtdiode hängt vom Abstand zwischen Valenz- und Leitungsband und damit vom verwendeten Halbleitermaterial ab. Je größer dieser Abstand ist, umso größer ist die Energie, die zum Bilden eines Elektron-Loch-Paares benötigt wird. Dementsprechend ist auch die

Energie bei der Rekombination größer. In normalen Dioden ist diese Rekombination strahlungslos; in einer Leuchtdiode wird bei jeder Rekombination ein *Photon* ausgesandt.

Eine Leuchtdiode beginnt erst zu leuchten, wenn ihre Schwellenspannung U_S überschritten wird. (Daher können Leuchtdioden nicht so einfach gedimmt werden, wie eine Glühlampe.) Dann werden Elektron-Loch-Paare erzeugt, von denen jedes die Energie eU_S hat. Bei der Rekombination wird diese Energie als Licht frei. Dabei kann die Energie der Rekombinationen nicht kumuliert werden, daher wird bei jeder Rekombination genau ein Photon ausgesandt. Mit der jeweiligen Schwellspannung kann also auf die Lichtfarbe geschlossen werden: Je höher die Schwellspannung ist, umso höher ist die Energie des Photons, umso hochfrequenter ist das Licht. Dies beschreibt der Zusammenhang zwischen der Energie des Photons E_{Ph} und der Frequenz des Lichtes f

$$E_{Ph} = hf, \tag{12.1}$$

wobei $h \approx 6{,}6 \cdot 10^{-34}$ J s die *Planck'sche Konstante* ist.

Photodiode

In einer Photodiode ist eine der beiden Schichten so dünn ausgeführt, dass das Licht bis zur Übergangszone vordringen kann. Durch das einfallende Licht werden dort Elektron-Loch-Paare erzeugt (*innerer Photoeffekt*), die als Strom über einen äußeren Widerstand abfließen können.

Eine Matrix aus sehr kleinen, eng benachbarten Photodioden bildet einen *CCD-Sensor*, der in Digitalkameras das Filmmaterial ersetzt. Dabei wird die Intensität des einfallenden Lichtes ortsabhängig ausgewertet und als Bild angezeigt. Die *Solarzelle* ist eine großflächige Photodiode. Ihr Gebrauch ist eine der wenigen Methoden, direkt, d. h. ohne einen Generator, Strom zu erzeugen.

12.6 Transistor

Aufbau

Transistoren übernehmen eine Vielzahl von Aufgaben in elektronischen Geräten. Besonders bedeutsam ist das Verstärken von elektrischen Signalen in der Analogtechnik; so wird etwa das schwache Audiosignal eines Mikrofons durch eine Transistorschaltung so verstärkt, dass ein Lautsprecher angesteuert werden kann. In der Digitaltechnik wird der Transistor als Schalter eingesetzt, um in einem Teilstromkreis den Strom ein- bzw. aus zu schalten. Dadurch werden alle Speicher- und Rechenvorgänge in einem Computer möglich (für dauerhafte Datenspeicherung gibt es daneben noch andere Lösungen); in einem modernen *Mikroprozessor* sind Schaltungen mit mehreren Milliarden Transistoren realisiert.

Grenzschichten

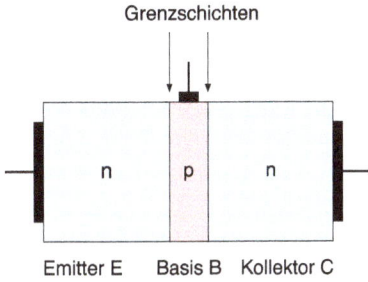

Emitter E   Basis B   Kollektor C   **Abb. 12.12:** Aufbau eines Transistors (schematisch).

Es gibt viele verschiedene Arten von Transistoren, wir schauen uns hier den Bipolar-Transistor an, der sehr gebräuchlich ist und dessen Wirkungsweise der der Röhren-triode entspricht. Diese Transistoren bestehen aus drei Halbleiterschichten, nämlich Emitter, Kollektor und der dünnen Basis, und haben dementsprechend drei Kontak-te. Die drei Bereiche bilden zwei Grenzschichten (Abb. 12.12). Dann wird der Emitter-Basis-Übergang in Durchlassrichtung und der Basis-Kollektor-Übergang in Sperrrich-tung betrieben. Bei einem n-p-n-Transistor gelangen so die Elektronen des Emitters in die Basis, wo sie aber wegen der Dünne der Grenzschicht nur selten rekombinieren. In der Basis entsteht also eine an Ladungsträgern verarmte Zone. Nur bei positiver Be-schaltung der Basis werden Elektronen aus dem Emitter in die Basis gezogen und dif-fundieren weiter in den Kollektor, wo sie vom positiven Potential abgesogen werden. Insgesamt entsteht somit ein starker Emitter-Kollektor-Strom, der mit einem kleinen Emitter-Basis-Strom gesteuert werden kann. Das Schaltbild des n-p-n-Transistors mit angeschlossenen Spannungsquellen zeigt Abb. 12.13. Bei einem p-n-p-Transistor ist die Anordnung der drei Schichten vertauscht; im Schaltbild ist lediglich die Richtung des Pfeils umgekehrt; die Spannungsversorgung erfolgt mit umgekehrter Polarität.

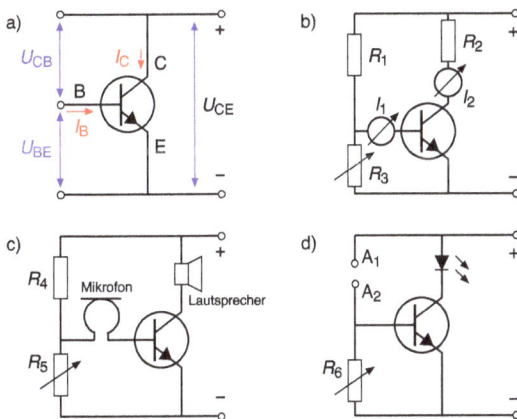

Abb. 12.13: Basis-Emitter-Schaltung eines npn-Transistors: a) Beschaltung des Transistors; b) Messung von I_C in Abhängigkeit von I_B; c) einfache Verstärkerschaltung; d) einfacher Schwellenwertschalter.

Kennlinie eines Transistors

Um das Verhalten eines Transistors nachvollziehen zu können, nehmen wir mit Experiment 12.4 die I_C-I_B-Kennlinie auf. Abbildung 12.14 zeigt, dass die Basisstromstärke I_B solange gleich 0 bleibt, wie $R_3 < R_1$, da die Basis dann auf negativem Potential liegt, die Basis-Emitter-Diode also sperrt. Mit kleiner werdendem Widerstand R_1 steigt der Basisstrom und mit ihm auch der Kollektorstrom, der dabei sehr viel größer als der Basisstrom wird. Deren Verhältnis ist die Stromverstärkung des Transistors.

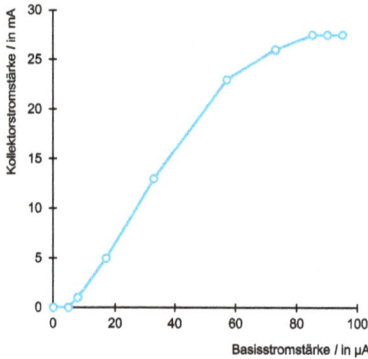

Abb. 12.14: Kennlinie eines Transistors vom Typ BC337: Basis- und Kollektorstromstärke.

Stromverstärkung eines Transistors: Die Stromverstärkung V ist der Quotient aus der Kollektorstromstärke I_C und der Basisstromstärke I_B:

$$V = \frac{I_C}{I_B}.$$

(12.2)

Häufig wird auch die Kennlinie aus der Spannung zwischen Basis und Emitter U_{BC} und I_C wiedergegeben, so wie das auch für die Röhrentriode in Abb. 12.3 geschehen ist. Dabei wird deutlich, dass bei negativer Spannung U_{BC} kein Kollektorstrom fließt. Dieser beginnt erst nach einem Mindestwert eines positiven Basispotentials, um dann mit U_{BC} weiter zu wachsen. Diese Kennlinie ähnelt der Diodenkennlinie (Abb. 12.10), bei dieser aber gibt es natürlich keine Stromverstärkung.

Experiment 12.4: Mit der Schaltung aus Abb. 12.13 (b) wird I_C in Abhängigkeit von I_B bei einem n-p-n-Transistor vom Typ BC 337 gemessen. Zur Versorgung wird eine Spannung U_{CB} = 3 V angelegt. Folgende Widerstände werden verwendet: R_1 = 10 kΩ, R_2 = 100 Ω, R_3 = 1–10 kΩ.

Verstärkerschaltung

Besonders interessant ist der Bereich des linearen Anstiegs, da hier der Transistor dazu dienen kann, große Stromstärken durch kleine zu steuern. In einem Audioverstärker soll bspw. so die für die Lautsprecher notwendige Stromstärke durch die sehr viel kleinere Stromstärke des Signals gesteuert werden. Das lineare Verhalten ist notwendig, damit ein leises Signal genauso stark wie ein lautes verstärkt wird.

Jenseits des linearen Bereichs gerät die Kollektorstromstärke in eine Sättigung. Hier wird die Stromstärke nicht mehr durch den Transistor vorgegeben, sondern durch R_2 begrenzt.

Abbildung 12.13 (c) zeigt eine einfach Verstärkerschaltung. Das Mikrofon ist (im einfachsten Fall) ein elektrischer Widerstand, dessen Größe sich mit dem Schalldruck ändert. Da die Veränderung der Stromstärke im linearen Verstärkungsbereich sein soll, muss der Arbeitspunkt des Transistors mit R_4 und R_5 so eingestellt werden, dass auch ohne Signal bereits ein Strom fließt und die Veränderungen somit auf dem linearen Teil der Kennlinie stattfinden. Das bedeutet auch, dass fortwährend ein Gleichstrom durch den Lautsprecher fließt. Dies kann man vermeiden, indem man den Lautsprecher in Reihe mit einem Kondensator parallel zu Kollektor und Emitter des Transistors betreibt; dieser bildet dann mit einem Widerstand, geschaltet wie R_2 in (b) einen Spannungsteiler, so dass nicht mehr der Gleichstromanteil durch den Lautsprecher fließen muss, sondern der sich ändernde Spannungsabfall den Lautsprecher betreibt.

Schwellenwertschalter

Der Transistor kann auch bis in den Sättigungsbereich hinein betrieben werden, wenn nicht ein lineares Verhalten, sondern zwei deutlich unterschiedliche Schaltzustände gefordert werden. Schaltung (d) in Abb. 12.13 zeigt einen Schwellenwertschalter, bei dem zwischen A_1 und A_2 ein Sensor in Form eines veränderlichen Widerstandes eingeschaltet werden kann. Dies kann etwa ein Heißleiter oder ein Fotowiderstand sein. R_6 wird dabei recht groß gewählt. Ist der veränderliche Widerstand zwischen A_1 und A_2 ebenfalls sehr groß, so fließt kein Basis- und damit auch kein Kollektorstrom. Wird er geringfügig kleiner, liegt in Folge der Spannungsteilerschaltung zwischen R_6 und R_{A1-A2} die Basis bereits auf einem erkennbar großen positivem Potential, so dass der Kollektorstrom schnell bis in den Sättigungsbereich wächst. Die Leuchtdiode beginnt also zu leuchten, wenn R_{A1-A2} einen Schwellenwert unterschreitet.

Grundbestandteil eines Computers

Der nichtlineare Bereich vor dem linearen Bereich der Spannungs-Strom-Kennlinie, in dem unabhängig von (kleinen) Spannungsänderungen kein Kollektorstrom fließt, und der Sättigungsbereich, in dem unabhängig von kleinen Spannungsänderungen nahezu immer derselbe Strom fließt, können als Zustände 0 und 1 für eine binäre Algebra verstanden werden. Daher ist der Transistor das bedeutendste Bauteil für Computer. Eine der Grundschaltungen ist ein *Flipflop*, eine Schaltung aus zwei Transistoren, die nach einer Initialschaltung *dauerhaft* den Zustand 0 oder 1 speichert (Experiment 12.7). Die beiden Schaltzustände repräsentieren 1 Bit, das als Wert gespeichert und weiterverarbeitet werden kann.

Experiment 12.5: In der Schaltung nach Abb. 12.13 (c) wird der Transistor als einfacher Audioverstär-ker eingesetzt. Verwendet bei der Betriebsspannung von 3 V werden ein n-p-n-Transistor vom Typ BC337, R_4 = 10 kΩ und R_5 = 1–10 kΩ. Der Lautsprecher hat typischerweise einen Widerstand von einigen Ω, das Mikrofon von einigen kΩ.

Experiment 12.6: Eine Schwellenwertschaltung wird gemäß 12.13 (d) aufgebaut. Betriebsspannung und Transistor werden wie in Experiment 12.5 gewählt. Zwischen A_1 und A_2 wird ein Heißleiter oder ein Fotowiderstand geschaltet. Abbildung 12.15 zeigt einen Schwellenwertschalter, bei dem der Haut-widerstand eines Fingers zwischen den zwei Kabelsteckern klein genug ist, um den Transistor zu schal-ten. Hierbei ist der Widerstand R_6 unendlich groß gewählt worden (es ist kein Widerstand R_6 einge-baut).

Experiment 12.7: Bei einem Flip-Flop führt das kurzzeitige Schließen des Tasters S dazu, dass Tran-sistor 1 sperrt (Abb. 12.16). Dann fällt die Spannung nicht mehr an der Lampe, sondern vollständig am Transistor 1 ab. Der Kollektor von Transistor 1 liegt dann auf positivem Potential, und Transistor 2 wird leitend und L_2 leuchtet. Wird Taster T kurzzeitig geschlossen, so sperrt Transistor 2, L_1 verlischt, die Basis von Transistor 1 erhält positives Potential, und Lampe L_1 leuchtet.

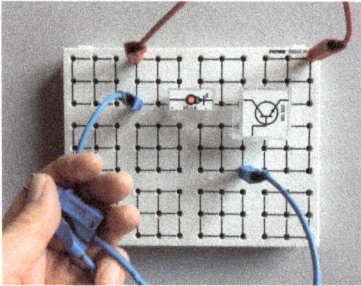

Abb. 12.15: Einfacher Schwellenwertschalter aufge-baut mit einem Elektronikbaukasten.

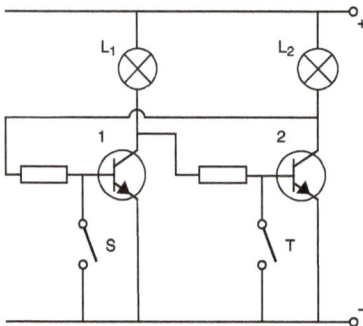

Abb. 12.16: Schaltbild einer Flipflop-Schaltung.

Verwendung von Elektronikbausätzen im Physikunterricht. Elektronische Bauteile sind kein typischer ⚡
Inhalt des Physikunterrichts. Dennoch kann der Bau einfacher Schaltungen gut etwa für Projektarbei-
ten verwendet werden. Der Vorteil ist, das Schülerinnen und Schüler lernen, Schaltungen zu lesen,
und damit diese auch verstehen. Zudem werden händische Fähigkeiten erworben, und es entsteht ein
Produkt, was die Motivation erhöht. Die Bauteile können preisgünstig erworben werden, und von der
Arbeit geht keine besondere Gefahr aus, da die benötigten Spannungen gering sind.

12.7 Aufgaben

1. Bauen Sie einen einfachen Schwellenwertschalter nach Abb. 12.13 (d) auf!
2. In welchem Bereich der Kennlinie wird ein Transistor als Verstärker betrieben? –
   Der Verstärkerbetrieb findet dort statt, wo die Kennlinie linear ist. Mit der kleinen
   Basisstromstärke soll die größere Kollektorstromstärke verändert werden. Dabei
   ist es erforderlich, dass eine Änderung der Basisstromstärke proportional an die
   Kollektorstromstärke weitergegeben wird, damit das Ausgangssignal getreu dem
   Eingangssignal folgt.

13 Rückblick

Ein kurzer Rückblick muss sein. Die Abbildung zeigt die elektrische Entladung an einer Influenzmaschine (siehe Abschnitt 4.7).

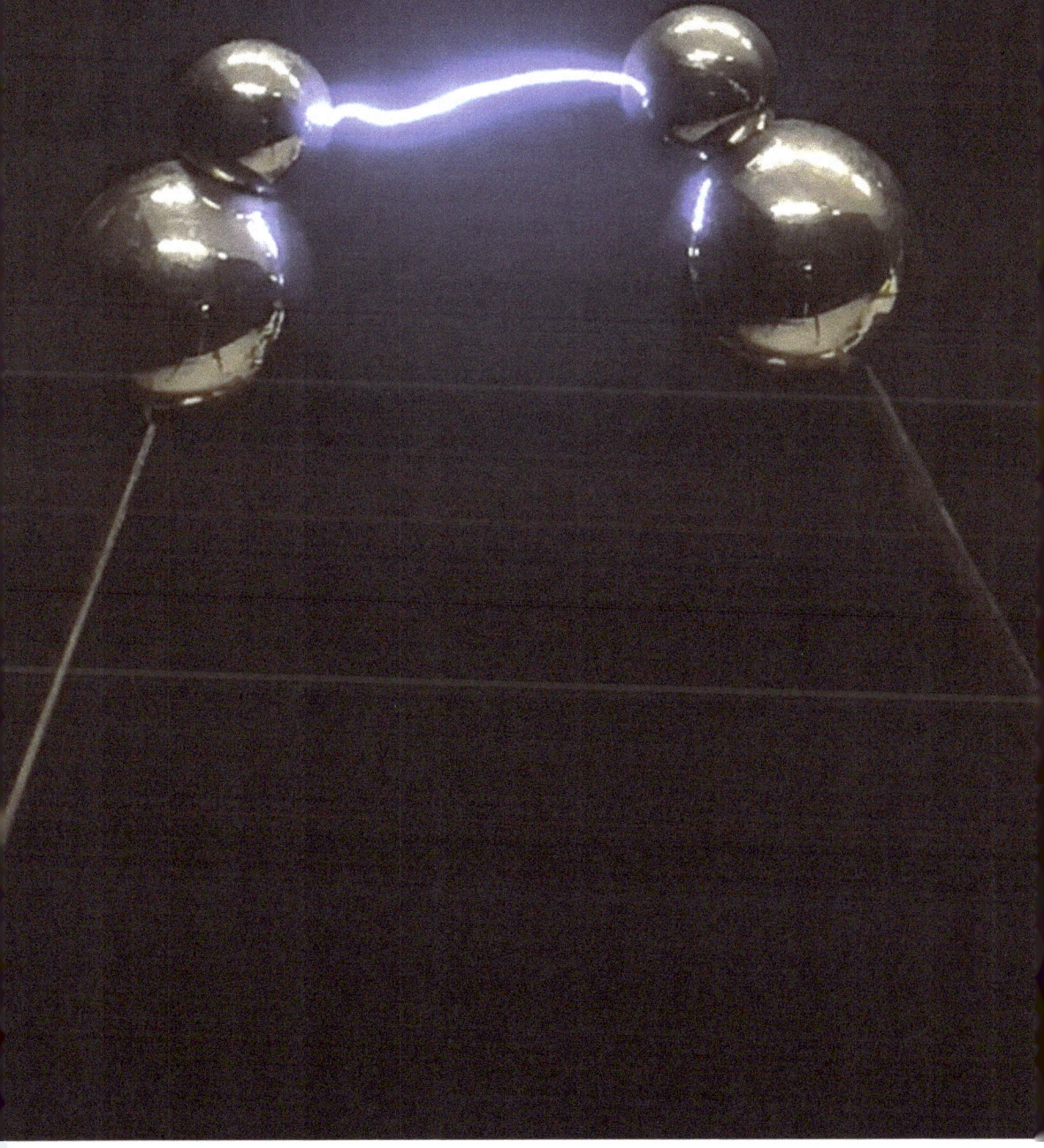

Nach diesem Weg durch die Phänomene, Erklärungen, Experimente und Modelle ist deutlich geworden, dass Elektrizität und Magnetismus in unserer heutigen Welt allgegenwärtig sind. Häufig hört man aus Bemerkungen über den Physikunterricht, dass dessen Erfolg davon abhänge, ob es gelänge, die Schülerinnen und Schüler zu *begeistern*. Das ist sicher richtig – aber durchaus nicht einfach. Ein Grund hierfür ist, dass Physik als schwierig erlebt wird: Neben unmittelbar erfahrbaren Sachverhalten stehen Modelle, Begründungsketten und Berechnungen.

Und es hat auch mit der Allgegenwart der Phänomene und Geräte zu tun. Nicht wegen, sondern trotz dieser den Blick auf das zu lenken, was sich zu hinterfragen lohnt, ist die entscheidende und zugleich schwierige Aufgabe. Das gelingt nicht immer, aber jede Schülerin und jeder Schüler sollte im Physikunterricht die Gelegenheit bekommen, einige solcher Schlüsselerlebnisse zu sammeln. Hier ist meine Auswahl:

- Das eindrücklichste elektrische Phänomen ist natürlich ein kräftiges Gewitter. Dies lässt sich nicht auf Wunsch abrufen – die zum Anfang des Kapitels gezeigte Entladung zwischen den beiden Kugeln einer Influenzmaschine ist nur ein schwacher Ersatz, lässt sich jederzeit wiederholen.
- Den Handgenerator aus Experiment 8.25 mit und ohne Lampe drehen – und spüren, dass elektrische Energie nicht aus dem Nichts kommt.
- Kleine Papierschnipsel zwischen einem elektrisch geladenen Plastiklöffel und der Tischplatte hüpfen lassen – denn die elektrische Kraft selbst kann man nicht sehen, ihre Auswirkungen aber schon.
- Einen Stromkreis mit einer Batterie und mehreren Schaltern selbst aufbauen oder eine einfache elektronische Schaltung selbst zusammenlöten. – Es ist ein Erfolgserlebnis, wenn das gelingt.
- Der Elektrophor (Abb. 4.20) ist ein Kondensator zum Selbstbauen – und verdeutlicht zugleich die elektrische Influenz.
- Und unbedingt gehörte hier der Detektorempfänger dazu (Abb. 11.14), der heute aber nicht mehr funktioniert. – Faszinierend, direkt zu erfahren, dass in der Rundfunkwelle genügend Energie steckt, um ihr Signal (ohne jegliche Verstärkung) hören zu können!

https://doi.org/10.1515/9783110495768-013

Abbildungsnachweis

Folgende Abbildungen wurden den angegebenen Quelle entnommen, bzw. mit den angegebenen Werkzeugen erstellt. Für die erteilte Erlaubnis danke ich.

- Abb. 2.16 und Abb. auf S. 39: Deutsche Bahn AG
- Abb. 5.30: R. Matzdorf, [20]
- Abb. 5.34: R. Girwidz, [10]
- Abb. 6.5: Institut für Angewandte Physik der Goethe-Universität Frankfurt
- Die Abbildungen 5.7, 5.8, 5.10, 5.11, 5.12, 5.15, 5.23, 5.35, 9.7, 9.8, 9.9, 9.10, 9.11 und 9.12 wurden mit *GeoGebra* erstellt [8].
- Die Abbildungen 5.16, 5.27, 6.3 und 7.24 wurden mit *Cinderella* erstellt [29].

Die mit *GeoGebra* [8] erstellten Modelle können unter www.geogebra.org herunterge-laden werden [9], die mit *Cinderella* [29] erstellten unter https://www.uni-frankfurt.de/49209791/re.

https://doi.org/10.1515/9783110495768-014

Literatur

[1]   Ackermann, P.; Becker, P.; Böhlemann, R.; Breuer, E.; Burzin, S.; Busch, C.; Diehl, B.;
      Dörr, J.; Erb, R.; Jutzi, K.-H.; Reinhard, B.; Schlichting, H.-J.; Schmalhofer, C.-J.; Schön, L.-H.;
      Schulze, H.; Schulze, P. M.; Tews, W. & Winter, R. (2014). *Fokus Physik Sekundarstufe II*. Berlin:
      Cornelsen.
[2]   Backhaus, U. (1987). Der Energietransport durch elektrische Ströme und elektromagnetische
      Felder. *Praxis der Naturwissenschaften – Physik 36*, Heft 3, S. 30ff.
[3]   Bührke, T. (2003). *Sternstunden der Physik*. München: C.H. Beck, S. 78.
[4]   Burde, J.-P. & Wilhelm, T. (2016). Die Elektrizitätslehre mit dem Elektronengasmodell. *Praxis
      der Naturwissenschaften – Physik in der Schule 65*, Nr. 8, S. 18–24.
[5]   Chabay, R. & Sherwood, B. (2015). *Matter & Interactions*. Hoboken: Wiley.
[6]   CircuitLab: www.circuitlab.com.
[7]   Einstein, A. (1905). Zur Elektrodynamik bewegter Körper. *Ann. Phys. 322*: 891–921.
      doi:10.1002/andp.19053221004.
[8]   GeoGebra: www.geogebra.org.
[9]   GeoGebra-Modelle zu Elektrizität und Magnetismus: https://www.geogebra.org/m/fafrssbz.
[10] Girwidz, R.: www.didaktikonline.physik.uni-muenchen.de.
[11] Hertz, H. (1894). *Die Prinzipien der Mechanik in neuem Zusammenhange dargestellt*.
      Nachdruck, Thun (u. a.): Deutsch, 1996.
[12] Kandsperger, R. & Wilhelm, T. (2011). *Elektromotore im Unterricht*. Hallbergmoos: Aulis.
[13] Karaböcek, F. & Erb, R. (2016). Use of experiments in physics lessons. In J. Lavonen, K. Juuti, J.
      Lampiselkä, A. Uitto & K. Hahl (Eds.), *Electronic Proceedings of the ESERA 2015 Conference.
      Science Education Research: Engaging Learners for a Sustainable Future, Part 17* (co-ed.
      Bungum, B. & Nilsson, P.), (pp. 2829–2836). Helsinki, Finland: University of Helsinki. ISBN
      978-951-51-1541-6, https://www.esera.org/publications/esera-conference-proceedings/
      esera-2015.
[14] Kircher, E. & Rohrer, H. (1993). Schülervorstellungen zum Magnetismus in der Primarstufe.
      Sachunterricht und Mathematik in der Primarstufe 21, Nr. 8, S. 336–342.
[15] Klahr, D. & Dunbar, K. (1988): Dual space search during scientific reasoning. *Cognitive Science
      12* (1), S. 1–48.
[16] KMK (2004). *Bildungsstandards im Fach Physik für den Mittleren Schulabschluss*, http:
      //www.kmk.org/schul/Bildungsstandards/bildungsstandards.html.
[17] KMK (2016). *Richtlinie zur Sicherheit im Unterricht, Empfehlung der Kultusministerkonferenz*,
      Beschluss der KMK vom 9.9.1994 in der Fassung vom 26.2.2016.
[18] Kuhn, W. (2016). *Ideengeschichte der Physik*. Berlin; Heidelberg: Springer.
[19] Leißing, G. (2016) *Forscherzeit: Technik – Energie 3/4*. Braunschweig: Westermann.
[20] Matzdorf, R.: https://www.uni-kassel.de/fb10/institute/physik/forschungsgruppen/
      oberflaechenphysik/virtuelles-physiklabor/elektrostatik-und-elektrodynamik/elektrisches-
      potential.
[21] Meschede, D. (2006). *Gerthsen Physik* (23. Aufl.). Berlin; Heidelberg; New York: Springer.
[22] Millar, R. (2010) Practical work. In: J. Osborne & J. Dillon (Hrsg.). *Good Practice in Science
      Teaching: What Research Has to Say*. Maidenhead: Open University Press, S. 108–134.
[23] Müller, R. (2012). Was ist Spannung? *PdN Physik in der Schule 61*, Heft 5, S. 5–16.
[24] Newton, R. G. (1995). *Sternstunden der Physik: wie die Natur funktioniert*. Basel; Boston;
      Berlin: Birkhäuser.
[25] Physikalisch-technische Bundesanstalt, https://www.ptb.de.
[26] Phywe Measure: www.phywe.de/de/14550-61.html.
[27] Purcell, E. M. (1976). *Berkeley Physik Kurs, Bd. 2: Elektrizität und Magnetismus*. Braunschweig:
      Vieweg.

https://doi.org/10.1515/9783110495768-015

[28] Rhöneck, C. v. (1986). Vorstellungen vom elektrischen Stromkreis und zu den Begriffen Strom, Spannung und Widerstand. *Naturwissenschaften im Unterricht – Physik/Chemie 34*, Heft 13, S. 10–14.

[29] Richter-Gebert, J. & Kortenkamp, U. (2012). *The Cinderella. 2: Manual*. Heidelberg: Springer-Verlag. Online unter http://cinderella.de.

[30] Schecker, H., Wilhelm, T., Hopf, M. & Duit, R. (Hrsg.). (2018). *Schülervorstellungen und Physikunterricht*. Berlin: Springer.

[31] Schwedes, H. & Dudeck, W.-G. (1993). Lernen mit der Wasseranalogie. Eine Einführung in die elementare Elektrizitätslehre. *Naturwissenschaften im Unterricht – Physik 4*, Heft 16, S. 16–23.

[32] Strassacker, G. & Süße, R. (2006). *Rotation, Divergenz und Gradient – Einführung in die elektromagnetische Feldtheorie*. Wiesbaden: Teubner.

[33] Teichrew, A., Erb, R., Wilhlem, R. & Kuhn, J. (2019). Elektrostatische Potentiale und Felder im GeoGebra 3D Grafikrechner. *Physik in unserer Zeit 50*, S. 254f. Modell unter https://www.geogebra.org/m/cux7kcqa.

[34] Tipler, P. A., Mosca, G., Kersten, P. & Wagner, J. (Hrsg.). (2019). *Physik für Studierende der Naturwissenschaften und Technik*. Berlin: Springer.

[35] Waschke, F., Strunz, A. & Meyn, J.-P. (2012). A safe and effective modification of Thomson's jumping ring experiment. *European Journal of Physics 33*, S. 1625–1634. doi:10.1088/0143-0807/33/6/1625.

[36] Winkelmann, J. & Erb, R. (2014). Lernzuwachs durch Schüler- und Demonstrationsexperimente. *Der mathematische und naturwissenschaftliche Unterricht 67*, Heft 7, S. 394–401.

Stichwortverzeichnis

www.ingramcontent.com/pod-product-compliance
Lightning Source LLC
Chambersburg PA
CBHW082108220326
41598CB00066BA/5847